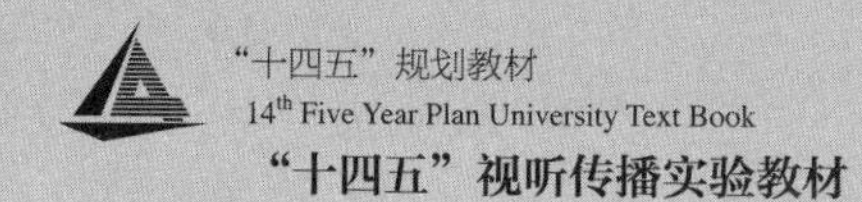

[总主编 张 卓 王瀚东]

影视制作教程

宋博雅 著

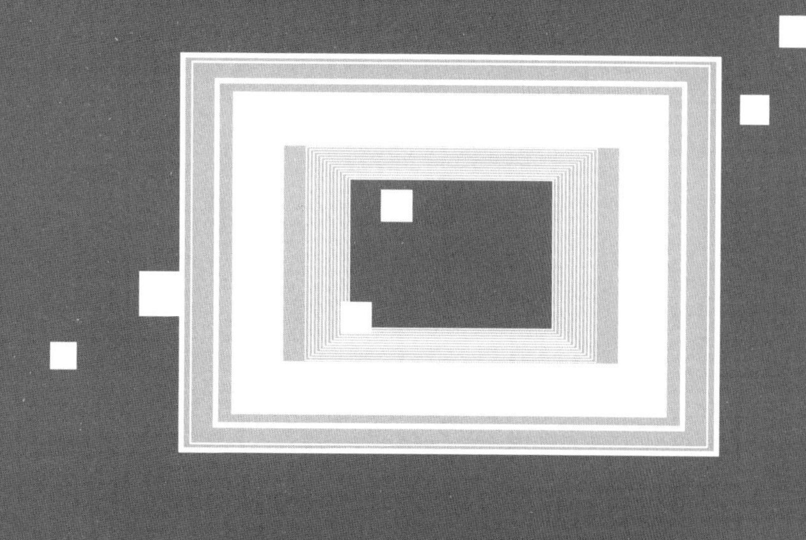

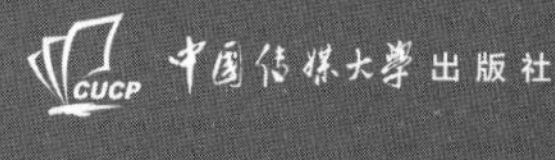

·北京·

前 言

Adobe公司出品的Premiere、After Effects、Audition、Photoshop是影视制作中广泛使用的视频编辑软件、视频后期制作软件、音频处理软件、图片处理软件，它们因卓越而强大的功能深受行业、院校专业工作者的喜爱，地位经久不衰。本书将如今市面上常见的视频剪辑与包装方式归纳成具体的案例，通过案例介绍相关软件的功能与使用方法，避免了逐一对软件功能进行介绍的枯燥无味，通过一些有趣的案例实践来帮助读者进行学习与巩固。

本书的知识结构可以看作是一部影视作品从无到有的过程，从介绍剪辑软件到视频剪辑基础，再到特效后期包装与音频处理，以及相关的一些素材处理及辅助工具。读者按照顺序从头至尾地阅读本书，即可对影视制作的流程有一个详细地了解。同时，读者也可以按照自己的兴趣和需求选读其中的案例与内容，有针对性地进行学习。

本书是一本有关影视制作的实用教程，共分为七章，具体内容如下：

第一章：主要介绍了常见的音视频编辑软件以及在剪辑时会用到的一些常用知识，例如视频、图片、音频的相关格式、帧的概念等等。

第二章：主要介绍一部影片从素材到成片所需要的工作流程与步骤，利用Premiere进行视频剪辑的方法与思路。

第三章：如何利用Premiere、After Effects对视频进行后期特效处理，例如蒙版转场、抠像效果、跟踪效果、添加字幕、调色处理等。

第四章：主要介绍如何利用Premiere、Audition对音频进行基本处理和特效处理。

第五章：主要介绍一些当下流行的片头以及制作方法。

第六章：主要介绍如何利用Photoshop处理图片素材。

第七章：主要介绍一些与影视制作相关的辅助性工具，包括视频输出工具、视频格式转换工具等。

随着网络越来越发达，短视频的兴起让更多人接触到视频制作这一领域，越来越多的人开始尝试自己制作视频作品。本书既可供视频剪辑爱好者与初学者进行入门学习，也可为中级使用者提供一些剪辑与包装视频的新思路。

本书在撰写的过程中获得了很多人的帮助，在此感谢张卓教授、王瀚东教授的悉心指导，感谢张少君老师、王玲玲老师的帮助与支持，感谢编辑黄松毅老师、李婷老师的帮助与付出。尽管作者在写作过程中力求完善、全面，但书中难免会有疏漏与不足之处，恳请广大读者批评指正。

为提高教材的使用效率，满足读者的学习需求，本教材备有与纸质版配套的教学案例素材，烦请需要的读者联系 15258421@qq.com 获取素材。

目录

第1章　工具准备与相关基础知识

学习目标

1. 了解市面上比较常见的非线性编辑软件
2. 了解常用的视频、音频、图片格式
3. 了解帧、帧速率、关键帧分别是什么

在正式开始对视频进行编辑前，我们首先需要了解常见的音视频编辑软件以及在剪辑时会用到的一些常用知识，这样才能更好地编辑视频。本章将介绍非线性编辑的基本流程、常见音视频软件的种类、剪辑设备的要求、常用的音视频格式、视频比例与尺寸以及和帧相关的概念等相关知识。

1.1　视频编辑的基本流程

人们在提到视频编辑时很容易说到一个词——非线性编辑。除了非线性编辑外，与之对应的还有线性编辑。什么是非线性编辑、什么是线性编辑呢？

线性编辑是一种传统的磁带编辑方式，是一种按照时间顺序从头至尾进行编辑的制作方式。视频编辑者在编辑视频前需要对视频内容有一个完整清晰的规划，按照视频内容的顺序录制成一个完整的成片。一旦录制完成后再进行编辑会非常烦琐复杂，也会对视频的质量有损耗。因为它是依托时间顺序进行编辑的一种方式，所以称为线性编辑。

非线性编辑是一种不依托于时间的视频编辑方式。用户将拍摄好的素材导入计算机中的非线性编辑系统后，可根据需求对音视频素材进行任意组合排列。在非线性编辑软件中对素材进行多次编辑也不会影响视频的质量，是一种非常方便的视频编辑方式，非线性编辑软件的操作一般分为 4 个步骤：

1. 素材的采集与导入

通过摄像机、相机、手机等设备拍摄的内容导入计算机后即可成为剪辑视频的素材，将这些素材导入非线性编辑软件称为素材的导入，此步骤是为下一步的编辑做准备。

2. 素材的编辑与剪辑

在非线性编辑中，一般会有两个窗口分别供视频制作者预览素材和预览输出视频，如图 1.1 所示，视频制作者通过预览素材的窗口选择需要的视频片段，再通过时间轴和预览输出视频的窗口对视频进行编辑，例如：裁剪、复制、粘贴等，最终组接成完整的视频片段。

图 1.1　非线性编辑软件 Adobe Premiere 中的预览素材区域（左）与预览输出视频区域（右）

3. 视频特效处理与字幕制作

如今的非线性编辑软件的功能越来越强大，很多非线性编辑软件中都内置了一些特效，例如转场、特效、合成叠加、抠像等，除了非线性编辑软件中自带的内置特效以外，还可以通过安装插件以内置更多的特效。

为视频添加字幕也是非常关键的一个步骤，非线性编辑软件为视频制作者提供了多种添加字幕的方式，除了添加基础的对白字幕外，还可以通过路径、预设动画创建出动态的文字效果。另外，软件中对文字的基本属性的设置也非常便捷多样，例如，对字体、字号、投影、描边、发光等参数进行修改。

4. 最终成片的输出与发布

在非线性编辑软件中编辑完视频后可以按照需要的格式和尺寸对视频进行输出，并发布在各个网络视频平台。

传统的线性编辑方式操作烦琐，工作效率低，效果欠佳，如今基本上已经被非线性编辑方式所取代，非线性编辑软件有效地提高了视频编辑的效率和质量，这种方便的剪辑方式也为视频的内容提供了更多的想法和可能性。

1.2 相关软件介绍

1.2.1 常用非线性编辑软件

市面上非线性编辑软件种类较多，以下介绍几种常用的非线性编辑软件：

1. Final Cut Pro

Final Cut Pro 是苹果公司开发的一款专业视频非线性编辑软件，可以对大多数的输入格式文件进行剪辑。该软件于 1999 年推出，在当时，不仅身为非线性剪辑龙头的 AVID 公司对其不屑一顾，多数的专业剪辑师也认为 Final Cut Pro 不过是一个界面美观的非专业软件，无法登上大雅之堂。然而在短短几年之间，Final Cut Pro 以其优异的影像处理能力及便宜的价格，成功地打入广告界及电视电影界，让越来越多的视频剪辑师开始使用这款软件。苹果电脑公司于 2002 年更因此获得了美国电视学会艾美奖杰出技术的肯定。

Final Cut Pro 可以实时预览剪辑效果，例如：视频拼接状态、视频过渡、视频合成特效。除了基础的剪辑功能以外，Final Cut Pro 支持 360° 视频剪辑、多机位剪辑、视频降噪等功能以及内置优秀的调色系统。另外，Final Cut Pro 的界面也如同苹果其他的软件一样，设计非常精美，使用感也非常人性化。

最新版的 Final Cut Pro 版本为 Final Cut Pro X，该版本需要 macOS 10.14.6 或更新版本、4GB RAM（4K 视频剪辑、三维字幕和 360° 视频剪辑建议使用 8GB），支持 Metal 技术的显卡，需要 3.8GB 可用磁盘空间。Final Cut Pro X 采用先进的 Metal 引擎，能剪辑更复杂的项目，并支持更大的帧尺寸、更高的帧率和更多特效，将表现速度提升到新的高度，比如渲染、实时特效和导出等，是一款非常出色的视频编辑软件。

图 1.2　Final Cut Pro 工作界面图

2. **会声会影**（Corel Video Studio）

会声会影是加拿大 Corel 公司制作的一款功能强大的视频编辑软件，主要特点是操作简单、容易上手。软件附有影片制作向导模式，可以引导用户从捕获、剪接、转场、特效、覆叠、字幕、配乐、输出等八个步骤对音视频素材文件进行编辑，帮助视频剪辑者快速地学习、熟悉软件中的功能和操作方法。

图 1.3　会声会影（Corel Video Studio）工作界面图

会声会影具有编辑 360° 视频、稳定视频、色彩校正、抠像等多种功能。另外，官方网站还提供了多种创意丰富的视频模版素材，帮助视频制作者利用更简单的步骤完成更好的效果，适合不同经验水平的用户使用。

目前最新的版本为会声会影 2020，完整安装该版本的软件至少需要 6GB 存储空间。适用于 Windows 10、Windows 8、Windows 7（64 位系统），Core i3 或 AMD A4 系列用于标准视频、英特尔酷睿 i7 或 AMD Athlon A10 用于高清和超高清视频。会声会影输入输出均支持多种视频格式，能给视频制作者带来良好的编辑体验。

3. EDIUS

EDIUS 是一款比较专业的非线性视频编辑软件，专为广播和后期制作环境而设计，特别适用于无带化视频制播和存储。EDIUS 拥有完善的文件工作流程，提供了实时、多轨道、多格式混编、合成、色键、字幕和时间线输出功能。其因迅捷、易用和可靠的稳定性为广大专业制作者和电视人所广泛使用，是混合格式编辑的绝佳选择之一。

EDIUS拥有超强的实时视频转码技术，可实现高清与标清的不同分辨率、不同宽高比和帧速率的任意实时变换。它可以编辑高清素材，同时在时间线上拖入4：3标清视频，混合NTSL和PAL素材，再加入4K素材以另一种分辨率和帧速率将所有素材混入一个工程，整个过程无需转换和渲染。

图 1.4　EDIUS 工作界面图

目前最新版的 EDIUS 版本为 EDIUS Pro 9，EDIUS Pro 9 支持更多的格式，无论是 4K、3D、HD，还是从 24×24 到 4K×2K 的 SD。几乎所有格式，全部可在同一时间线上，即使在嵌套序列里，EDIUS Pro 9 可也全部实时操作。EDIUS Pro 9 的安装需要计算机为 Windows 7（64 位）及以上操作系统，任意 Intel Core 2 或 Core iX CPU，具有 SSSE3 的任何 Intel 或 AMD CPU，最低 4 GB RAM。

4. Vegas Pro

Vegas Pro 是一款具备强大的后期处理功能，可以实现实时编辑、实时预览、音频视频同步调整、无限制轨道、抠像和遮罩、3D 轨道合成、项目嵌套、连续变速、录制声音、处理噪声，以及生成杜比 5.1 环绕立体声的专业影像编辑软件。

Vegas Pro 目前的最高版本为 Vegas Pro 18，新版本的 AI 人工智能和 GPU 硬件加速功能，能够有效加快视频创作的流程，同时搭配 Sound Forge Pro 14，可实现音频编辑的精细化。在视频编辑方面，它除了基础的剪辑功能外，还具备视频稳定、平面运动追踪、嵌套时间表、降噪滤波器、闪烁控制滤波器等多种功能和完整的调色系统。

Vegas Pro 18 的完整安装需要计算机为 Windows 10（64 位）及以上操作系统，第六代英特尔酷睿 i5（或与 AMD 等效）或更高版本、2.5 GHz 和最低 4 Core，最低 8 GB RAM（建议 16 GB；对于 4K，建议 32 GB）以及用于程序安装的 1.5 GB 硬盘空间。

图 1.5　Vegas Pro 工作界面图

1.2.2 本书使用的相关软件说明

1. Adobe Premiere

除了以上提到的非线性编辑软件之外，还有一个使用范围广、功能卓越的非线性编辑软件那就是 Adobe 公司出的软件 Adobe Premiere。Adobe Premiere 是一款编辑画面质量比较好的剪辑软件，有较好的兼容性，能适用于 macOS 系统与 Windows 系统，能轻松导入多种格式的文件，广泛应用于广告制作、电视节目制作、电影剪辑、自媒体短视频制作等各个领域中。

图 1.6　Adobe Premiere 工作界面图

因为 Adobe Premiere 优异的剪辑功能与人性化的操作系统、支持多种特效插件的使用、同时支持 macOS 系统与 Windows 系统以及 Adobe 软件之间出色的动态链接功能，所以本书中将选用 Adobe Premiere 作为主要软件来讲解如何编辑视频，除了介绍视频剪辑的内容以外，还会介绍制作视频包装、音频处理、图片处理的内容。因此会搭配使用到 Adobe 公司的其他三个软件，分别为擅于影视后期处理的 Adobe After Effects、擅于处理音频的 Adobe Audition 以及擅长图片处理的 Adobe Photoshop。Adobe Premiere Pro 对于其他非线性编辑软件而言，还有一个优势为它可与 Adobe 的其他应用程序和服务（包括以上提到的 Adobe Photoshop、Adobe After Effects、Adobe Audition ）无缝协作，这是一个巨大的优势，能够为制作视频带来极大的便利，为视频制作者节约更多的时间、减少更多的束缚、带来更多的灵感。

2. Adobe After Effects

Adobe After Effects 是一款影视后期处理软件，Adobe After Effects 软件可以帮助视频制作者高效且精确地创建无数种引人注目的动态图形并实现震撼人心的视觉效果。Adobe After Effects 能够创建电影级影片字幕片头和过渡，能够从剪辑中删除画面中的物体，能够在视频中添加呈现一团火或一场雨，还能够将徽标或人物制作成动画。在 Adobe After Effects 中利用关键帧或表达式将任何内容转化为动画，或使用预设内容启动设计，能获得与众不同的效果。使用者利用它与其他 Adobe 软件无与伦比的动态链接和高度灵活的 2D 与 3D 合成，以及数百种预设的效果和动画，可为视频作品增添令人耳目一新的效果。

图 1.7　Adobe After Effects 工作界面图

3. Adobe Audition

Adobe Audition 的前名为 Cool Edit，是一款多音轨编辑工具，支持多条音轨、多种音频格式、多种音频特效，可以很方便地对音频文件进行修改、合并。2003 年，Cool Edit 被 Adobe 公司收购，更名为 Adobe Audition，为 Adobe 旗下唯一一款专业的音频编辑软件，是音频编辑专业人员和爱好者必不可少的音频编辑软件之一。

Adobe Audition 是一款完善的工具集，其中包含用于创建、混合、编辑和复原音频内容的多轨、波形和光谱显示功能。它能够协助音频相关从业者进行录音、音频剪辑、音频降噪、音频特效处理等工作，这一强大的音频工作站旨在加快视频制作工作流程和音频修整的速度，并且还提供带有纯净声音的精美混音效果。

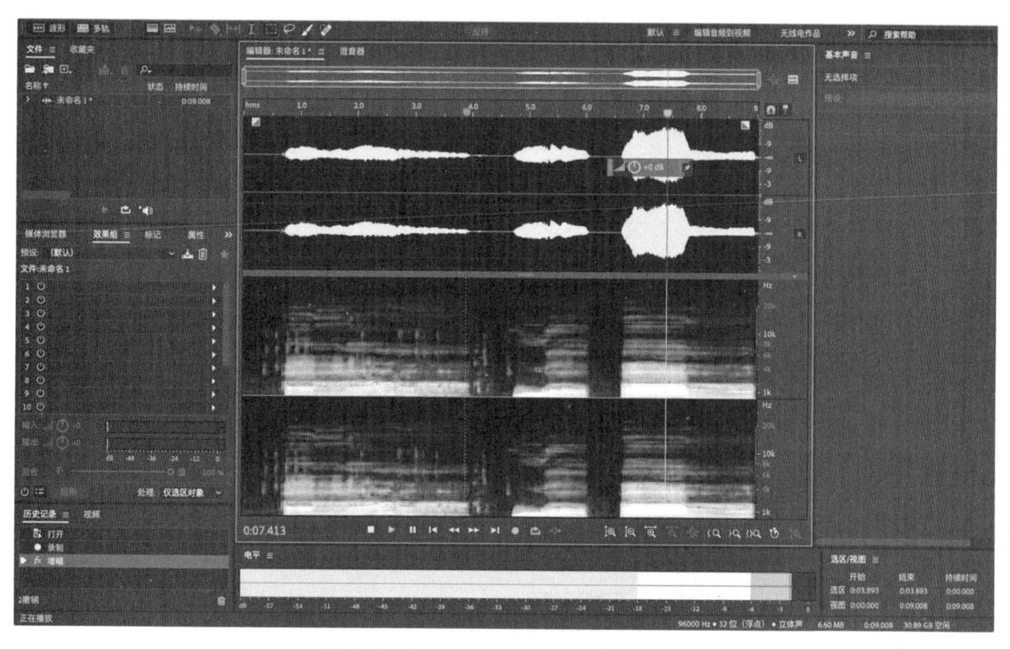

图 1.8　Adobe Audition 工作界面图

4. Adobe Photoshop

Adobe Photoshop 为大名鼎鼎的 PS，是一款拥有出色的图像处理能力的图像处理软件，它除了基础的图像编辑、图像合成、校色调色以外，还能对图片除去斑点、修饰图像的残损、对照片的人物进行修饰，等等。从照片编辑与合成到数字绘画、

图 1.9　Adobe Photoshop 工作界面图

动画和图形设计，一流的图像处理和图形设计应用程序是几乎每个创意项目的核心所在。Adobe Photoshop 这个一流的图像和图形设计软件能帮助设计师将所有的灵感展现出来。

提 示

因为只有相同版本的软件之间才能建立 Adobe 动态链接，所以建议在下载安装软件时使用统一版本，例如安装的 Adobe After Effects 为 CC2020 版本，则其他软件都安装 CC2020 版本，如果安装的 Adobe After Effects 为 CC2019 版本，则其他软件都安装 CC2019 版本。这样能保证在制作视频时，各软件之间可以建立动态链接。在本书中使用的软件截图均出自 CC2020 版本。

1.2.3 软件版本及运行环境要求

Adobe 在 2020 年更新的软件版本被称为 CC2020，不同的月份更新的版本又可以继续进行细分，以 Adobe Premiere Pro 为例，2020 年 8 月版为 14.3.2、2020 年 7 月版为 14.3.1、2020 年 6 月版为 14.3、2020 年 5 月版为 14.2，等等。不同版本的运行环境的要求会有些差异，软件只有在满足运行环境的计算机上进行安装才能正常使用，下面将介绍 CC2020 版本在 macOS 系统与 Windows 系统中安装时计算机分别需要满足的运行环境。

1. Windows 系统

处理器 Intel® 第 6 代或更新款的 CPU 或 AMD 同等产品、Microsoft Windows 10（64 位）版本 1803 或更高版本、8 GB RAM、2 GB GPU VRAM、8 GB 可用硬盘空间用于安装；安装期间所需的额外可用空间（不能安装在可移动闪存存储器上）；显示分辨率为 1280×800；声卡为与 ASIO 兼容或 Microsoft Windows Driver Model。

2. macOS 系统

Intel® 第 6 代或更新款的 CPU、macOS 版本 10.13 （High Sierra） 或更高版本、8 GB RAM、2 GB GPU VRAM、8 GB 可用硬盘空间用于安装；安装过程中需要额外可用空间（无法安装在使用区分大小写的文件系统的卷上或可移动闪存设备上）。

1.3 常用视频、音频、图片格式

视频、音频、图片的格式种类非常多，每一种格式都有自己的特点以及优劣势，根据工作中的不同场景需求可使用不同的格式，下面将对一些常用的音视频及图片格式进行介绍。

1.3.1 常用的视频格式

AVI格式是由微软公司开发的视频格式，英文全称为Audio Video Interactive，是音频与视频编码一起储存的意思。AVI格式面世多年，使用广泛，适用于多种播放软件，图像质量较好，相对其他视频格式来说，不足之处在于其视频体积较大。

MOV格式是由苹果公司开发的视频格式，它所基于的视频软件为Quick Time，可以存储视频、音频、图片、文本等。在使用Premiere与After Effects时，如需要导入Mov格式的素材或导出Mov格式的影片则需要在计算机上安装QuickTime视频播放器，macOS系统的计算机自带该播放器，Windows系统的计算机需要手动进行安装。

MP4是最常用的视频格式之一，能够适用于绝大多数视频播放软件。日常在剪辑视频时最常用到的视频编码格式为H.264，H.264相较于其他编码格式来说，适应性较强、容错率高，在同样的画面质量、码率的情况下使用H.264编码的视频体积较小。利用H.264编码的视频格式为MP4。

WMV（Windows Media Video）是一种易在网络上进行实时传播的视频格式，在同等图像画质的条件下，WMV格式的视频体积较小。

1.3.2 常用的音频格式

MP3（Moving Picture Experts Group Audio Layer III）是一种音频编码方式，利用人耳对高频声音信号不敏感的特性，对高频声音加大压缩，利用这种编码方式极大程度地降低音频的数据量，对音频体积进行压缩，并且对于大多数用户来说压缩过的音质与最初的不压缩音频相比没有明显的下降，因此这种格式的音频文件具有文件小、音质好的特点，是最常用的音频存储格式之一。

WMA（Windows Media Audio），是微软公司推出的与MP3格式齐名的一种新的音频格式。WMA在压缩比和音质方面都超过了MP3，即使在较低的采样频率下也能产生较好的音质。很多在线音频试听网站的音频都使用的是 WMA 格式。

1.3.3 常用的图片格式

JPEG（ Joint Photographic Experts Group ）即联合图像专家组，是用于连续色调静态图像压缩的一种标准，文件后缀名为 .jpg 或 .jpeg，是最常用的图像文件格式之一。该图像格式供用户自主调节图像质量，允许用不同的压缩比例对文件进行压缩，支持多种压缩级别。在保证画面压缩质量的情况下，该格式的尺寸相对较小。

PNG 是一种采用无损压缩算法的位图格式，它的特点是支持真彩和灰度级图像的 Alpha 通道透明度，8 位 PNG 支持索引色透明和 Alpha 透明这两种不同的透明形式。

PSD 为 Photoshop 的工程文件格式，能够保存图像的图层、蒙版通道信息，以便后期继续进行修改。用户可以以图片素材的形式直接导入 Premiere 进行编辑。

1.4 视频比例与尺寸

视频比例是指影视画面长和宽的比例。以前的老式电视机显示画面的长和宽的比例是4：3，视频比例也为4：3，如图1.10所示，这种比例的视频为标清比例，常见4：3的尺寸为720×576。

图 1.10 4：3 比例画面

随着科技和时代的发展，如今运用4：3比例视频的场合已经不多，大多数场景会使用16：9的高清比例，如图1.11所示，常见16：9的尺寸为1280×720、1920×1080，1280×720常被称为小高清、假高清尺寸，1920×1080为高清尺寸。

图1.11　16：9比例画面

通过图1.10与图1.11可以看出，在不同的比例下显示的内容的完整性会有区别。在4：3比例的画面中，画面边缘的内容无法完整地在镜头中体现，所以在剪辑影片和为影片添加字幕时，需要将重要的内容和字幕放置在视频剪辑工作区域的安全框中，以便保证影片在任何比例的设备中播放时都不会损失重要内容。

Adobe Premiere 中的安全框分为节目安全框与字幕安全框，如图 1.12 所示。节目安全框为外侧的框，字幕安全框为内侧的框。人物的重要动作与影片的重要细节需要放置在节目安全框中，影片中出现的文本和字幕需要放置在字幕安全框中。

图1.12　Adobe Premiere 中安全框的显示

1.5 帧、帧速率、关键帧

1.5.1 帧

人眼在看到每个画面的时候都会产生短暂的视觉停留，当每秒出现的画面足够多时，人眼会因为视觉停留无法辨别单幅的静态画面，将连续出现的单独静态画面看成是一段运动的动画，在每秒钟中的每幅静态画面为帧，连续的帧形成动画。

在元宵节的时候，有一种玩具叫走马灯（跑马灯），灯内点上蜡烛，燃烧的蜡烛产生的热力造成气流，令轮轴转动。轮轴上有剪纸，烛光将剪纸的影投射在屏上，屏上的图像便不断走动，从而产生动画，这就是利用了人会产生视觉停留的原理。

图 1.13 走马灯（跑马灯）结构示意图

图 1.14 走马灯（跑马灯）实物

还有很多人在小时候玩过一个游戏，将人的动作画在书本上，快速翻动书页即可看到书中的人动了起来，这同样是利用了人会产生视觉停留的原理，书上的每页画面就可以称为一帧。

图 1.15 翻页动画小游戏

1.5.2 帧速率

帧速率的缩写为 fps(Frames Per Second，即帧/秒)，是指每秒刷新图片的帧数量，也可以理解为每秒含有多少帧。从理论上来说，每秒的帧数越多，所显示的动作和画面就会越流畅，但是帧数越多对计算机的要求越高，所以帧速率也并不是越高越好。目前电视画面常用的帧速率为 25fps 或 30fps、电影帧速率为 24fps、手机直接录制视频的帧速率为 30fps。

1.5.3 关键帧

在制作动画时，角色动作、物体运动过程中角色动作的运动轨迹、运动物体的运动属性发生关键动作那一帧都称为关键帧。在利用软件制作动画时只需要标记关键帧，软件会自动填补关键帧与关键帧之间的动画。以下用三个例子来讲解关键帧的设定：

案例 1：小球从左运动到右需要几个关键帧?

一个小球从左至右运动需要几个关键帧来记录小球的运动？答案是 2 个关键帧。小球在最左边时设 1 个关键帧（记录小球在最左边时的坐标），小球在最右边时设 1 个关键帧（记录小球在最右边时的坐标）。当设置好这两个关键帧时软件会自动填补中间的动画，让小球从左至右运动。如图 1.16 所示，第 1 个关键帧处在 0s 的位置，记录了小球的位置坐标为（194，506），第 2 个关键帧处在 2s 的位置，记录了小球的位置坐标为（106，506），那么小球的坐标便会在 0s 到 2s 之间由（194，506）变为（106，

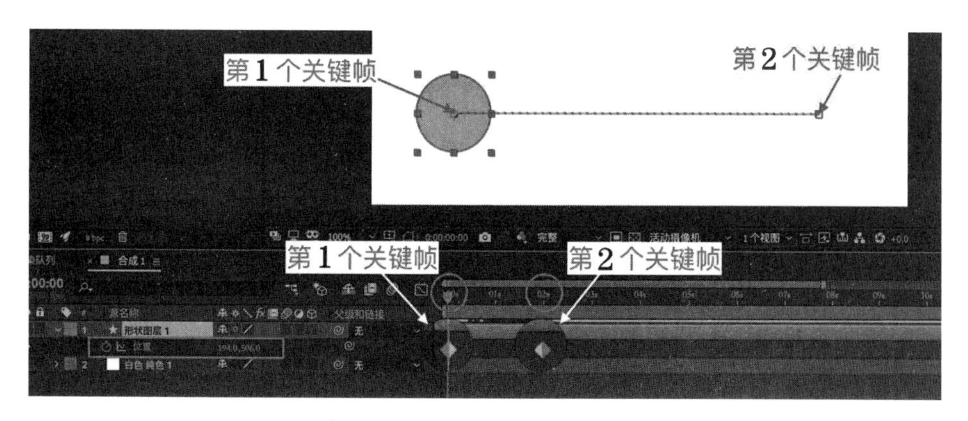

图 1.16　在 Adobe After Effects 中添加 2 个关键帧

506），所以会产生动画。从视觉上看起来，小球便是用了 2 秒钟的时间，从左边运动到了右边。

案例 2：小球从左至右运动后再回到左边要几个关键帧？

小球从左边运动到右边需要 2 个关键帧，如它还需要回到左边则共需要 3 个关键帧。第 1 个关键帧为 0s 时小球在最左边、第 2 个关键帧为 2s 时小球在最右边、第 3 个关键帧为 4s 时小球在最左边，只有设定了第 3 个 4s 时“小球在最左边”的关键帧，小球才会从右边回到左边。在画面中第 1 个关键帧与第 3 个关键帧的位置坐标重复了，所以小球会回到原地。如图 1.17 所示，时间指针在 2s 至 3s 之间，由于标记的关键帧在 2s 时小球位于最右边，在 3s 时小球位于最左边，所以在图中看到时间指针在 2s 至 3s 之间时，小球正在从右边移动至左边的“路上”。

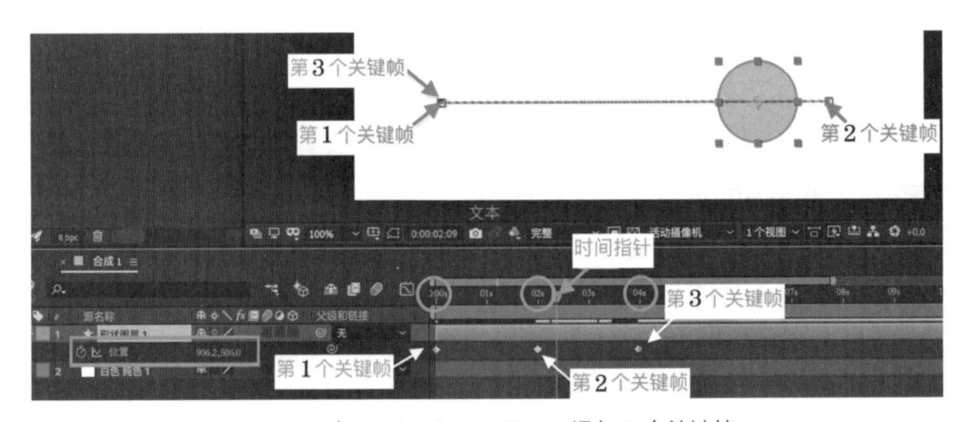

图 1.17　在 Adobe After Effects 添加 3 个关键帧

案例 3：小球从左至右运动后在右边停留 2 秒再回到左边要几个关键帧？

一个小球从左至右运动后在右边停留 2 秒后再回到左边需要 4 个关键帧。第 1 个关键帧为小球在最左边，第 2 个关键帧为小球在最右边，隔 2 秒钟之后为小球设置第 3 个关键帧，将第 3 个关键帧的属性设置成与第 2 个关键帧相同。由于第 3 个关键帧的属性与第 2 个关键帧的属性相同，所以小球不会发生移动，这相隔 2 秒的相同关键帧可以使小球在画面中停留 2 秒，第 4 个关键帧为小球在最左边，这样小球便又会移动到左边。在图 1.18 所示中，时间指针放在 3s 的位置，由于 2s–4s 这两秒钟为小球在右边停顿的时间，所以 3s 时可以看到小球在右边的位置。

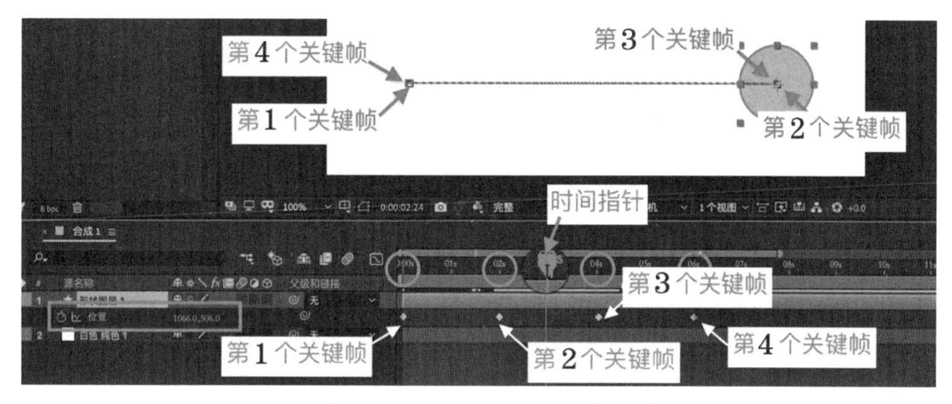

图 1.18　在 Adobe After Effects 添加 4 个关键帧

以上讲述的三个例子都是为小球在运动属性上设置关键帧，因此关键帧标记的为小球在不同时间的位置坐标。除了位置以外很多属性都可以设定关键帧，例如透明度、旋转、缩放，等等。

提　示

在制作关键帧动画时如为物体添加了关键帧却没有完成动画，可以从以下三个方面检查关键帧的设定：1. 只有两个及两个以上的关键帧才会形成动画，可以检查是否有关键帧没有添加成功；2. 两个关键帧的参数需要有区别，两个关键帧之间的动画即从一个参数变为另一个参数，如两个参数为一样的则不会产生动画，动画会停止；3. 关键帧与关键帧之间需要有时间间隔，关键帧与关键帧之间的时间是关键帧的参数变化过程需要的时间，如时间为零则不会产生动画。

本章小结

通过本章节的学习可以了解剪辑软件和编辑视频前需要了解的理论知识，本章节的重点知识为利用非线性编辑工具编辑视频时的流程、了解剪辑前常用的视频的尺寸与比例、输出剪辑视频时常见的输出格式。

在本章节中较难的知识点为关键帧的运用，关键帧在视频剪辑与编辑中是非常常用的一个功能。本书在后面章节中会继续讲解使用标记关键帧来制作动画和视频效果，并通过展示多个案例，来帮助学习者对此内容有更深刻的理解和更熟练的运用。

第 2 章　视频的剪辑

学习目标

1. 了解利用 Premiere 剪辑视频的基本操作
2. 利用 Premiere 对视频的速度进行调节
3. 了解多机位剪辑的概念与方法
4. 如何对视频进行裁剪或翻转
5. 如何为视频与视频之间添加转场过渡效果

利用 Premiere 对视频进行剪辑的主要流程与前文中介绍过的大多数非线性编辑软件的工作流程类似，主要分为：新建项目、导入素材、设置序列、编辑素材、后期包装、输出影片这六个方面。本章节将围绕这六个方面介绍利用 Premiere 对影片进行初步剪辑的方法，第 1 节介绍如何利用 Premiere 来实现新建项目、导入素材、新建与设置序列、输出影片这些基础操作，第 2 节至第 13 节介绍利用 Premiere 对视频进行编辑的各种方法。这一章主要讲述一部影片从素材到成片所需要的工作流程与步骤。

2.1　Premiere 操作的基本介绍

2.1.1 新建项目

新建项目是打开 Premiere 后的第一步必备操作，打开 Premiere 后可以看到如图 2.1 所示的欢迎界面。在欢迎界面的左边看到【新建项目】，单击【新建项目】按钮即可进入【新建项目】界面。如以前有编辑过的项目，即可通过单击【打开项目】来打开之前编辑过的项目。

图 2.1　Premiere 的欢迎界面

在【新建项目】窗口可以通过【名称】后的输入框为项目进行命名，例如取名为“第 1 节 Premiere 操作的基本介绍”，如图 2.2 所示。点击【位置】后面的【浏览】可以为工程文件选择一个存储的路径，其他选项保持默认即可。设置完名称和路径后单击右下角的【确定】，可完成一个项目的新建。

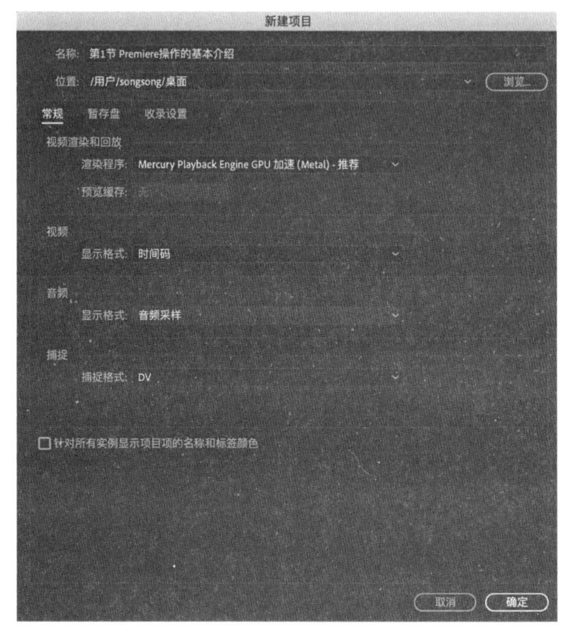

图 2.2　Premiere 的【新建项目】界面

利用 Premiere 设置完【新建项目】后会生成一个 prproj 为后缀的工程文件，图标为紫色，如图 2.3 所示，这个工程文件也叫作源文件。在这个工程文件中记录了在 Premiere 中的操作信息和素材路径，如影片一次没有编辑完成，在下一次编辑时直接打开工程文件即可对上一次没有编辑完成的文件继续进行编辑。因为 Premier 的工程文件中不包含使用的素材，所以在使用时需要将素材与工程文件放置在同一设备中才能正常使用。

图 2.3　Premiere 的工程文件图标

2.1.2 导入素材

新建项目后可以看到Premiere的界面,在左下角有一个面板上方的名字为“项目:第 1 节 Premiere 操作的基本介绍”，这个名字便是在【新建项目】面板中设置的名字，在面板中间写着一排字“导入媒体以开始”，这个面板叫作【项目】面板，通过这个面板可以导入素材。

导入素材有以下 4 种常见的方法：

1. 双击空白处

双击【项目】面板中的空白处会出现一个弹框，在弹框中选择需要的素材，单击确定即可。

2. 使用鼠标右键

在【项目】面板中的空白处单击鼠标右键后会出现一个下拉菜单，在菜单中选择【导入】会出现一个弹框，然后选择需要的素材，选好后单击右下角的【导入】即可。

3. 使用拖拽素材

将需要导入的素材文件和 Premiere 放置在一个桌面上，选中需要导入的素材拖拽到【项目】面板即可。

4. 使用快捷键

通过快捷键 Ctrl+I（macOS 系统的快捷键为 Command+I）调动导入素材弹框，选择需要的素材，选好后单击右下角的【导入】即可。

提　示

在导入的弹框中选择素材时，按住键盘上的 Ctrl 键可以对文件进行单个的选择，按住键盘上的 Shift 键可以对文件进行连续选择。

Premiere 支持多种格式素材的导入，例如图片、音频、视频、psd 文件、图片序列等。素材导入后可以看到每个素材的相关属性，例如帧速率、媒体开始、媒体结束、媒体持续时间，等等。从图 2.4 中左边的框中可以看出，每种不同种类的素材的图标都不一样，在图中的图片、视频、音频三种素材分别对应了三种不一样的图标。在后期剪辑工作中，遇到素材较多的时候图标可以帮助我们区别素材的种类。

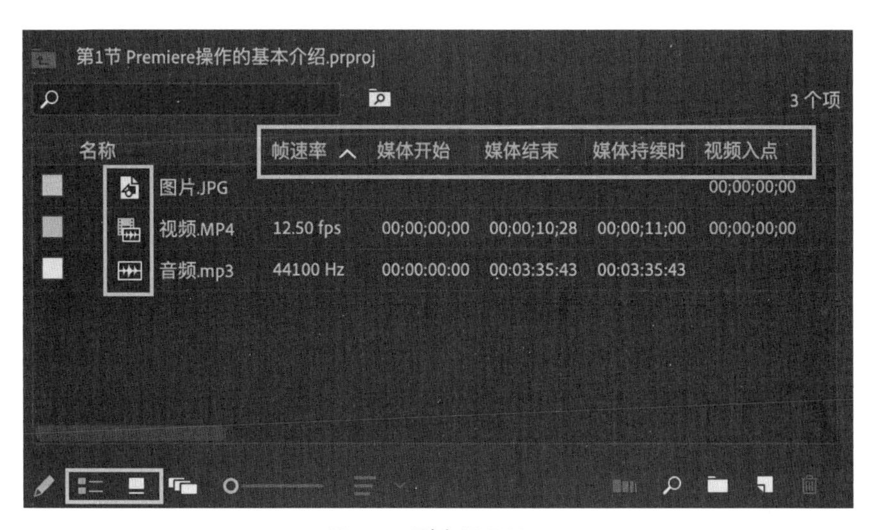

图 2.4　列表视图显示

在【项目】面板下方有两个按钮分别为【列表视图】与【图标视图】，如图 2.4 下方的框中所示，通过这两个按钮可以切换成不同的视图，在【列表视图】中可以看到每个素材的相关属性，例如帧速率、媒体开始、媒体结束，等等；在【图标视图】中可以看到每个素材的略缩图，如图 2.5 所示，用下方的【调整图标和预览图的大小】滑杆工具可以调节略缩图的大小。用鼠标选中音频素材或视频素材后，素材下方会出现一个小进度条，通过拖动这个进度条可以对音频或者视频的内容进行预览。

图 2.5　图标视图显示

◎ 知识扩展：序列图片

Premiere 导入各种格式的素材的方法基本是一样的，除了一种比较特殊的素材叫作序列图片。图片序列是指多张连续动作的图片以 name001.png、name002.png、name003.png、name004.png……这类按照顺序的数字进行命名的序列。当以“序列”格式导入软件时，软件会按照它们的编号形成动画，在 Premiere 中以视频的形式呈现。

2.1.3 新建与设置序列

除了新建项目和导入素材以外，利用 Premiere 对视频进行编辑前还有必不可少的一步就是“新建序列”，序列的作用是确定最后输出影片的视频参数，例如尺寸、分辨率、帧速率，等等。项目与序列的关系就像笔记本与笔记本里的一页纸，如果说一个项目像一个笔记本，那么序列就像笔记本里的一页纸，如果没有序列就无法对视频进行编辑，就像笔记本里没有纸就无法写字一样，一个项目里面可以有很多个序列，它们之间既可以相互嵌套，也可以互不影响。

通过图 2.6 可以看到，单击项目面板右下角的【新建项】可获得下拉菜单，选择其中的【序列】即可新建序列。

图 2.6　新建序列的方式

【新建序列】窗口可以对序列的参数进行设置，【序列预设】里面有很多将尺寸、帧速率、像素长宽比等参数搭配好的组合，如图 2.7 所示，就像是套餐一样，选择某一种预设即可获得该预设所对应的相关参数，具体的数据可以在右边的白色框内查看。除了【序列预设】外，还可以从新建序列界面右边的【设置】中自定义视频尺寸，根据自己的需求输入相关参数。

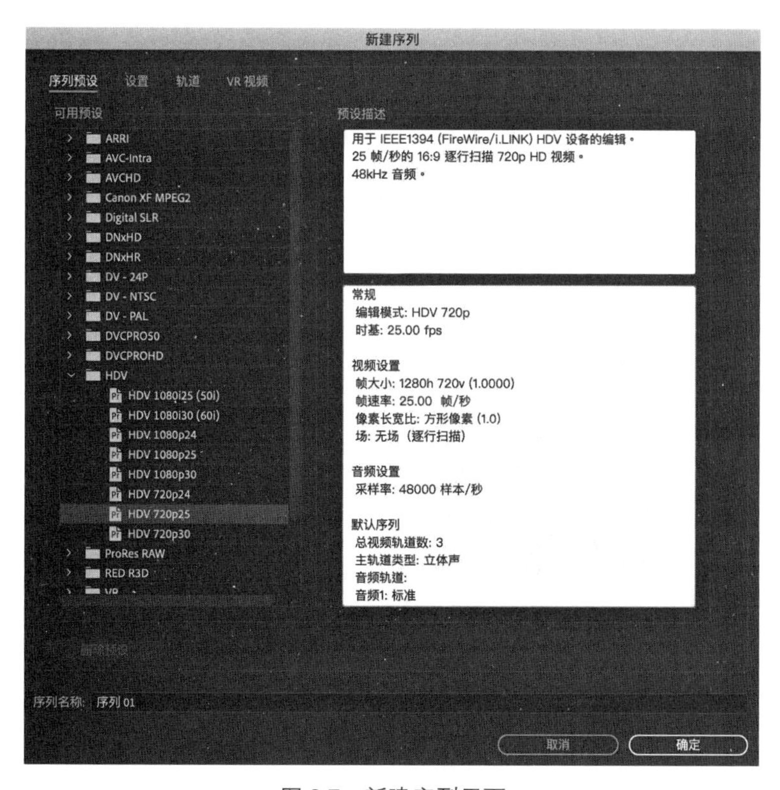

图 2.7　新建序列界面

提 示

推荐以下两种序列预设：

一种是HDV 720p 25（HDV-HDV 720p 25），该预设的相关参数为：尺寸1280h 720v、方形像素、帧速率25帧/秒、逐行扫描，长宽比为16：9，这种尺寸是人们常说的小高清尺寸。

另一种是1080p 16×9 25（RED R3D-1080p-1080p 16×9 25），该预设的相关参数为：尺寸1920h 1080v、方形像素、帧速率25帧/秒、逐行扫描，长宽比为16：9，是一种常用的高清尺寸。

2.1.4 输出影片

当编辑完影片之后便需要将影片进行输出，在导出之前可以利用入点和出点来选择输出视频的范围。将时间指针移动到需要输出视频的开始位置，单击节目面板下方的【标记入点】工具（快捷键 I）为输出视频设置开始位置，然后将指针移动至需要输出视频的结束位置，单击【标记出点】工具（快捷键 O）为输出视频设置结束位置，入点与出点之间的视频为最终需要输出的视频内容。【标记入点】工具与【标记出点】工具的位置如图 2.8 所示。

图 2.8 框中左边为【标记入点】工具、右边为【标记出点】工具

标记完视频输出范围后，通过【文件】—【导出】—【媒体】可对影片进行导出，快捷键为 Ctrl+M（macOS 系统的快捷键为 Command+M）。

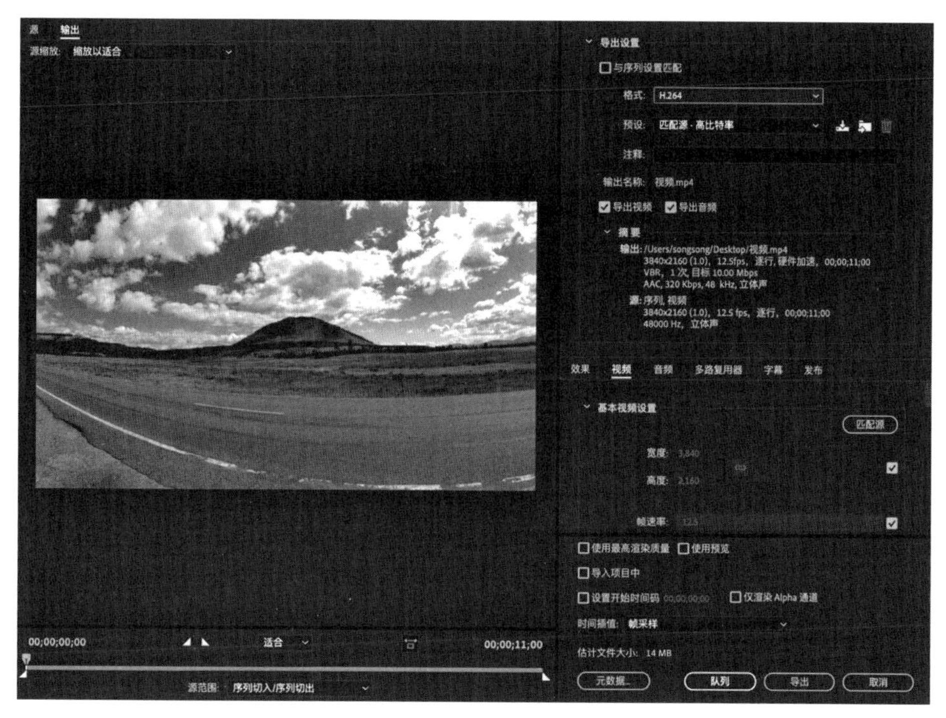

图 2.9　【导出设置】界面

在如图 2.9 所示的【导出设置】界面中，通过拖动左边画面预览视图下方的两个三角形的小滑块可以再次对影片的输出范围进行调节。在右边的菜单中可以设置导出影片的相关参数，建议在【格式】中选择“H.264”，利用 H.264 视频编码方式输出的影片为 MP4 格式，之后单击【输出名称】后的视频名称可以为影片选择输出路径，以方便后续找到输出完成的影片。

通过【摘要】中【输出】和【源】的数值可以检查输出影片的相关参数是否符合要求。设置完成后，单击最下方的【导出】即可输出编辑完成的影片，导出的影片会出现在设置过的输出路径中。

2.2　将多段视频或图片拼接成一段视频

上一章介绍了 Premiere 的基本操作，从这一小节开始将讲解如何在 Premiere 中编辑视频，本小节将介绍如何将多张图片或多段视频导入 Premiere 中组成一段影片。

提 示

本小节主要介绍对视频的剪辑，所以将界面布局模式选择为【编辑】，如图 2.10 所示。如在制作视频过程中，不小心关闭或移动了界面中的某个面板，可以单击【编辑】旁的三条横线，选择【重置为已保存的布局】，即可将界面恢复至默认状态。

图 2.10　Premiere 界面顶端界面布局菜单

1. 导入素材

根据前文介绍的方法对素材进行导入。

2. 预览素材

导入素材之后可在【项目】面板中双击素材，双击后的素材会出现在【项目】面板上方的【源】面板中，找到【源】面板中的【播放】按钮，使用快捷键空格，或用鼠标拖动指针，均可对素材进行预览，如图 2.11 所示，通过预览素材可以对素材进行筛选，选出需要的部分放入最后的成片中。

图 2.11　在【源】面板中预览素材

在预览过程中，可以通过【标记】功能（可使用快捷键 M），对视频对应的时间点进行标记，就像在书里夹书签一样，方便后续再找到该时间点，为剪辑过程节约时间，【标记】功能可以标记一个时间点，也可以标记一段时间。

提　示

如在预览素材时按快捷键空格键时，素材并没有播放，可能是【源】面板没有被选中，将【源】面板选中后，【源】面板四周会有一个蓝色的框，此时再按快捷键空格即可预览素材。

3. 在素材中找出需要的片段

在输出最终视频时可以利用入点、出点确定输出视频的范围，在挑选素材时也可以为素材设置入点、出点来对素材进行筛选。

通常情况下，最初的视频中往往有一些不需要或者拍摄失败的镜头，通过对入点、出点的设置可以将需要的镜头留下，从而删掉要废弃的镜头。与最终输出视频时标注入点、出点的位置不同，在对素材进行入点、出点的标注时需要用到【源】面板下方最左边的两个工具：【标记入点】工具、【标记出点】工具，在预览视频的过程中找到需要的视频素材的开始播放的地方，单击【标记入点】工具，再找到结束的地方，单击【标记出点】工具，这样入点和出点就能将需要的视频片段的范围确定下来。

图 2.12　在【源】面板中标记出点、入点

提　示

在标记时，可以通过【源】面板下方左右两端的圆形滑块将时间线放大，有助于更精确地确定视频的范围，初次标记后如不满意，可以将鼠标放置

在入点和出点上，鼠标会变成一个有箭头的红色大括号，这时可以通过前后移动鼠标来对出入点之间的片段范围进行调节。

4. 将设置好范围的素材拖入时间轴

【时间轴】面板处于界面的右下部分，是视频编辑中最重要的一个窗口之一，几乎所有的编辑工作都在这个面板中完成。【时间轴】面板分为【视频轨道】和【音频轨道】，上方的 V1、V2、V3 为【视频轨道】，下方的 A1、A2、A3 为【音频轨道】。

利用入点、出点可在【源】面板中确定好视频范围，之后可以将确定好的视频片段拖至【时间轴】面板，操作的方法为将鼠标放置在【源】面板视频画面的任意位置，按住鼠标左键将其拖动到【时间轴】面板的轨道中，当看到轨道上出现新添加的内容时松开鼠标即可。这时【时间轴】内放置的视频为【源】面板中入点、出点之间的视频片段，如图 2.13 所示，如果没有为视频添加入点、出点，那么拖入【时间轴】的为整段完整的素材。

图 2.13　将【源】面板中的视频片段拖进时间轴进行编辑

将视频片段拖拽至【时间轴】面板后，可以在上方的【节目】面板中看到其内容，【节目】面板中出现的内容与【时间轴】面板中的内容是对应的，在时间线上有一根蓝颜色的指针，用鼠标拖动指针可以看到【节目】面板的内容在发生变化，指针所处的时间的画面会显示在【节目】面板中，【节目】面板中的时间指针的时间与【时间轴】的时间指针的时间相对应，【节目】面板中显示的内容为最后输出视频的内容。除了用鼠标拖动指针对视频进行预览以外，还可以通过选中【节目】面板或【时间轴】面板后，按快捷键空格对视频进行预览。

◎ **知识扩展：视频与音频的链接**

一段有声音的视频在导入时，会自然在视频轨和音频轨上生成视频、音频两部分内容，且捆绑在一起，用鼠标选中视频且移动时对应的音频轨的内容也会跟着一起移动。如需要对视频和音频分开进行编辑，可以选中视频之后单击鼠标右键选择【取消链接】，这时视频内容与音频内容会被解绑，可以对其进行单独编辑。后期如需要重新绑定，只需用鼠标将视频、音频同时选中，再单击鼠标右键选择【链接】即可。

提　示

当轨道不够用时，可以在视频轨道上方的空白处或音频轨道下方的空白处单击鼠标右键，选择【添加轨道】，即可对轨道进行添加。除了此方法以外，还有一种更加便捷的方法，即用鼠标选中时间轴上的视频素材向上拖拽至空白处（如果是音频即向下拖拽至空白处），直到出现一条新的轨道后再松开鼠标即可。

5. 整合时间轴上的素材

在将需要的视频片段全部拖拽至时间轴后，可以对时间轴上的内容进行整合编辑，比如移动视频的前后位置、删除视频之间的缝隙、进一步调节视频的长度、删除视频，等等。

（1）移动视频的前后位置

在【工具工作区】点击鼠标切换模式为【选择工具】（可使用快捷键 V），用鼠标左键在时间轨道中选择需要移动的视频，被选中的视频显示为白色边框，如图 2.14 所示，选中后即可对视频进行前后的移动，调节视频出现的顺序。

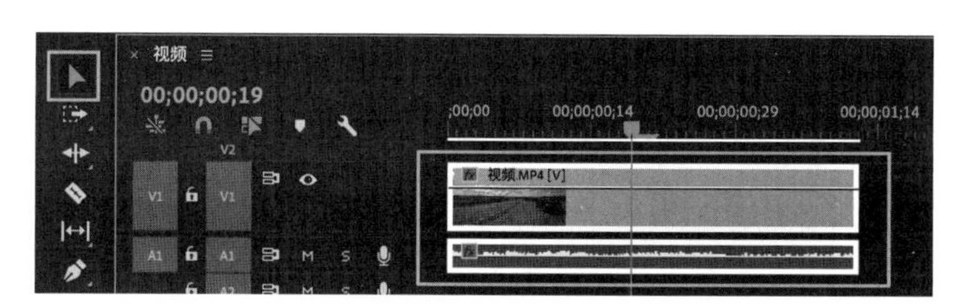

图 2.14　在【时间轴】中选中素材进行移动

（2）删除视频之间的缝隙

如两段视频之间有缝隙，在输出视频之后缝隙所在的地方会出现黑屏。因此，在编辑视频时要注意，遇到缝隙要及时删掉。删除缝隙常用的方法为利用鼠标选中两段视频之间的缝隙，如图 2.15 所示，缝隙内的内容被选中后会变成白色，单击鼠标右键选择【波纹删除】，在缝隙被删掉后，后面的视频会自动向前移动来填补缝隙。

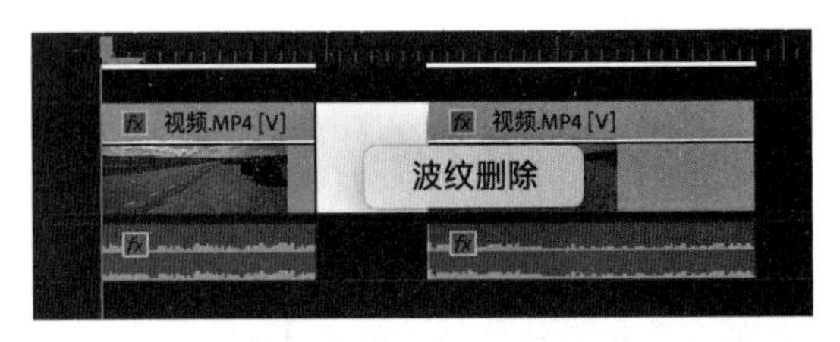

图 2.15　选中“缝隙”后单击鼠标右键选择【波纹删除】

除了这种方法外，还可以用鼠标移动视频素材来手动填补缝隙，当两段视频首尾相接的时候，鼠标会呈现一种“吸附”的功能，“吸附”的功能可帮助两段视频首尾相接拼凑在一起。如两段视频收尾相接时没有出现“吸附”的情况，可以检查是否激活了【在时间轴中对齐】功能，如图 2.16 所示，该功能的图标为一块“小磁铁”（快捷键为 S），该图标显示蓝色时为激活状态。相反，如果不想要这种“吸附”的功能，即可将【在时间轴中对齐】功能关闭。

图 2.16　【在时间轴中对齐】的图标为一枚“小磁铁”

（3）进一步调节视频的长度

即便在【源】面板中对素材通过标记出点、入点进行筛选，选择了需要的片段，但是在实际剪辑操作的过程中，经常还需要在时间轴上对这些筛选过的素材进行进一步剪辑，这些剪辑需要在【时间轴】面板内完成。调节的方法为将鼠标放置在时间线内素材的前面或者后面，当鼠标变成红色带箭头的大括号时，按住鼠标左键不要松开向前或向后移动鼠标，即可进一步调节视频的长度。

提　示

与在【源】面板中一样，在【时间轴】面板内也可以通过最下方的滑块来对时间轴上的时间长度进行调节，快捷键“+”为延长时间、“–”为缩短时间，通过调节时间轴的大小能够更加方便更精确地调节视频片段的长度。

（4）删除视频

在时间轴上选择需要删除的视频素材，按键盘上的 Delete 键即可删除不需要的素材。

6. **视频输出**

将视频素材按照需求的顺序在时间轴上进行摆放后可以拖动时间轴上的蓝色指针对视频进行快速预览，也可以按空格键对视频进行预览播放。如预览没有问题即可利用前文中讲述的方法对视频进行输出。

提　示

如按空格键没有反应，可能是因为没有选中【时间轴】面板，试一试用鼠标单击一下【时间轴】面板，当【时间轴】面板的周围有一圈蓝色边框时即表明被选中，再按空格键即可预览。

2.3　在一段视频中插入视频或图片

在上一小节中，我们介绍了通过导入素材、预览素材、在素材中找出需要的片段、将片段导入时间轴并整合等步骤，最终将多段视频拼接成一段视频，在这一章节中，我们将讲解如何将一段视频“剪开”，并在中间插入其他视频素材或者图片素材。

方法一：利用【剃刀工具】“剪开”素材：

将一段视频裁剪成两段或多段视频时需要用到一个重要的工具叫作【剃刀工具】，如图 2.17 所示，可使用快捷键 C。在【工具工作区】中可以找到【剃刀工具】，用鼠标选中【剃刀工具】后，移动鼠标至【时间轴】，此刻鼠标会变成“刀片”的样子，找到需要“剪开”的地方后单击鼠标，该段素材便可变成两段素材。再切换为【选择工具】，按下快捷键 V，即可用鼠标选择素材并移动素材的位置，在新生成的两段素材之间留一定的缝隙，拖入需要添加的视频或图片即可完成在一段视频中插入视频或图片。

图 2.17　左边方框内的图标为【选择工具】，右边方框内的图标为【剃刀工具】

方法二：利用快捷键 Ctrl+K“剪开”素材：

将【时间轴】上的时间指针放置在视频素材需要“剪开”的地方，按快捷键 Ctrl+K（macOS 系统的快捷键为 Command+K），该段素材会从时间指针所在的地方“剪断”成两段素材。再利用【选择工具】移动素材在时间轴上所处的位置，在素材之间留下缝隙，插入需要的视频或图片即可。

提 示

在视频剪辑的操作中，【选择工具】、快捷键 V、【剃刀工具】、快捷键 C，以及“剪开”素材的快捷键 Ctrl+K（macOS 系统快捷键为 Command+K）都是非常常用的工具与快捷键，它们可以让视频随意的裁开、移动、拼接。通过它们基本可以完成基础剪辑的所有内容，因而这些快捷键非常重要，熟记后可以帮助用户在日后的剪辑工作中节约很多时间。

2.4 倒流的瀑布

在前面的两个小节中我们介绍了 Premiere 剪辑的基本操作，从这一章节开始我们会介绍如何为视频添加一些简单的效果。很多影视剧作品或短视频作品中都会出现倒放效果，例如人倒着走路、树上的果子从地上飞回树上、时光倒流，等等。在这一小节中，我们将介绍制作视频倒放的效果，让大家利用 Premiere 中的视频倒放效果来制作“瀑布倒流”的小案例。

1. 导入素材、新建序列

将瀑布的视频素材导入 Premiere，拖动该素材至【项目】面板右下角的【新建项】，如图 2.18 所示，可以以瀑布视频素材的尺寸、帧速率等参数为基础新建一个序列。新建完成后，视频素材的内容也会在时间轴中出现。

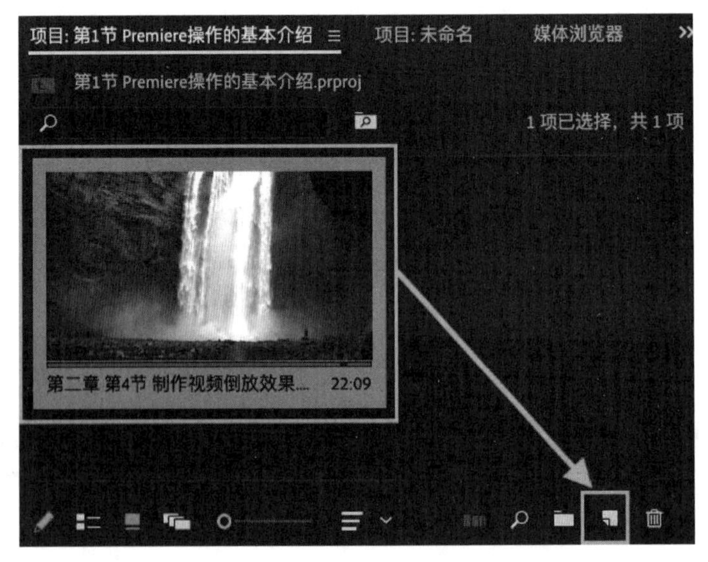

图 2.18 拖动素材至【新建项】以素材的参数新建序列

提　示

利用视频素材的尺寸、帧速率等参数为基础新建一个序列也是非常常用的一种新建序列的方法，一般在对成片尺寸没有要求时使用。

2. 添加倒放效果

在【时间轴】面板中选中需要制作倒放效果的素材，单击鼠标右键选择【剪辑速度 / 持续时间】，在弹出的【剪辑速度 / 持续时间】菜单中找到【倒放速度】，如图 2.19 所示，单击【倒放速度】前面的小框使其被选中，再单击右下角的【确定】即可。

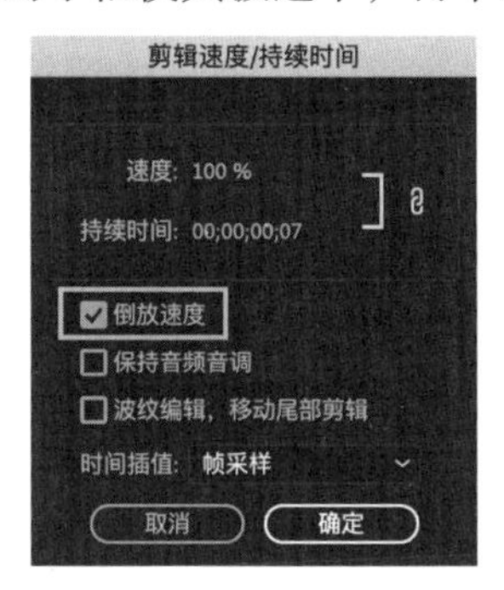

图 2.19　【剪辑速度 / 持续时间】窗口

单击【确定】后，【剪辑速度 / 持续时间】的菜单会自动关闭，这时倒放的效果便已经添加好了，在【节目】面板中可以预览制作完成的倒放效果，如图 2.20 所示。如后续想取消该效果，只需重新打开【剪辑速度 / 持续时间】菜单，取消【倒放速度】前面的小勾即可。

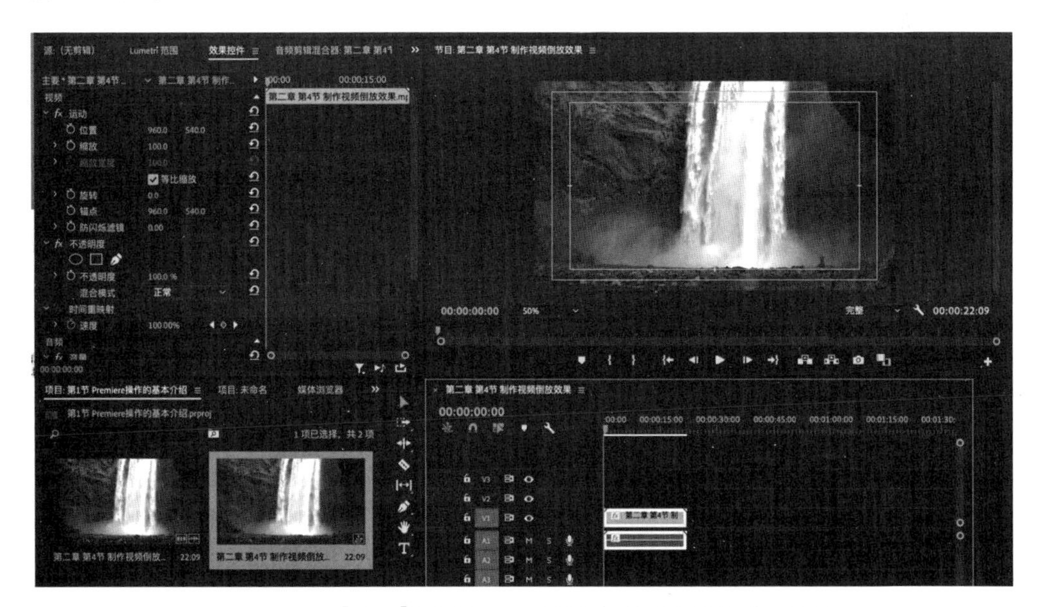

图 2.20　在【节目】面板中可以对添加好效果的视频进行预览

2.5 加速前进的车辆

在视频编辑时，经常需要通过调节视频播放的速度来匹配音乐或视频剧情的节奏。本小节利用一段车辆行驶的案例来讲解三种不同调节视频播放速度的方法，每一种方法都有不同的使用场景。大家以后在自己制作视频时可以根据不同的情况，选择不同的方法来处理视频速度。

2.5.1 有明确需要调节的具体速度或持续时间

在剪辑的过程中，如果需要将某段视频调节至明确的速度或者持续时间，可以利用【剪辑速度 / 持续时间】菜单来进行调节。

导入“车辆行驶”素材后，利用素材新建一个序列，在【时间轴】面板中选中素材，单击鼠标右键选择【剪辑速度 / 持续时间】，在【剪辑速度 / 持续时间】的窗口可以直接输入速度的百分比或视频的持续时间，该素材的时长为 8 秒 22 帧，如需要调节为两倍速，即可单击【剪辑速度 / 持续时间】菜单中“速度”旁的“100%”，单击之后可以对数值进行修改，输入“200%”即可将此段视频调节至两倍速，调节至两倍速后，该视频的长度会自动变为 4 秒 11 帧，如图 2.21 所示。调节完后可以在【节目】面板对调节完的视频进行预览，可见视频变成了两倍速度，视频中的车辆的移动速度明显变快了。

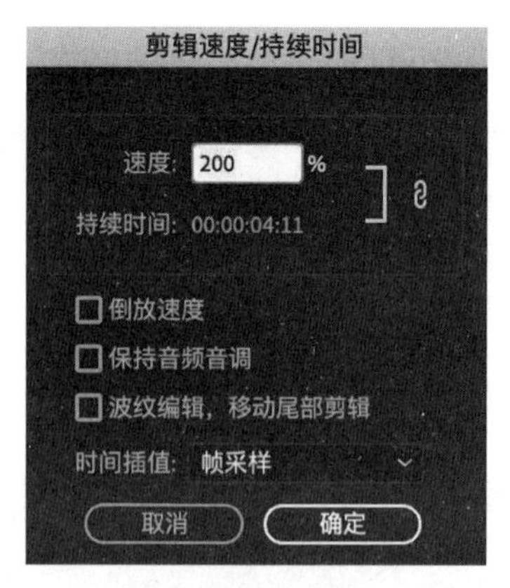

图 2.21 在【剪辑速度 / 持续时间】界面将视频调节至两倍速

如需要将视频的时长调节至 2 秒，即可在持续时间输入“00：00：02：00”，此时速度旁边的数值会自动变成 444%，如图 2.22 所示。所以，我们可以在【速度】和【持续时间】中选择一个进行填写，填写完后单击右下角的【确定】即可。如后期需要对速度进行再次修改，只需重新打开【剪辑速度 / 持续时间】菜单输入其他数值即可。

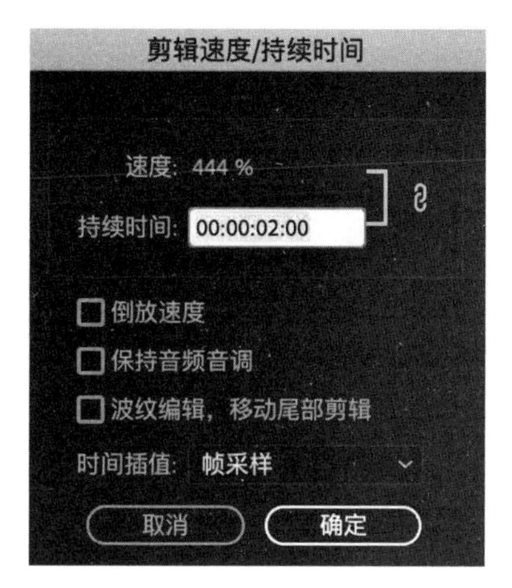

图 2.22　在【剪辑速度 / 持续时间】界面将视频时长调节至 2 秒

提　示

我们在短视频中经常可以看到加速的视频里的人物讲话的声音很像卡通人物，音调比较高，这是因为跟着视频画面一起加速的还有与视频中的音频，音频在加速后音调会变高，如果想避免这种情况，可以在【剪辑速度 / 持续时间】中找到“保持音频音调”并勾选，这样视频中讲话的人物的语速只会随着视频加速或降速，而音调不会发生改变。

2.5.2 无具体速度或持续时间的数值

如无具体速度或持续时间的数值可使用【工具工作区】中的【比率拉伸工具】，按下快捷键 R，来对视频的速度进行调节，利用该工具可以直接在时间轴上对视频的速度进行调节。长按【工具工作区】中的第三个按钮，可找到【比率拉伸工具】，如图 2.23 所示。

图 2.23　【比率拉伸工具】折叠于【工具工作区】中的第三个按钮中

如图 2.24 所示，激活【比率拉伸工具】后将鼠标放置到时间轴上视频的前后时，鼠标会变成红色带箭头的括号，并在后面显示视频素材的信息，包括名字、速度、开始时间、结束时间、持续时间，例如从下图的图中可以看到该素材名称为“第 5 节 调节视频的播放速度（车辆行驶案例）.mp4”、速度为“84.24%”、从 0 帧开始 7 秒 7 帧结束，持续时间为“7 秒 8 帧”。

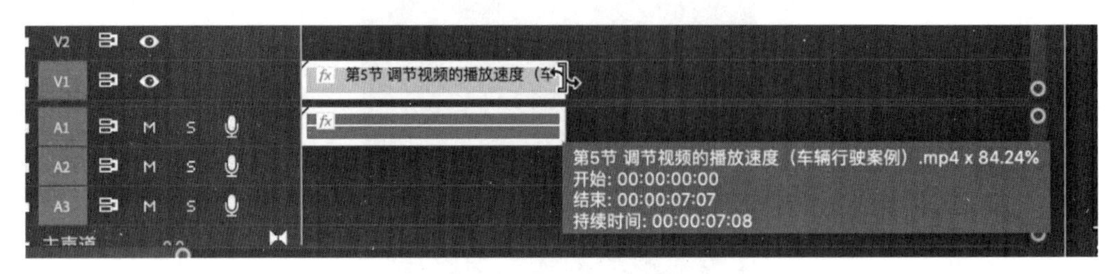

图 2.24　激活【比率拉伸工具】后将鼠标放置在素材后可以看到该素材的相关信息

向前推或者向后拉即可调节视频的速度，视频持续时间越长，视频播放速度越慢，视频持续时间越短，视频播放速度越快。在调节的过程中会显示两个时间，前面的时间为与原视频相比增加或减少的持续时间，后面的时间为调节后的持续时间。如图 2.25 所示，使用【比率拉伸工具】向左推进视频，压缩视频持续时间，视频速度会变快。相反，如图 2.26 所示，使用【比率拉伸工具】向右拉视频，拉长视频持续时间，视频速度会变慢。

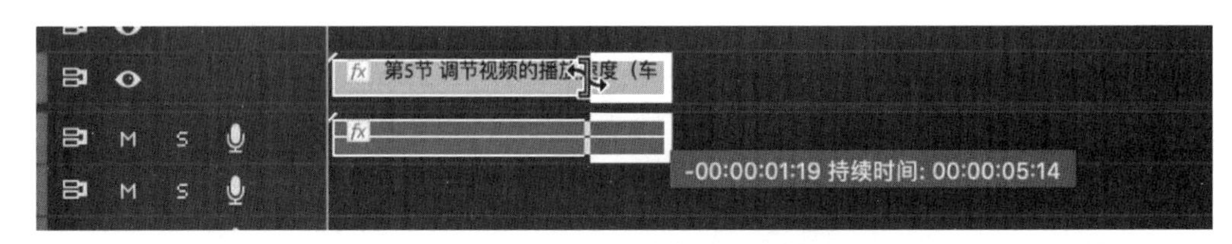

图 2.25　使用【比率拉伸工具】向左推进，视频速度会变快

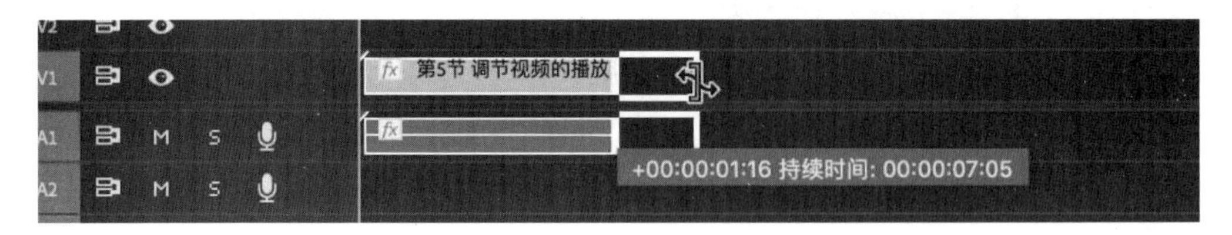

图 2.26　使用【比率拉伸工具】向右拉，视频速度会变慢

利用这个工具可以在调节过程中直观地看到被调节的视频在时间轴上的长度，如图 2.27 所示，操作起来更为直观。

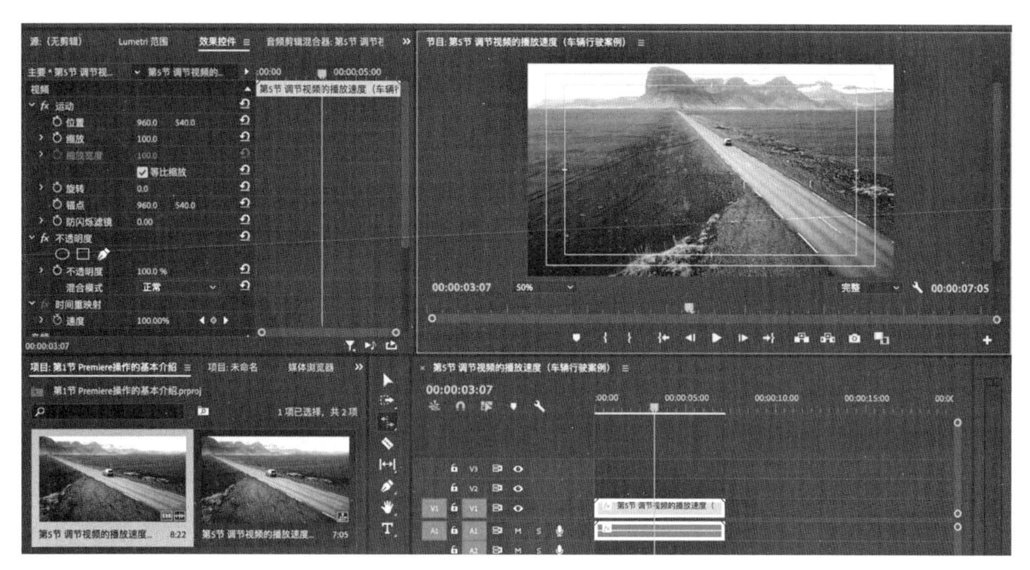

图 2.27　在【节目】面板中可以对变速的视频进行预览

2.5.3　一段视频中的速度有变化

在剪辑视频时，有时会需要根据人物动势或镜头动势让一个镜头里的内容中的部分时间比较快或部分时间比较慢，从而使整个镜头内容更加精致，Premiere 中的【时间重映射】功能能够很好地完成该效果。

1. 找到【时间重映射】的速度线

选中需要调节的视频后单击鼠标右键【显示剪辑关键帧】—【时间重映射】—【速度】，选中之后将鼠标放置在 V1 轨道的上下边缘可以调节视频轨道的宽度，如图 2.28 所示。

图 2.28　调节视频轨道的宽度

将视频轨道的宽度拉高，这时能看到有一根白色的线，这根白色的线就代表该视频的速度，默认为 100%，如图 2.29 所示。

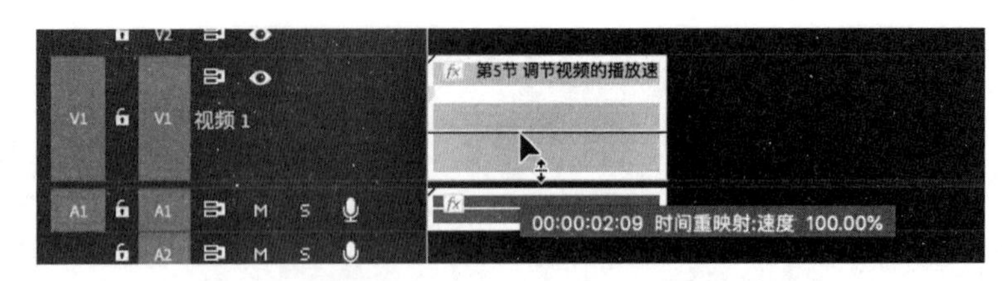

图 2.29　视频素材中间这根白色的线可以调节速度

2. 利用“速度线”调节视频速度

用鼠标选中这根线并往上推，该段视频的速度变快，用鼠标选中这根线并往下拉，则该段视频的速度变慢，在推拉的过程中，旁边出现的数字为调节后的速度。通过这样的方法即可简单地调节整段视频的速度。

如果想让速度有变化则需要添加关键帧，如前文所述先找到这根白色的“速度线”，然后在【工具工作区】中找到【钢笔工具】，【钢笔工具】的图标如图 2.30 所示。

图 2.30　【钢笔工具】位于【工具工作区】右数第六个图标

在需要变速片段的前后添加关键帧，选中【钢笔工具】后将鼠标放在“速度线”上，钢笔旁边会出现一个“+”，这时单击单击鼠标即可为“速度线”添加关键帧。如图 2.31 所示，在视频的 3 秒和 6 秒处分别添加关键帧。

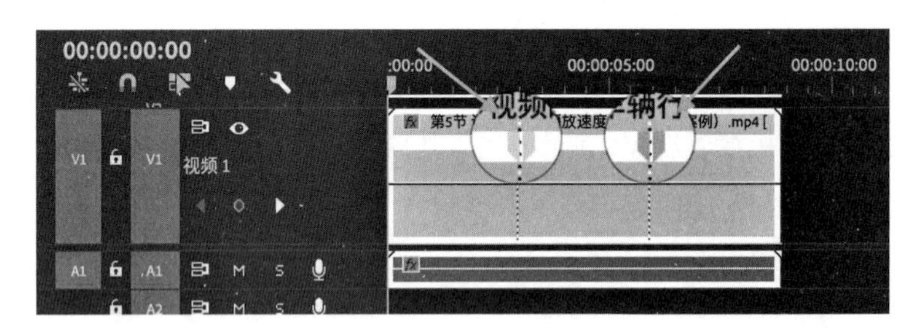

图 2.31　素材的“速度线”上有两个关键帧位于 3 秒和 6 秒处

点击鼠标切换为【选择工具】状态，向上推动两个关键帧之间的线，可以单独将这个时间区域内的速度提升。如图 2.32 所示，在视频的 0—3 秒处，视频的速度依然是 100%，而视频的原 3—6 秒速度提升到了 255%，视频的原 6—8 秒 22 帧的速度依然是 100%，这样一来，该段视频就有快有慢了，通过【节目】面板可以对其效果进行预览。

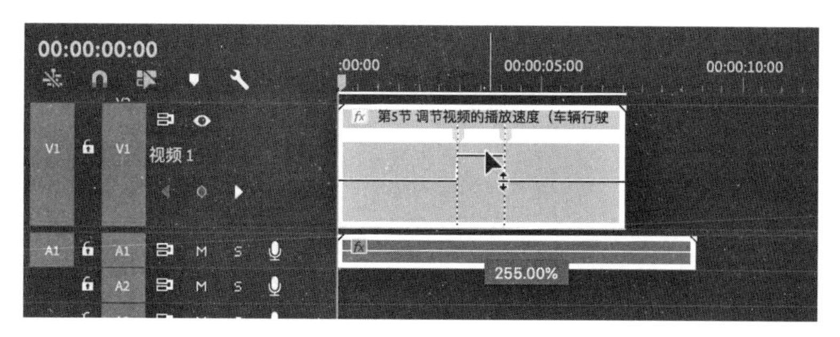

图 2.32　两个关键帧之间的速度为 255%

再附加举例说明：如一段 30 秒的视频，需要将中间的 10 秒钟内容以 2 倍速播放，那么则需要在 10 秒和 20 秒的地方分别打上关键帧，再用鼠标选中中间 10 秒的“速度线”向上推至 200% 即可，这样前 10 秒与后 10 秒都保持 100% 的速度，而中间的 10 秒内容变为 200% 的速度，总时长变为 25 秒。

3. **让速度的变化更加平稳自然**

在完成变速预览后可以发现，速度是突然变快或变慢的，此时可以利用鼠标将关键帧的手柄分开，使之形成坡度，如图 2.33 所示，速度便不会突然从 100% 升至 255%，再突然从 255% 降为 100%，而是有坡度地慢慢加速再慢慢降速。

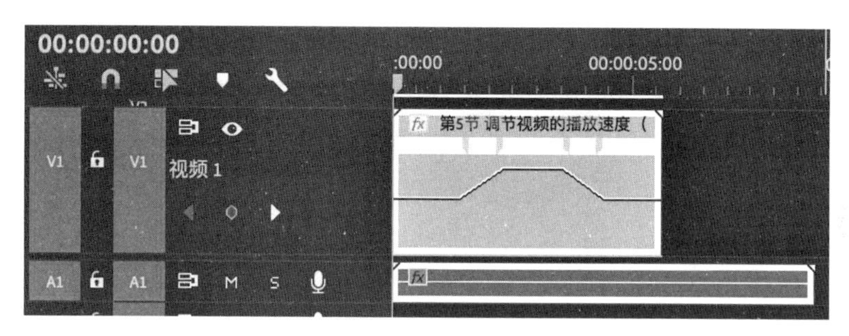

图 2.33　关键帧的手柄可以分开形成坡度

点击【选择工具】选中上方四个滑块之一时，“速度线”上会出现一个“手柄”，该手柄可以为线条添加弧度，使“速度线”变成平滑的曲线，这样一来，速度的变化会更加流程自然。

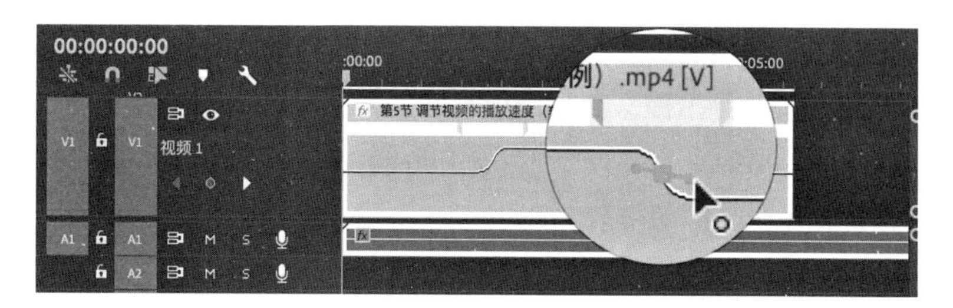

图 2.34　可以将“速度线”变成平滑的曲线

在该案例中，我们只为视频的速度添加了两个关键帧作为演示，在实践中可以根据需要为视频的“速度线”添加多个关键帧，制作更加多变的效果。

提 示 1

在利用【时间重映射】调节视频速度时不难发现，调节完的速度只对视频起了作用，而音频的速度并没有发生改变。在利用此功能编辑视频时，可单独为视频配一个背景音乐，将视频的速度节奏调节至与音乐相匹配，效果会更加出色。

提 示 2

如图 2.35 所示，每个视频素材在时间轴上拉宽都会出现一条线，这条线默认是调节视频【不透明度】的参数的一条线，向下拉视频的【不透明度】值，参数会降低，向上推视频的【不透明度】值，参数会升高，参数值默认为 100%，即视频完全不透明。但是我们可以通过设置让这条线调节视频的其他属性，例如在上述案例中降低速度。选中视频后单击鼠标右键【显示剪辑关键帧】，可以更改此条线对应的属性，较常用的属性有【不透明度】【速度】。

图 2.35　可以让这条线“负责”调节素材的不同属性

2.6　多角度的演唱现场

在前期拍摄时，为了能更好、更全面、更丰富地记录一个场景，通常会使用多个机器对场景和人物进行拍摄，在后期剪辑时如果手动去对齐这些拍摄的素材则十分麻烦和耽误时间，所以在剪辑时可以利用 Premiere 的多机位剪辑功能来对多机位的视频进行剪辑，会非常简便高效。

1. 创建多机位序列

将多个机位拍摄的视频导入 Premiere，在【项目】面板中选中所有相关的素材视频，单击鼠标右键选择【创建多机位源序列】，在弹出的【创建多机位源序列】弹框中可以给正在新建的【多机位源序列】取一个名字“唱歌”。在【同步点】选择【音频】，这样会利用声音来将所有的视频素材的时间进行对齐，其余的参数不用调整，如图 2.36 所示，选好之后可以单击右下角的【确定】。

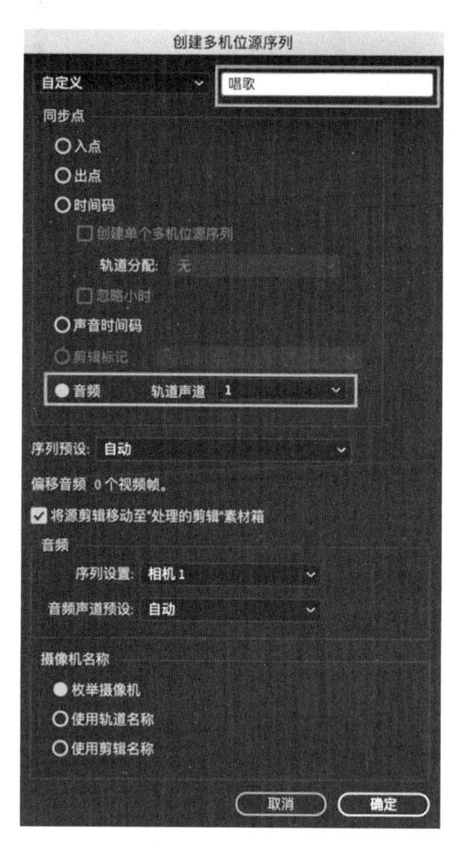

图 2.36　【创建多机位源序列】界面

单击【确定】后，项目面板会多出一个名为“唱歌”的多机位源序列。如图 2.37 所示，多机位源序列与普通序列的图标有一定区别，多机位源序列的图标是对齐的五条横杠加一条竖线，普通序列的图标是三条没有对齐的横杠加一条竖线。图标内横杠的设计是代表时间轴内的视频和音频，竖线代表时间轴。用户根据这一设计则很容易将两种不同的序列图标进行区分。

图 2.37　多机位源序列与普通序列图标的对比

将多机位序列拖拽至时间轴新建序列，在新建序列后会发现【项目】面板中多了一个名为“唱歌”的序列，如图 2.38 所示，多机位源序列在时间轴上呈现为绿色，这种绿色的序列在 Premiere 中为嵌套序列。

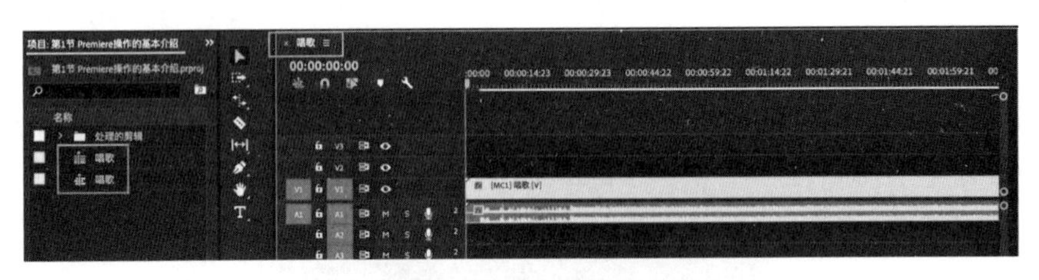

图 2.38 “唱歌”的嵌套序列

提 示

将序列放置序列内为嵌套序列，嵌套的序列在时间轴上呈现为绿色。如嵌套序列内的内容发生了变化，在外部也会有对应的改变。例如：将序列 1 放置在序列 2 内，序列 1 呈绿色，按住 Ctrl（macOS 系统为 Command），双击序列 1 可以进入序列 1 的内容，如调节了序列 1 内的内容，调节所发生的改变也会对应出现在序列 2 上。

在键盘上按住 Ctrl（macOS 系统为 Command），在时间轴上双击【多机位源序列】可打开该嵌套序列看到里面的每个单独的视频素材，如图 2.39 所示，通过波形图可以观察到所有的音频轨道上的内容都已经进行了对齐，并按照音频的位置也将所有的视频内容进行了对齐。

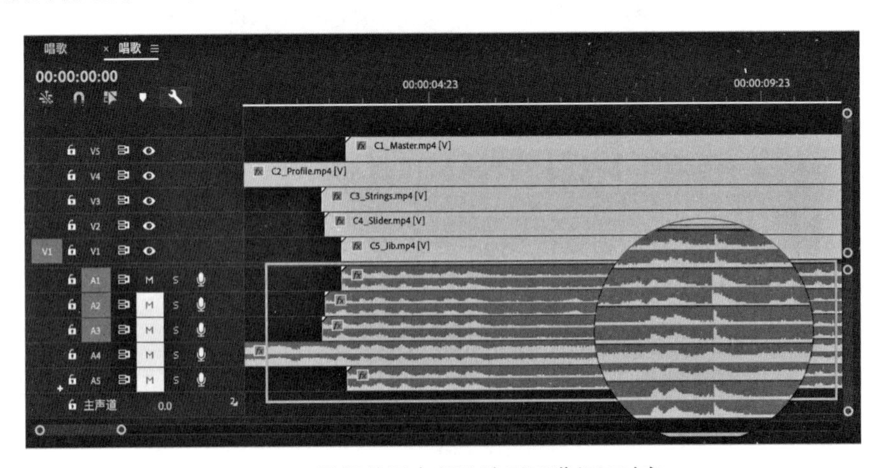

图 2.39 视频按照音频的波形图进行了对齐

因为每个视频素材都有自己的音频轨道，所以有多个音频，我们可以挑选出音质最好的一个，删掉其他多余的音频。删除前，需要先找到需要删除的音频，然后单击鼠标右键选择【取消链接】，这样可以让音频与视频解绑，避免在删除音频的同时也误删了视频。

2. 打开多机位视图

点击【节目】面板下方右侧的【按钮编辑器】，如图 2.40 所示，图标为“+”。在众多图标中找到【切换多机位视图】按钮和【多机位录制开 / 关】按钮，用鼠标分别选中它们并拖拽至【节目】面板下方，完成后点击【确定】。

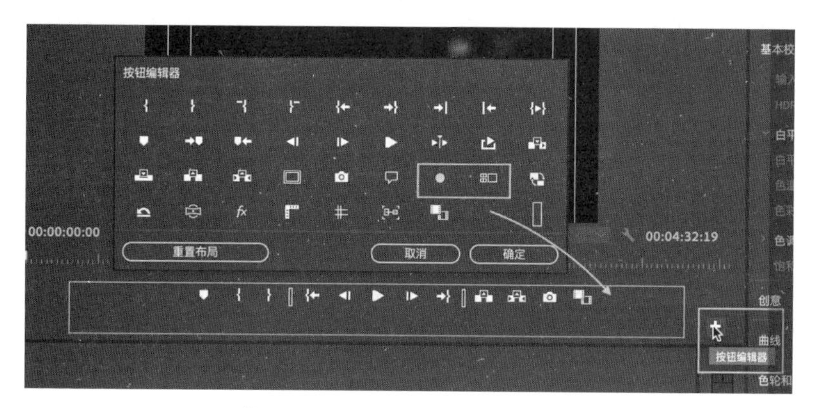

图 2.40　添加【切换多机位视图】和【多机位录制开 / 关】按钮

回到含有绿色嵌套序列的“唱歌”序列，激活【切换多机位视图】按钮使之变成蓝色。这时可以看到节目面板被分成了左右两个部分，左边为所有素材的画面，也就是所有机位拍摄的画面，右边为选中的其中一个画面，如图 2.41 所示。如看到的画面为黑色是因为该时间有的机位没有画面，移动一下时间即可看到所有画面。

图 2.41　【节目】面板在“切换多机位视图”的界面

3. 用红色的框选中需要的镜头画面

选中【时间轴】面板后，按空格键预览视频，在视频播放的过程中用鼠标选择需要的画面，这时【多机位录制开 / 关】会自动被激活，如图 2.42 所示，被选中的镜头画面周围会变成红色，并出现在右边较大的画面中。

图 2.42　左边红色框内的画面为被选择的镜头，会出现在右边

手动点击需要的镜头画面，使其出现红框代表被选择。在手动切换画面的过程中，时间轴上的嵌套序列会根据点击自动进行切割剪辑，在预览暂停或结束剪辑时可以看到被切割的嵌套序列，如图 2.43 所示。关掉【切换多机位视图】后再进行预览，可以发现镜头画面是按照之前手动切换的顺序进行切换的，通过这样的方式可以很轻松地完成在多机位剪辑中镜头的切换。

图 2.43　手动切换镜头后嵌套序列的内容自动进行切割

除了手动切换镜头画面以外，也可以通过键盘上的数字 1、2、3、4……来选择需要的画面，与用鼠标选择的效果是一样的。画面编号从左至右、从上至下依次为 1、2、3、4……

提　示

在进行镜头之间的微调时可以试一试【滚动编辑工具】，长按【工具工作区】中的第二个按钮，可找到【滚动编辑工具】，如图 2.44 所示。

图 2.44　【滚动编辑工具】折叠于【工具工作区】中第二个按钮中

如图 2.45 所示，选中【滚动编辑工具】后将鼠标放置在两段视频之间可以进行左右移动，可以发现【滚动编辑工具】只会改变前后视频片段在整体视频中所占的时间比例，并不会改变整体的视频持续时间，在进行多机位剪辑时利用该方法进行微调可以有效地调节画面与画面之间的衔接，而不会影响到音频，不会音画不同步的问题出现。

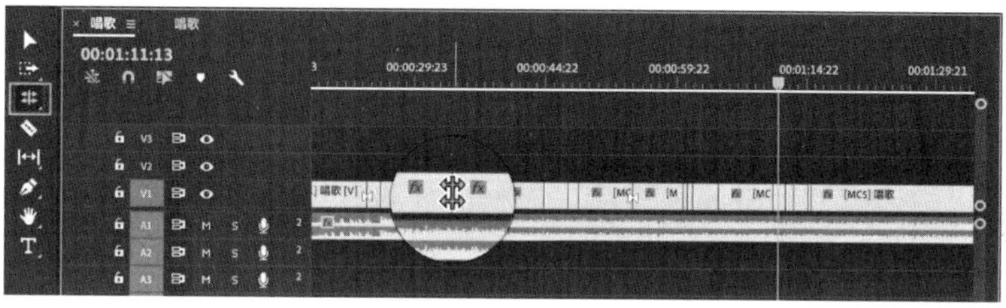

图 2.45　【滚动编辑工具】图标

4. **多机位拼合**

在剪辑完成后，选中时间轴上的序列，单击鼠标右键利用【多机位】—【拼合】可以将该【多机位源序列】转化为普通序列，但是这一步是不可逆的，所以在操作之前需要谨慎，确定自己的剪辑无误后再进行操作。

通过以上的步骤，我们能够很方便地对多个机位拍摄的视频进行剪辑。在实际的实践中，建议多使用多机位拍摄，后期剪辑完成的画面会更加丰富多变。

2.7　"画中画"效果

在很多新闻或短视频中，可以看到在一个画面内出现两个不同的视频或在视频中出现一些图片，比如新闻主播在提到某个新闻事件时在他的"身边"会出现相关的新闻事件的视频，短视频博主在提到某些事情时也会在画面上出现相关的视频或图片。在制作类似的视频时，只需要在时间线上建立多个视频轨道，将不同的内容放置在不同的轨道上，即可实现相关效果。

在 Premiere 的时间面板中可以建立多个视频轨道，"上面"轨道上的内容会对"下面"轨道上的内容进行遮挡，如：V3 轨道上的内容会遮挡 V2、V1 轨道上的内容，

V2 轨道上的内容会遮挡 V1 轨道上的内容。在制作“画中画”效果时，将最大的画面放置在 V1 轨道上，将画中画里的小画面放置在 V2 轨道上，调整小画面的尺寸，即可实现“画中画”效果。

在一些影视剧作中，主角在浏览手机时旁边会有一个手机的画面显示主角手机屏幕的内容。本小节将通过这种类似的效果来制作“画中画”的案例。

1. 导入素材与新建序列

根据前文介绍的方法将“浏览手机”与“手机屏幕显示”的视频素材导入 Premiere。拖动“浏览手机”素材至【项目】面板右下角的【新建项】，以“浏览手机”视频素材的尺寸、帧速率等参数为基础新建一个序列。

2. 调节“画中画”的位置

按照上述的方法建立序列后，“浏览手机”素材处于【时间轴】V1 轨道上，在【项目】面板中选中“手机屏幕显示”素材，并将其拖动至 V2 轨道。Premiere 中视频轨道的遮挡属性让我们可以从图 2.46 中看到“手机屏幕显示”素材的画面内容对“浏览手机”的画面内容有部分的遮挡。

图 2.46　两个素材的摆放及遮挡关系

调整“手机屏幕显示”素材的位置和大小，将其摆放至合适的位置。在【节目】面板中双击“手机屏幕显示”素材画面，“手机屏幕显示”素材的边缘会出现控制边框，将鼠标放置在四个角的其中一个角上，鼠标会变成两个箭头对立的图标，如图 2.47 所示，按住鼠标向外拉，视频画面会变大，向内推，视频画面会变小。将视频画面调节至合适尺寸后，用鼠标按住视频的中间任意地方即可对其进行移动。通过以上的操作可以将“手机屏幕显示”素材摆放至合适位置，如图 2.48 所示。

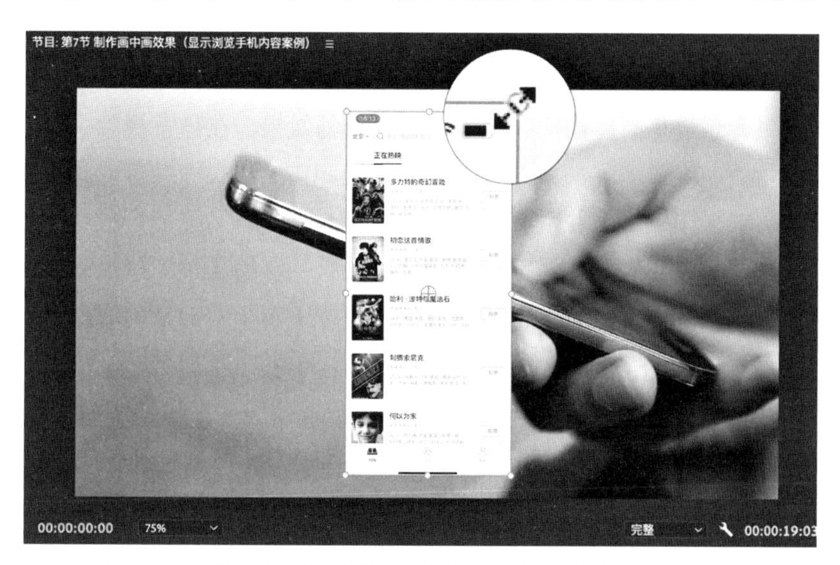

图 2.47　当鼠标呈放大所示图标时可以对视频的尺寸进行调节

图 2.48　将“手机屏幕显示”素材摆放至合适位置

3. 让“手机屏幕显示”内容的滑动速度与“滑动手机”动作匹配

观察手滑动手机的速度，让“手机屏幕显示”内容的滑动速度与手滑动手机的速度相匹配，可使效果看起来更加自然。可以利用【时间重映射】的功能制作来调节“手机屏幕显示”内容的滑动速度。在本书2.5章节“加速前进的车辆”中对【时间重映射】功能功能有详细讲解。

2.8 简单的“鬼畜”效果

随着自媒体的发展，鬼畜视频成为一种较为流行的原创视频，该类视频以重复的素材与背景音乐进行高度搭配来达到一种洗脑的效果，在鬼畜视频中常常可以看到一个画面中以四屏或多屏的方式显示重复画面。在Premiere中可以利用视频效果内的预设效果来制作相关效果。

在这个案例中，我们选择经常被用作鬼畜视频素材的《帝国的毁灭》的电影片段作为素材，来制作一小段有鬼畜效果的视频，除了本小节的新内容以外，还需要用到2.4章节“倒流的瀑布”中讲解过的视频倒放效果和2.6章节“多角度的演唱现场”中讲解过的Premiere中的嵌套功能，嵌套序列在2.12章节“让晃动的镜头稳定下来”中也有详细讲解。

1. 导入素材与新建序列

根据前文介绍的方法对素材进行导入。将《帝国的毁灭》的电影片段“元首推眼镜”的视频素材导入Premiere，拖动素材至【项目】面板右下角的【新建项】，以“元首戴眼镜”视频素材的尺寸、帧速率等参数为基础新建一个序列。

2. 制作一个“戴、取眼镜”的重复镜头

（1）筛选素材

因为只需要主人公摘眼镜的画面，所以可以通过【源】面板标记出点、入点将主人公摘眼镜的画面范围确定出来，如图2.49所示，在1秒25帧的地方标记【入点】，在6秒29帧的地方标记【出点】，再用鼠标选中【源】面板画面中的任意地方，拖入时间轴。

（2）复制并进行倒放处理

选中【时间轴】上的素材后按住Alt键不要松开，将鼠标向旁边移动，即可复制一段相同的视频。利用复制Ctrl+C（macOS系统快捷键为Command+C）与粘贴Ctrl+V（macOS系统快捷键为Command+V）搭配使用也可以对视频进行复制粘贴，注意粘贴时需要将【时间轴】的时间指针放在合适的地方，粘贴时会以当前时间指针的位置作为起点进行粘贴。

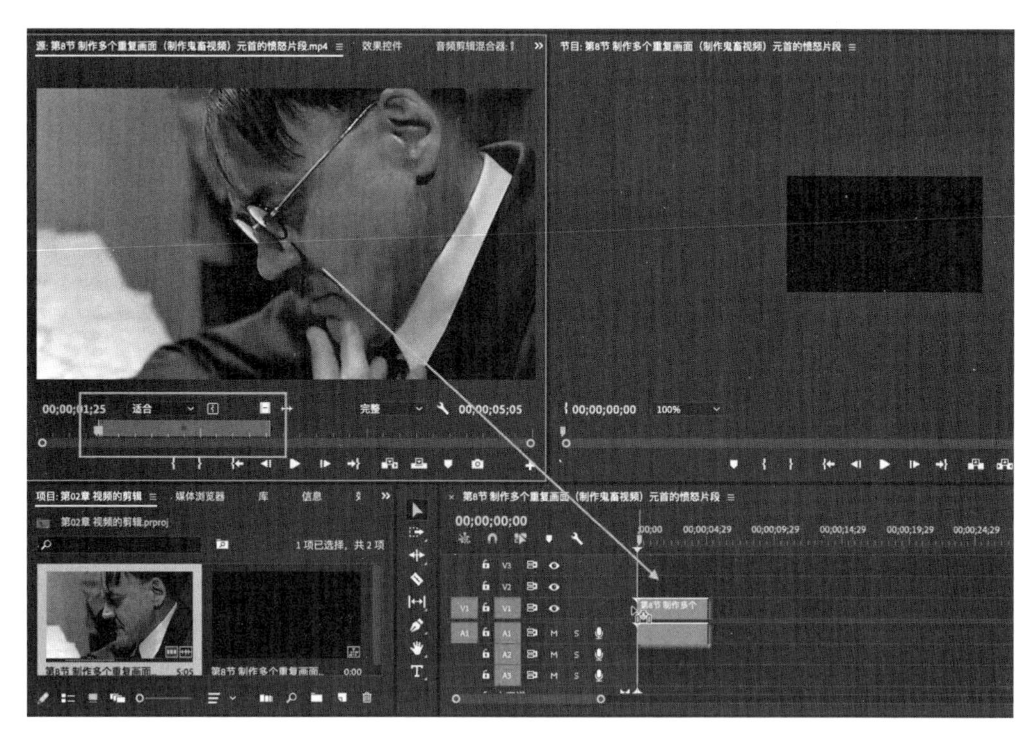

图 2.49　通过【源】面板筛选需要的素材

将视频复制后利用【剪辑速度 / 持续时间】将其进行倒放处理。如图 2.50 所示，将两段视频首尾相连摆放在一起，选中第二段视频，单击鼠标右键选择【剪辑速度 / 持续时间】，在弹出的【剪辑速度 / 持续时间】菜单中找到【倒放速度】并选择。以上操作完成后可以预览效果，主人公在带上眼镜后马上就取下了眼镜，如果反复播放即可呈现出循环播放的效果。

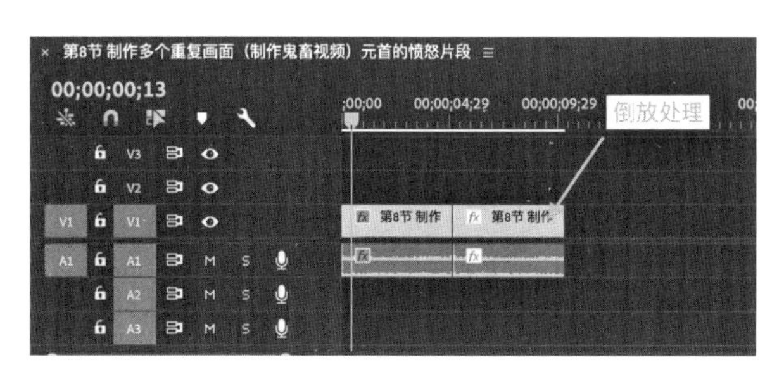

图 2.50　将复制的视频素材进行倒放处理

（3）将“戴、取眼镜”的镜头制作成嵌套序列

2.6 章节“多角度的演唱现场”中介绍过嵌套序列，嵌套序列有一个好处是避免多次修改多个文件，在制作嵌套序列后，如果后期需要修改只需要修改嵌套序列内的内容即可。嵌套序列的另一个好处是方便为多段视频统一添加特效，将多个视频进行嵌套后将效果加在嵌套序列即可，比如调节速度、调节位置、添加特效，等等，

都是非常方便的。

选中时间轴上的两段视频，单击鼠标右键选择【嵌套】，在【嵌套序列名称】窗口可以为该序列命名，例如命名为“戴、取眼镜”，如图 2.51 所示。

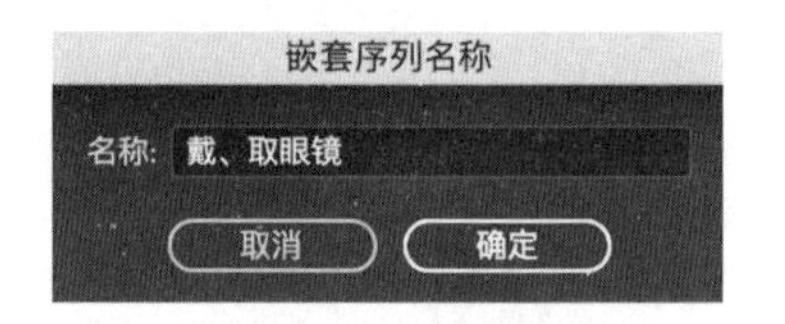

图 2.51　为嵌套序列命名

建立嵌套序列后，可以在【项目】面板中看到这个序列，【时间轴】上的被嵌套的序列变成了绿色，如图 2.52 所示。如果需要修改嵌套序列内的内容，可以按住 Ctrl（macOS 系统为 Command）双击绿色的嵌套序列，这样可以看到里面的每个单独的视频素材，从而进行修改。

图 2.52　【项目】面板与【时间轴】上的嵌套序列

3. 制作多个重复画面

（1）为嵌套序列添加【复制】特效

用选择工具在时间轴上选中“戴、取眼镜”的嵌套序列，在【项目】面板的右边找到【效果】面板，如图 2.53 所示。

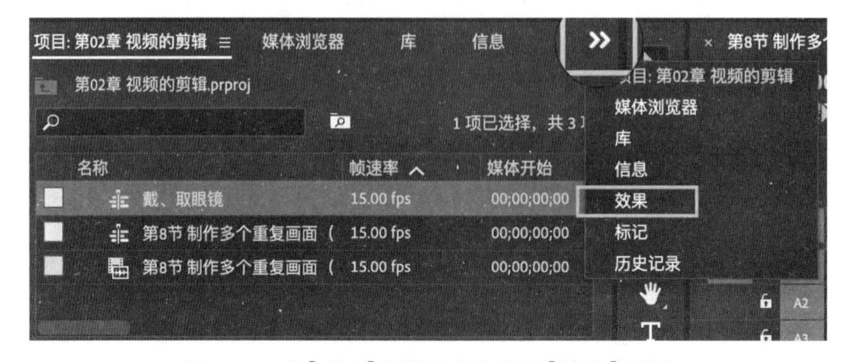

图 2.53　在【项目】面板的右边找到【效果】面板

如图 2.54 所示，【效果】面板中有很多 Premiere 预设的视频效果和音频效果。找到【视频效果】—【风格化】—【复制】，双击鼠标左键可以将【复制】效果添加给“戴、取眼镜”的嵌套序列。

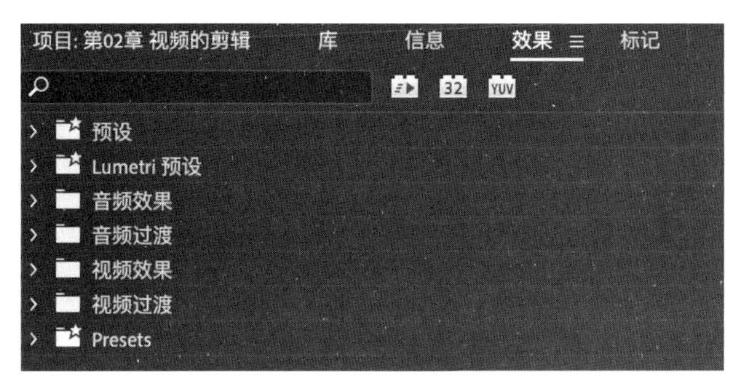

图 2.54　【效果】面板

如图 2.55 所示，添加好效果后可以在【源】面板旁的【效果控件】面板内看到添加的效果【复制】，如果没有看到可能是没有在时间轴内选中“戴、取眼镜”的嵌套序列。

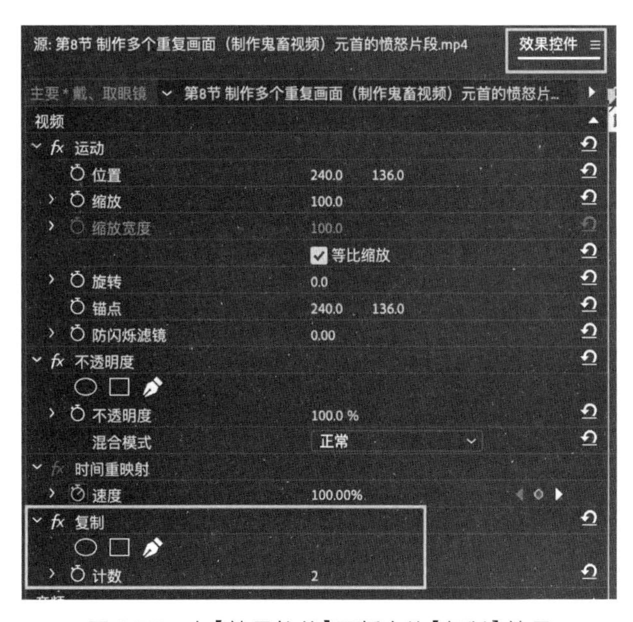

图 2.55　在【效果控件】面板中的【复制】效果

【复制】效果可调节的参数为【计数】，单击【计数】右边的数字可以对参数进行修改，修改后即可在【节目】面板中看到变化，【节目】面板中画面的重复数量为【计数】数值的立方。通过图 2.56、图 2.57 可以看到设置不同【计数】值时的效果。

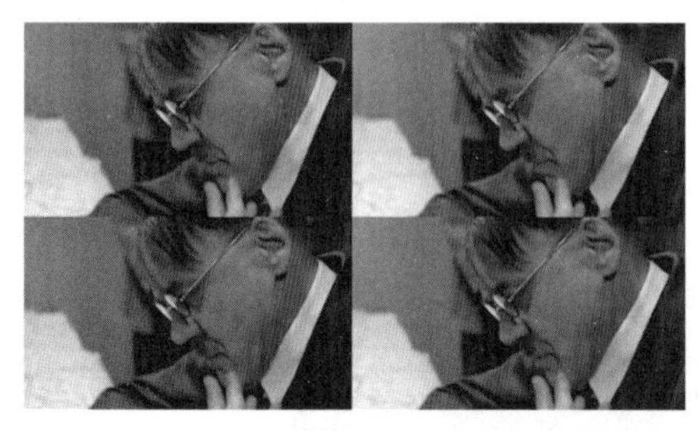

图 2.56 【计数】值为“2”的效果

图 2.57 【计数】值为“3”的效果

（2）为【复制】特效参数添加关键帧

利用为【复制】特效参数添加关键帧可以使视频在播放的过程中增减重复的画幅。将【时间轴】上的时间指针移到 0 秒时，激活【复制】特效中【计数】前的时间秒表为其添加第一个关键帧，将值设定为“2”。

图 2.58 激活【复制】特效前的时间秒表

将【时间轴】上的时间指针移到 3 秒时，修改【计数】的参数为“3”，软件会自动添加第二个关键帧。将【时间轴】上的时间指针移到 6 秒时，修改【计数】的参数为“4”，软件会自动添加第三个关键帧。添加好后可以对其效果进行预览，视频在播放的过程中画面的重复量会越来越多。

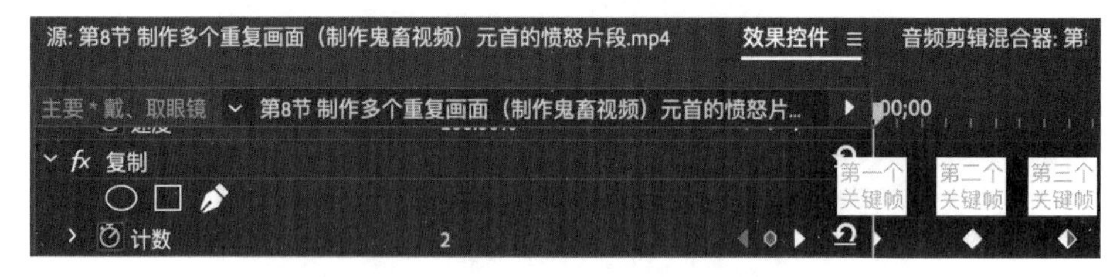

图 2.59 为【计数】参数添加的 3 个关键帧

（3）调节整体的速度

制作完后可以看一下动作的速度，如果觉得动作较慢可以通过【剪辑速度 / 持续时间】将“戴、取眼镜”的嵌套序列速度调节成 300%，使画面节奏更快一些。

◎ **知识扩展：添加预设效果**

在知道效果名称的情况下，可以在效果面板中搜索特效的名字找到相关的视频效果，如图 5.60 所示。

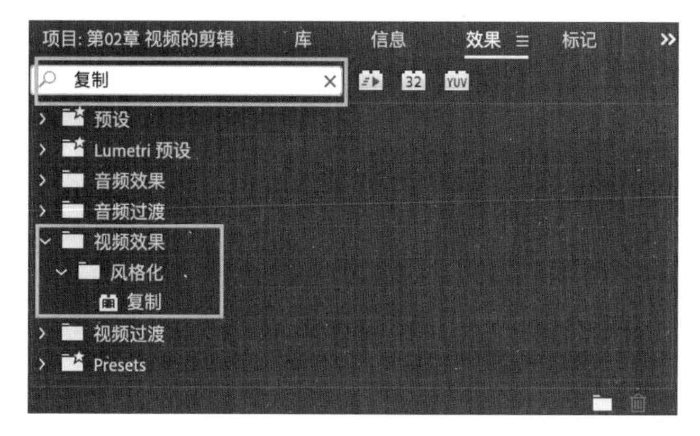

图 2.60　通过输入特效名字找到特效

在 Premiere 中为视频添加视频效果有两种方法：

一种是上文所述的双击效果名称，例如双击【复制】，值得注意的是此方法需要先在【时间轴】内选中需要添加效果的素材，素材被选中后再双击效果才能添加效果。

另外一种方法是通过拖拽效果进行添加，具体操作方法为：在【效果】面板中用鼠标左键选中效果名称，不要松开鼠标，将效果名称拖拽至时间轴上需要被添加效果的素材上，当鼠标的光标变成一个小拳头和一个加号时即为拖拽成功，松开鼠标即可。

◎ **知识扩展：切换效果开关**

为素材添加完的效果都可以在【源】面板旁的【效果控件】面板内找到，每个效果前都有一个小的 fx，如图 2.61 所示，fx 一般指【切换效果开关】，为视频添加效果后，该开关默认为【开】，单击一下 fx 后，fx 上会出现一条斜线，标示关闭。通过【效果控件】开关的【开】【关】可以分别预览视频添加效果与不添加效果的区别。效果关闭后如想再打开只需重新单击 fx 即可，如想要彻底删掉该效果，可以选中效果名称，按键盘上的 Delete 键，即可将效果进行删除。

图 2.61　效果控件开关

2.9 人物的分身术

一些视频中会有一个画面内同时出现多个相同的人物的效果，就像人物有分身术一样，该效果十分有趣，制作起来也非常简单，通过拍摄与剪辑的结合即可轻易地完成该效果。制作思路为利用固定机位拍摄多段视频，再利用 Premiere 将每段视频的画面进行裁剪，最后整合成一段视频。具体操作步骤为：

1. 拍摄

利用固定机位拍摄一个场景镜头中人物的多段视频镜头。利用固定机位的原因是以免人物背后的场景发生错位。

2. 导入素材

将拍摄的视频素材依次放在 V1、V2、V3、V4 轨道上，且在每个轨道上仅放置一个素材，如图 2.62 所示。

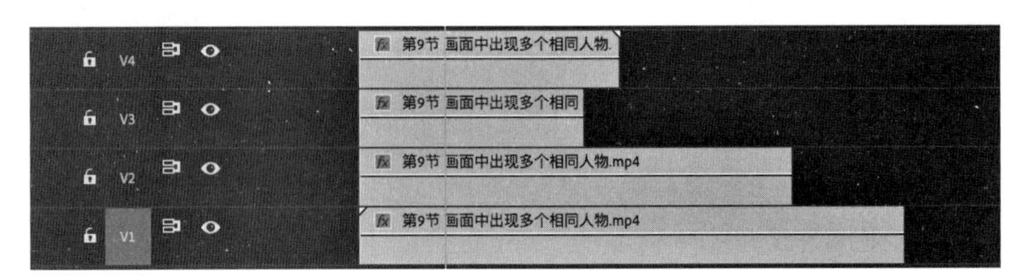

图 2.62　将人物位置不同的视频依次放置在 V1、V2、V3、V4 轨道上

3. 添加【裁剪】特效

由于轨道之间的遮挡关系，下面视频中的人物和背景会被最上面的视频遮挡，这时我们只需要将上面轨道的画面进行裁剪即可露出下面轨道上的视频内容。选中 V4 轨道里的视频素材为其添加【裁剪】效果，【裁剪】效果位于【效果】—【变换】—【裁剪】，如图 2.63 所示。

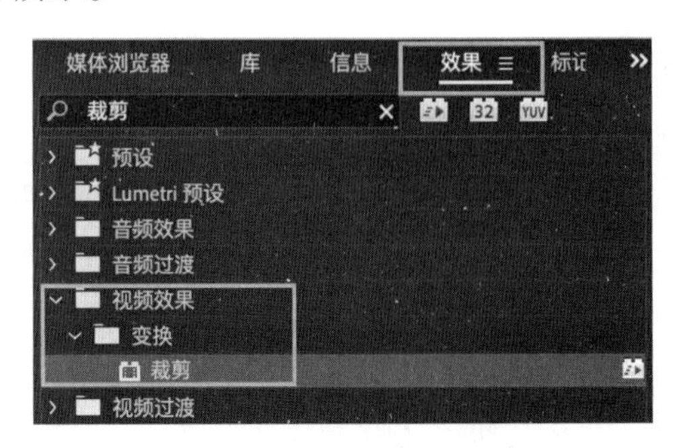

图 2.63　【效果】面板中的【裁剪】效果

在【效果】—【裁剪】效果中可以通过调节【左侧】【顶部】【右侧】【底部】的值来对视频画面进行裁剪，通过调节【左侧】的值“裁剪”掉 V4 轨道上视频的左半部分，留下右半部分的人和场景，如图 2.64 所示。关闭 V2、V3、V4 轨道上视频的视图后可以看到，画面中只剩下 V4 轨道上视频的右半部分。

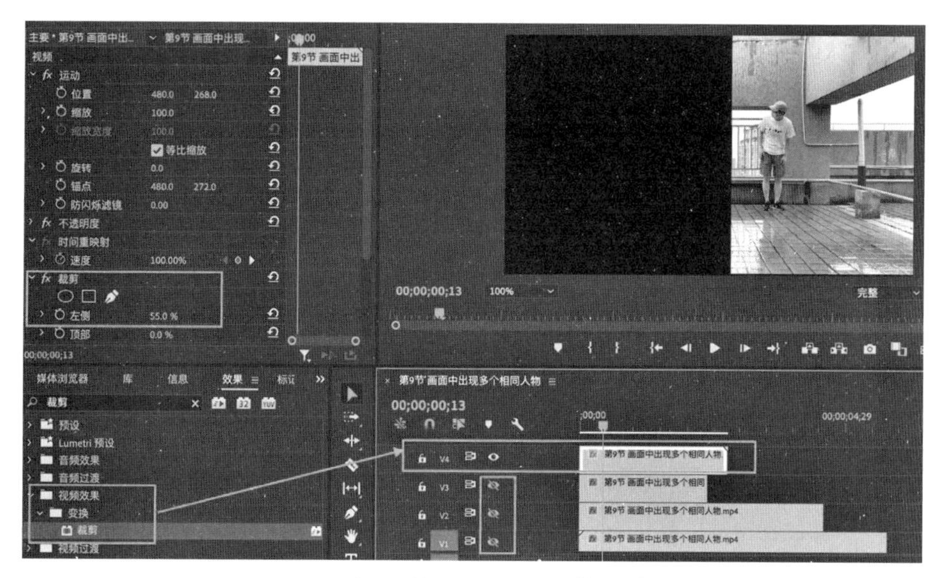

图 2.64　为 V4 轨道上视频添加【裁剪】效果

为 V4 轨道上的视频添加完【裁剪】效果后，如将 V3 轨道的视图打开，可看到画面上出现了两个相同的人物，如图 2.65 所示，这两个人物分别为 V4、V3 轨道上视频内的人物。

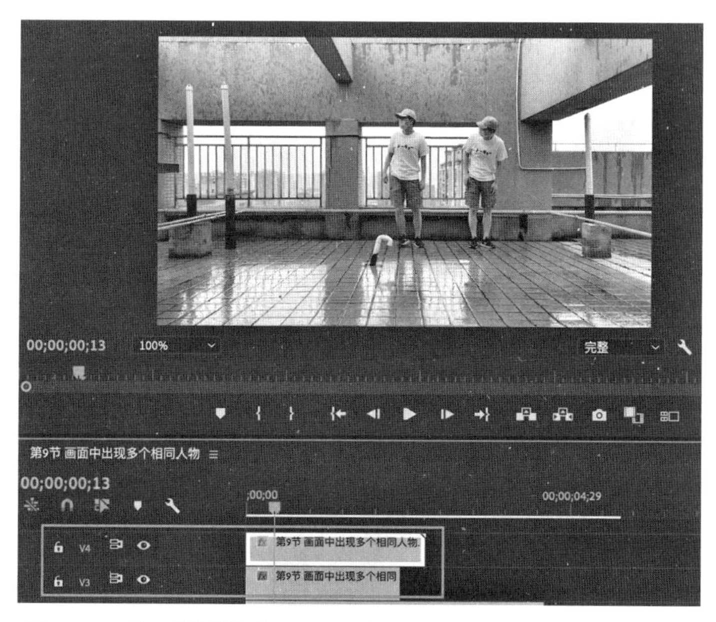

图 2.65　利用【裁剪】功能让 V4 轨道与 V3 轨道上的内容同时出现

用同样的方法对 V3、V2 轨道上的内容进行裁剪，即可看到 V1、V2、V3、V4 上的内容同时出现，如图 2.66 所示。裁剪完视频后对每段视频的时间长度进行调节，使其同时结束，检查没有问题后，效果制作完成。

图 2.66　依次对 V4、V3、V2 轨道上的内容进行【裁剪】后人物会都出现在画面上

提　示

在拍摄人物时，每段视频中的人物都需要站在视频中不同的地方、以免发生遮挡。在剪辑时，对于裁剪完的视频素材不要移动，以免人物背后的场景发生错位。

这是一种较为简单的制作方法，因为裁剪的边缘都为直线，所以对拍摄的人物也有一定的要求，比如人物的动作不易过大、人物与人物之间要有一定的间距，等等。如需要制作一些更复杂的效果，可以利用形状蒙版来进行制作，蒙版使用的方法可以参考 3.1 章节“移动的望远镜”以及 3.3 章节“镜头的无缝转场”。

2.10　对称出现的人物

在处理视频时，有时需要将视频进行垂直 / 水平翻转，可以在 Premiere 中通过【垂直翻转】/【水平翻转】实现。将需要翻转的视频放置在时间线上并选中，找到 Premiere 中预设的垂直翻转 / 水平翻转的效果即可。具体位置在【效果】面板中【效果】—【变换】—【垂直翻转】/【水平翻转】，如图 2.67 所示，可按照需求选择进行添加。

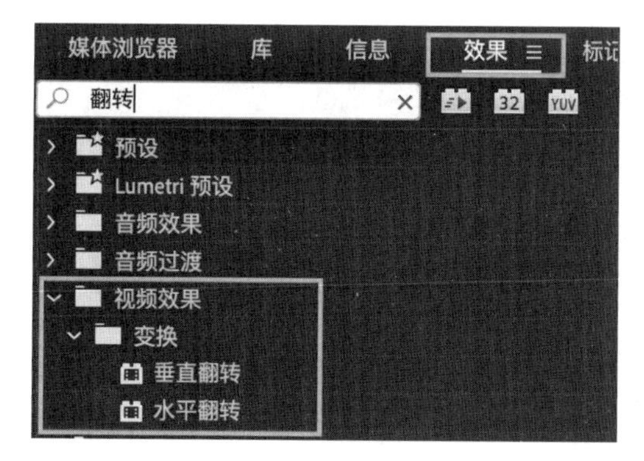

图 2.67　【垂直翻转】/【水平翻转】在【效果】面板中的路径

在本节中，我们利用【水平翻转】来制作一个人物对称出现的画面，可分为以下三个步骤：

1. 复制

因为人物在画面中对称出现，所以需要两个人物。于是，我们要对素材视频进行复制。在时间轴中选中视频素材，按住键盘上的 Alt 键，同时将选中的视频拖动至 V2 轨道上即可对视频进行复制，如图 2.68 所示。

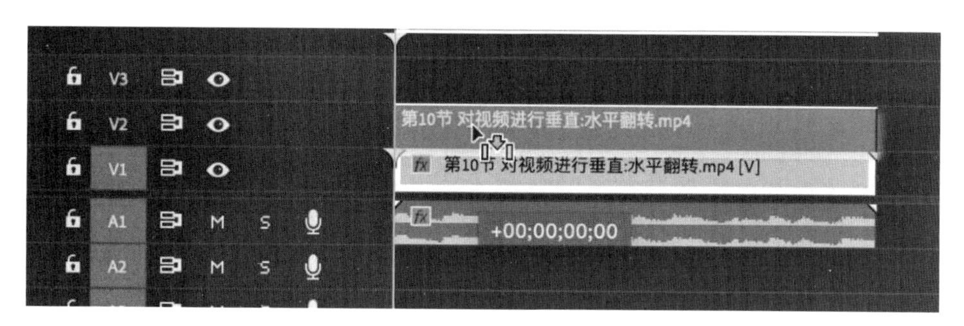

图 2.68　对视频进行复制

2. 翻转

为 V2 轨道上的视频添加【水平翻转】效果，该效果位置位于【效果】面板中【效果】—【变换】—【水平翻转】。

3. 裁剪

如图 2.69 所示，为 V2 轨道上的视频添加【裁剪】效果，将左边的内容“裁剪”掉，露出 V1 轨道上视频的内容，便可以得到“人物对称”的效果。适当调节【裁剪】效果的【羽化边缘】数值，可以让过渡更加自然。

图 2.69　为 V2 轨道上的内容添加【水平翻转】和【裁剪】效果

提　示

在 Premiere 中，可以为视频添加多个效果，添加的效果会同时在【效果控件】面板中显示，例如：需要给视频同时添加垂直翻转和水平翻转的效果，只需分两次为视频添加两个效果即可，两个效果便会同时作用于被添加效果的视频。

2.11　视频与视频之间的过渡

镜头与镜头之间的过渡称为转场，在镜头与镜头之间添加一些特效转场可以让镜头过渡得更加自然、有趣、精彩，不同的转场方式有不同的效果和表意功能，以下介绍 Premiere 中内置的一些常用转场方式，以及添加转场的方法。

2.11.1 转场效果在哪里

如图 2.70 所示，Premiere 中内置的转场方式在【效果】面板—【视频过渡】中，展开【视频过渡】的菜单可以看到下设的多种分类，例如 3D 运动、内滑、划像、擦除，等等。

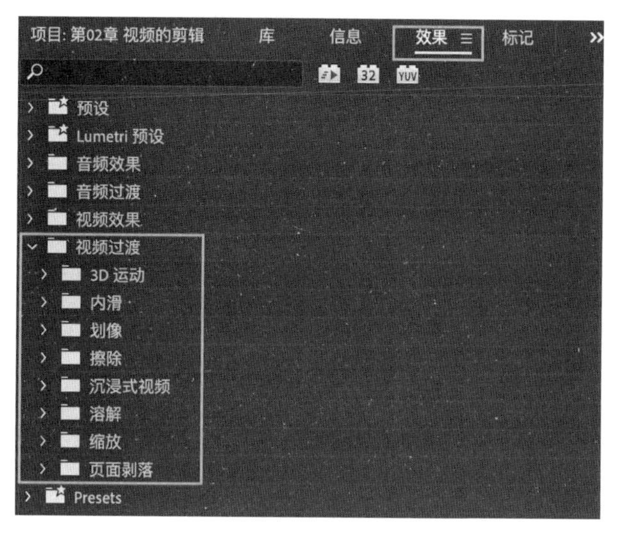

图 2.70　【视频过渡】菜单

展开这些分类便可以看到一个个的转场名称，每个转场名称都对应一个转场效果，如图 2.71 所示。

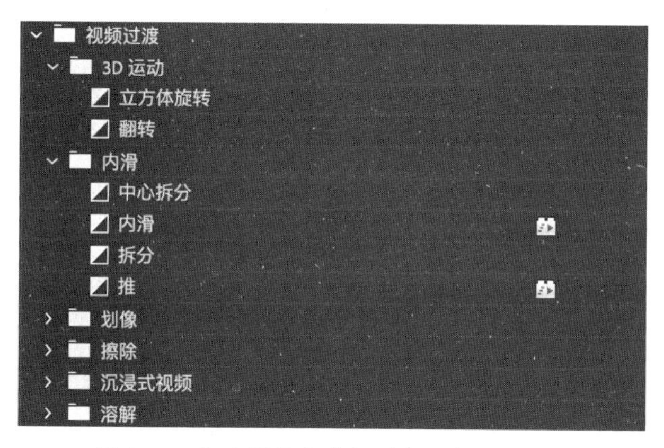

图 2.71　每个转场名称都对应一个转场效果

2.11.2 如何添加转场效果

在添加转场效果前，需要在【时间轴】上将需要进行转场的两段视频首尾相连放置在一起，中间不要留有缝隙，如图 2.72 所示，如是一段视频中的两个镜头，则需要利用【剃刀工具】将其裁剪为两段视频。

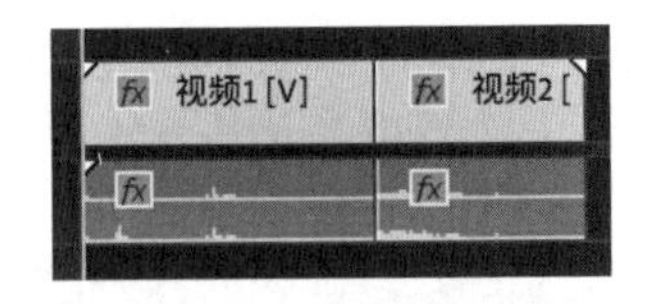

图 2.72　两段视频首尾相连

将视频在时间轴上摆放好之后，用鼠标在效果面板内选中需要添加的转场效果，并将其拖拽至时间轴上的两段视频中间，当画面中出现如图 2.73 所示的标识时松开鼠标即可。

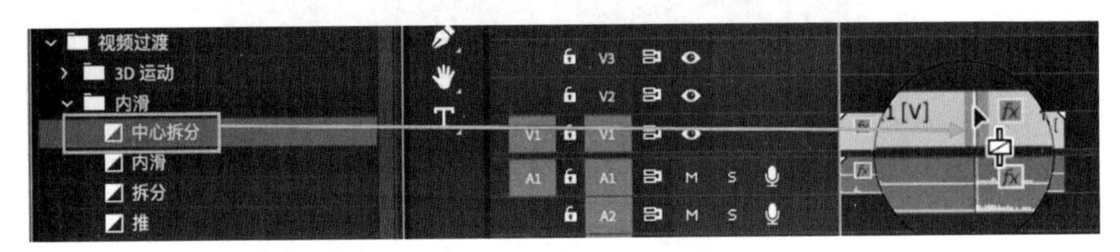

图 2.73　对视频添加转场效果

2.11.3 对转场效果进行调节

1. 调节出现时间

添加过转场效果后，两段视频中会出现一个小方块，如图 2.74 所示，这个小方块为添加的转场效果。一般情况下，转场效果会放置在两段视频的中间，也就是转场的时间占用前后视频的时间相同，如想让时间分配有区别，可以用鼠标选中小方块进行左右移动来改变比例与出现的时间，例如想让转场时间占前面视频的比例比较多、出现比较早，则用鼠标选中小方块向前移动即可。

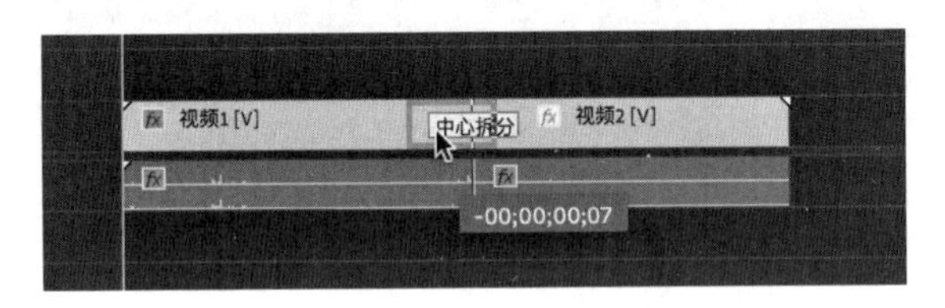

图 2.74　调节转场效果出现的位置

2. 调节持续时间

在图 2.75 中可以看到，将鼠标放置在小方块的边缘时鼠标会变成红色大括号的光标，按住鼠标不要松开可以调节小方块的宽度，小方块越长表示转场持续的时间越长，小方块越短表示转场持续的时间越短。在调节时右下角会显示两个时间，第一个时间为原视频基础上的增减，第二个时间为调节后的持续时间。

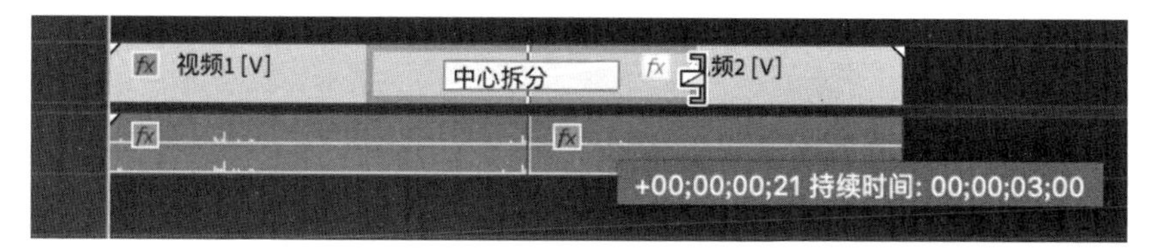

图 2.75　鼠标光标变成如上图所示即可左右拖动以调节转场时长

双击小方块会弹出【设置过渡持续时间】的窗口，如图 2.76 所示，在该窗口中可以直接输入转场持续时间。

图 2.76　【设置过渡持续时间】窗口

3. 删除

添加完转场效果后，如不满意可以进行删除，在两段视频中选中特效小方块，按键盘上的 Delete 键即可进行删除。图 2.77 为转场效果“已选中”状态，图 2.78 为转场效果“未选中”状态。

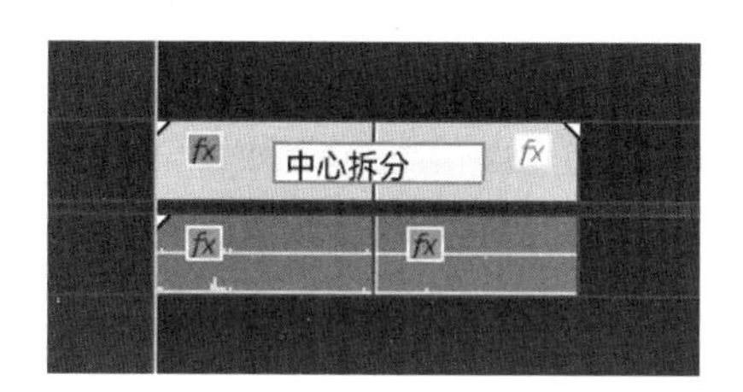

图 2.77　转场效果“已选中”状态

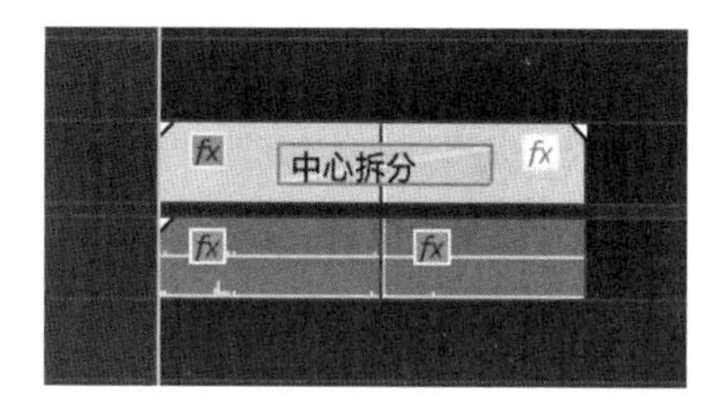

图 2.78　转场效果“未选中”状态

4. 特殊情况

有时在添加转场效果时会发现视频效果并不是默认放置在两段视频的中间，而是只能放置在前后视频上或前后占的比例不同。这是因为在为视频添加转场效果时需要借用前后视频的时间，例如：一段 15 秒的视频，如前面被剪掉 3 秒，后面被剪掉 5 秒，还剩 7 秒，在添加转场效果时特效时间会借用这 3 秒和 5 秒，如果没有这剪掉的 3 秒和 5 秒则只能借助与该视频进行转场的其他视频的多余时间。

如果将两段没有多余时间的视频放置在一起，在添加视频特效时系统会提示“媒体不足。此过渡将包含重复的帧”，那么转场时会将前面一段视频的最后一帧和后面一段视频的第一帧作为帧定格，也就是重复使用这个静态画面用作转场，因此在转场过程中会有静止画面。建议在使用转场效果时能够给前后的视频留有多余的时间供转场使用，这样效果会更好一些。

提 示 1

选中两段视频中间的视频特效小方块后打开【效果控件】面板，可以看到该视频效果的详情，如图 2.79 所示，上述讲到的参数同样可以在该面板进行调节。

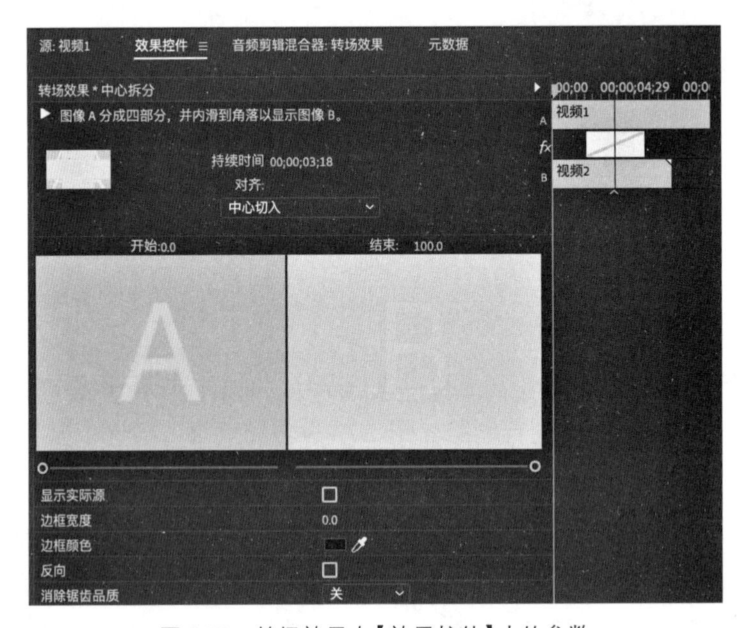

图 2.79　转场效果在【效果控件】中的参数

提 示 2

在图 2.80 中可以看到，有时视频条的左上角或右上角会有小三角的标识，这种标识代表这段视频素材没有经过裁剪，小三角的地方是未经裁剪时的开始处和结束处。当两段有这种标示的视频放在一起并添加转场特效时，软件会提示“媒体不足。此过渡将包含重复的帧”，建议在添加特效之前对视频进行适当裁剪。

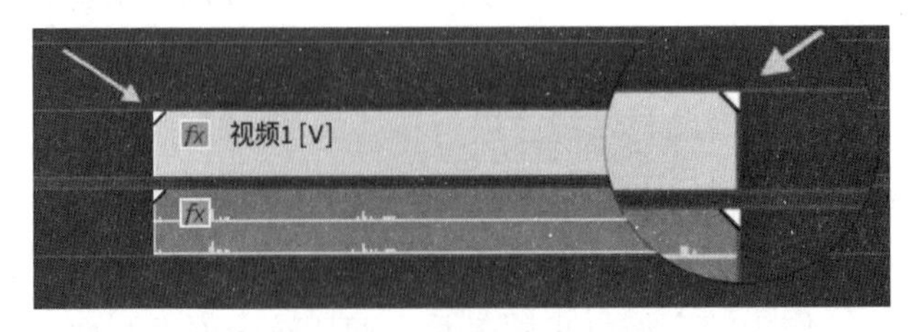

图 2.80　小三角代表视频长度的始末

2.11.4 Premiere 中常用的转场方式

以上介绍了 Premiere 中添加转场的方法和相关注意事项，下面主要介绍在 Premiere 中内置的一些常用转场方式。

1. 交叉溶解

交叉溶解也叫淡入淡出，是最常用的转场方式之一。该转场效果为一个镜头慢慢淡出的同时另一个镜头慢慢淡入，经常在故事片中用于人物回想、场景切换，等等。选中需要添加转场效果的视频素材，按快捷键 Ctrl+D（macOS 系统快捷键为 Command+D），可以为多段视频同时添加该转场效果。

图 2.81　交叉溶解效果

2. 黑场过渡（渐隐为黑色）

黑场过渡（在有些版本的 Premiere 中叫作渐隐为黑色）的效果为前面一段视频的画面慢慢地完全变黑，再由黑色慢慢地变成后面一段视频。除了转场以外，这个效果也经常被单独使用在影片的开头或结尾处，如直接在视频的开头添加该效果，视频的开头便是由黑色开始慢慢变成画面，如直接在视频的结尾添加该效果，那视频画面便会慢慢地从逐步变黑至全部变成黑色。与这个效果对应的效果还有白场过渡（在有些版本的 Premiere 中叫作渐隐为白色）。

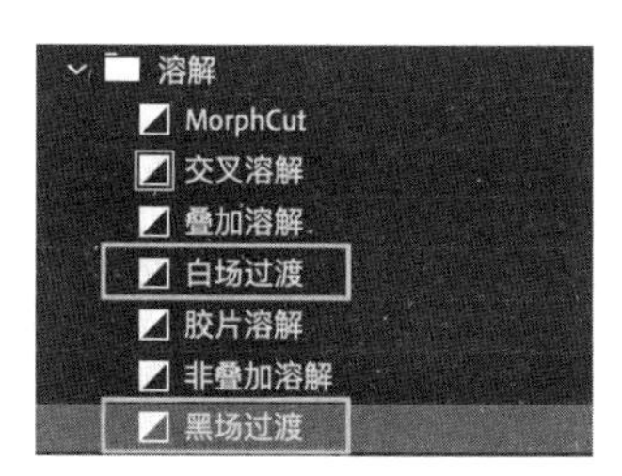

图 2.82　黑场过渡（渐隐为黑色）效果

3. 划出

划出的效果为以移动擦出的方式擦出一个画面显示另外一个画面，经常用于画面与画面之间的对比，在故事片中很少用到。

图 2.83　划出效果

4. MorphCut

MorphCut 多用于人物讲话的场景，例如在做新闻采访时，主持人或嘉宾的某句话讲错了，后期剪辑将这句话剪掉后，前后两段视频中主持人或嘉宾的头或者身体可能衔接得并不是特别流畅，这时就可以添加 MorphCut 效果帮助视频过渡得更加流畅一些。只需要将该效果添加至两段视频之间，后台会自动进行分析，等待分析完即可。

图 2.84　MorphCut 效果

Premiere 中视频过渡的方法有很多，但是要注意在一个视频中不要过多地添加视频转场特效以免让观众出现审美疲劳。

2.11.5 转场插件

除了 Premiere 中自带的转场效果以外，我们还可以使用一些转场插件，以获得更多更精致更流行的转场效果。以下介绍几种适用于 Premiere 的常见转场插件：

1. FilmImpact Transition Pack

FilmImpact 推出的 PR 转场插件 FilmImpact Transition Pack 是非常有名的 Premiere 转场插件，它安装方便、使用方法简单，受到很多人的喜欢和使用。它有多种转场效果可供多个不同的场景进行使用，例如：亮部白闪切换、推动切换、信号干扰转场，等等；

2. Sapphire 蓝宝石视觉特效和转场插件

Sapphire 蓝宝石插件除了适用于 Premiere 以外，还适用于 After Effects，该插件包括 270 多种效果和 3000 多种预设，拥有功能强大的特效效果和过渡转场生成器，它不但含有转场预设，还有很多其他的特效效果，以及与获得奥斯卡奖的 Mocha 集成的跟踪和蒙版。蓝宝石出色的图像质量，让控制和渲染速度可节省大量时间。蓝宝石插件套装可以提高用户的工作效率，增加用户的想象力，给用户提供无限的创作空间。它还支持 CPU 和 GPU 加速，受到很多后期爱好者的追捧和喜爱。

3. Boris Continuum Complete

强大的视觉特效插件包 Boris Continuum Complete，包括超过 250 种效果和 4000 多种预设。除了多种转场效果以外，Boris Continuum Complete 还为视频图像合成、处理 、键控、着色、变形等提供全面的解决方案，支持 Open GL 和双 CPU 加速。Boris Contimuum Complete 2020 拥有超过百种特效效果：字幕（3D 字幕）、3D 粒子、老电影、光线、画中画、镜头光晕、烟雾、火，等等，还有调色、键控 / 抠像、遮罩、跟踪、发光等一系列风格化工具。该插件同时适用于 Premiere 与 After Effects 两个软件。

插件中的转场效果相对于 Premiere 自带的转场效果来说，绝大部分都更加精美绚丽，更加吸引人的眼球，更能为用户的视频带来更好的效果，建议大家在实践中能够自己安装插件进行尝试。

2.12 让晃动的镜头稳定下来

设备的缺失或拍摄场景的问题，使拍摄画面会有一定程度上的晃动，遇到这种情况可以利用 Premiere 中的【变形稳定器】工具来对视频进行处理，以稳定画面。

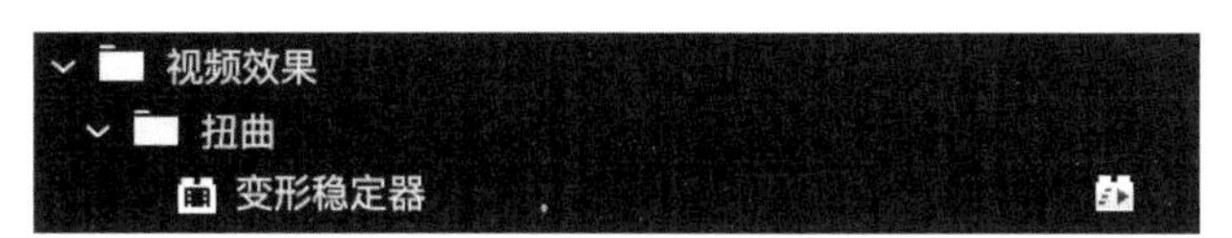

图 2.85 【变形稳定器】在【效果】面板中的路径

如图 2.85 所示，【变形稳定器】位于【视频效果】—【扭曲】—【变形稳定器】，直接将此效果添加至需要稳定画面的视频上，画面中会出现“在后台分析（步骤 1/2）”“正在稳定化”的提示，不需要做任何操作，等待即可，如图 2.86、图 2.87 所示。

图 2.86 “在后台分析（步骤 1/2）”提示画面

图 2.87 “正在稳定化”提示画面

在视频稳定过程中，可以在【效果控件】面板看到效果完成的进度，如图 2.88 所示。当【正在稳定化】的提示消失后，稳定视频完成。

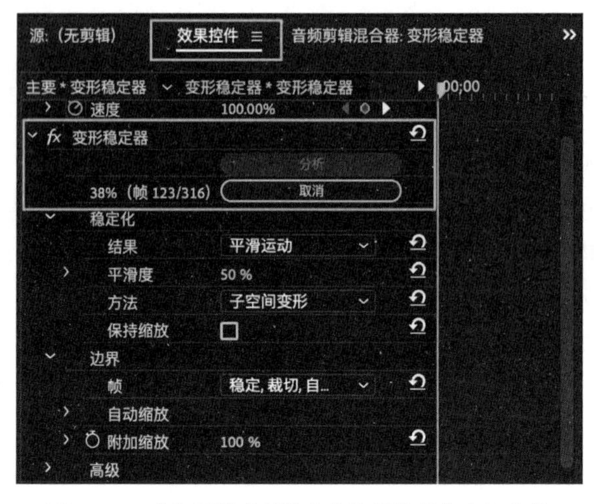

图 2.88 【变形稳定器】在【效果控件】中的参数

另外，添加【变形稳定器】效果时，视频素材的尺寸需要与序列的尺寸一致，否则软件会提示"变形稳定器要求剪辑尺寸与序列匹配（通过嵌套修复）"。如出现此提示，可以选中需要稳定的视频，单击鼠标右键，从下拉菜单中选择【嵌套】，再为得到的嵌套序列添加【变形稳定器】即可。

提 示

在稳定视频时，选用的视频的内场景不宜过多，时间不宜过长，以免处理的时间太长或降低稳定效果。如长段视频需要稳定时，可以先用【剃刀】工具（快捷键 C）或快捷键 Ctrl+K（macOS 系统快捷键为 Command+K）裁成片段，再分别进行稳定画面处理。

◎ 知识扩展：嵌套序列

在视频轨道上选中素材进行嵌套是基于该素材新建一个序列，操作完成后时间线上的视频条会变成绿色，如在 2.6 章节"多角度的演唱现场"、2.8 章节"简单的'鬼畜效果'"中提到过的嵌套序列。由于嵌套序列会经常使用，在这里再对嵌套序列做一个总结说明，嵌套序列的好处主要有两点：

一、方便对多个视频整体进行编辑

当需要整体调节多个视频的参数或为多个视频添加相同特效时，制作嵌套序列是一个非常好的选择，在 Premiere 中可以像编辑普通视频一样对嵌套序列进行调节、复制、移动、添加特效等，这样就不用单独调节每个视频的参数或者特效添加了。

二、方便整体进行修改

当对嵌套序列内的源素材进行修改时，修改的内容会实时反映到其嵌套序列上，这样在需要复制多个相同素材时，如果复制前先进行序列嵌套，后期修改会避免很多麻烦。例如：在一段影片中一段视频内容运用了5次，这时需要调节这段内容的尺寸，如果这段视频进行过嵌套，那么只需调节该嵌套序列内的源素材即可，调节完后，后5段内容的尺寸都会发生改变。如果这段被用了5次的内容不是嵌套序列而是普通视频素材，那么则需要分别调节5次。另外，在Premiere中序列可以反复进行嵌套，形成更复杂的序列结构。

2.13 制作音乐踩点视频

踩点视频是指选用节奏感很强的音乐搭配多个视频或图片制作出来的视频，视频的节奏以音乐为基础，每当音乐中出现一个鼓点或明显的节点则切换一个画面，以达到音乐节奏与画面高度匹配的效果。

利用Premiere中的【添加标记】（快捷键M）功能可以很方便地制作踩点视频，制作思路为利用标记功能将音乐的节点都标记出来，然后再将视频或图片按照标记填充至画面，最后为画面添加一些简单的关键帧素材即可。具体操作方法如下：

1. 为音乐标记鼓点

找一段节奏明显的音乐导入时间轨道，选中【节目】面板后，按键盘上的空格键对音乐进行预览，在音乐播放的过程中，每听到一个鼓点就按一下键盘上的M键，利用【添加标记】将所有的鼓点都标记出来。在标记前可以多熟悉一下音乐，了解音乐的节奏，这样标记出来的鼓点会更准确。如图2.89所示，标记出来的标记会在【节目】面板下方与【时间轴】上方同时显示。

提 示

Premiere中的标记有两种，一种是在【时间轴】上进行标记，标记出来的内容显示在【节目】面板和【时间轴】的上方，如上图所示；还有一种是在视频素材上进行标记，标记出来的内容显示在视频素材上和【源】面板中，如图2.90所示。

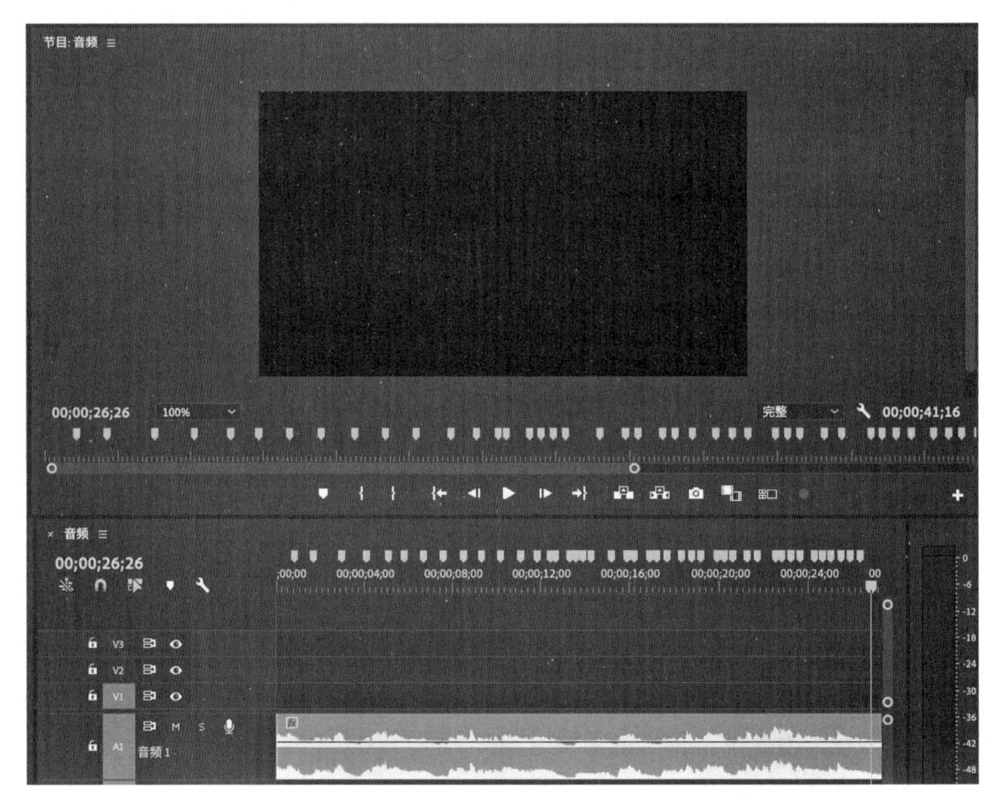

图 2.89　利用【添加标记】标记鼓点

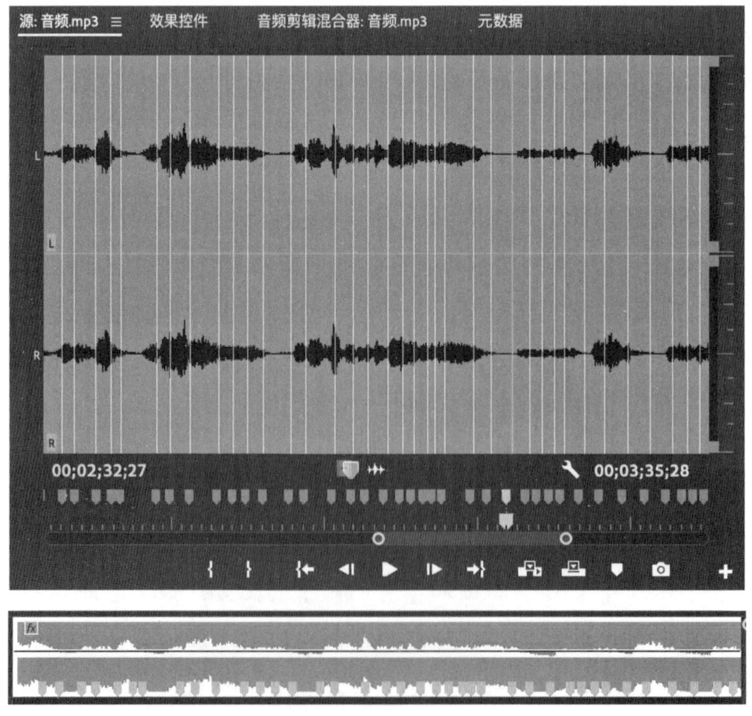

图 2.90　显示在素材和【源】面板的标记

2. 按照所标记的鼓点插入图片

在标记完鼓点后，将图片或视频素材导入【项目】面板，在【项目】面板中选中所有素材，选择【剪辑】—【自动匹配序列】，弹出【序列自动化】窗口，将【放置】调节为【在末编号标记】后，点击【确定】，如图 2.91 所示。

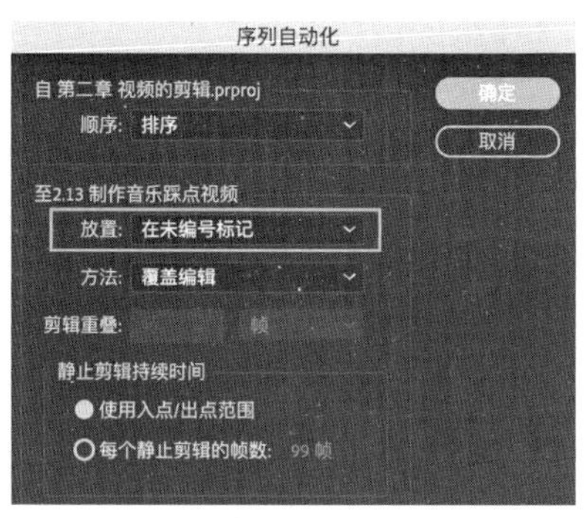

图 2.91　【序列自动化】窗口

点击【确定】后，素材会自动添加到每个标记的后面，时间长度为两个标记之间的时间间隙。做完这一步，踩点视频基本上就做好了，可以预览看一下是否能跟音乐节奏搭配起来，如果有地方没有跟音乐节奏搭配好，则可以通过调节每个图片或者视频的时间长度进一步进行调节。

提　示

在【项目】面板选择素材时，按住键盘上的 shift 键可以对素材进行连续选择，按住 Ctrl 键可以对素材进行单独选择，快捷键 Ctrl+A 可以进行全选。

3. 为视频增加细节

如果只是单一的图片或视频跟随节奏变化会稍显单一，因此可以给图片素材或是视频素材添加一点小动画，为整个视频添加一些细节，让视频效果更加丰富。以让素材做放大缩小的抖动动画为例，先需要在【时间轴】上选择一个素材片段，为其制作放大缩小的抖动动画，再将该效果复制后粘贴给其他片段。

（1）为其中一个素材添加动画

在【时间轴】上选择一个素材片段，单击【效果控件】，在缩放属性上标记关键帧，起始时缩放为 100，过 4 帧左右调节为 108 左右，再过 2 帧左右调节为 100，选中第三个关键帧单击鼠标右键选择【临时差值】设置【缓入】【缓出】，这样就做好了一个素材的小动画，预览看一下效果，可以根据效果对数值进行进一步调节。

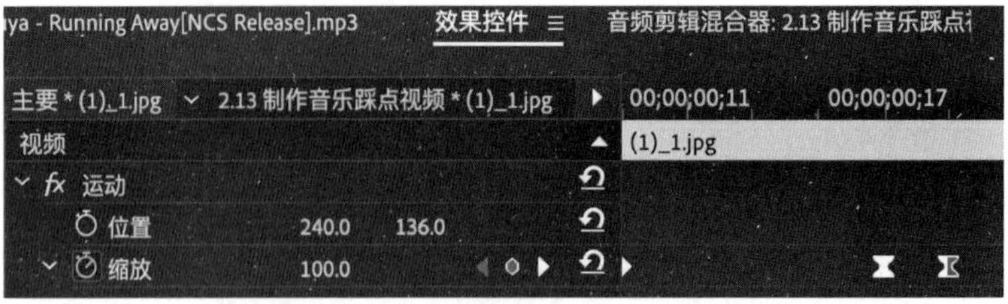

图 2.92　为一段素材添加关键帧动画

（2）将制作好的动画粘贴给其他素材

在【时间轴】上选中完成小动画的素材，利用快捷键 Ctrl+C（macOS 系统快捷键为 Command+C）对其进行复制，再利用【向前选择轨道工具】选择其他所有的片段，单击鼠标右键，如图 2.93 所示，在下拉菜单中选择【粘贴属性】。

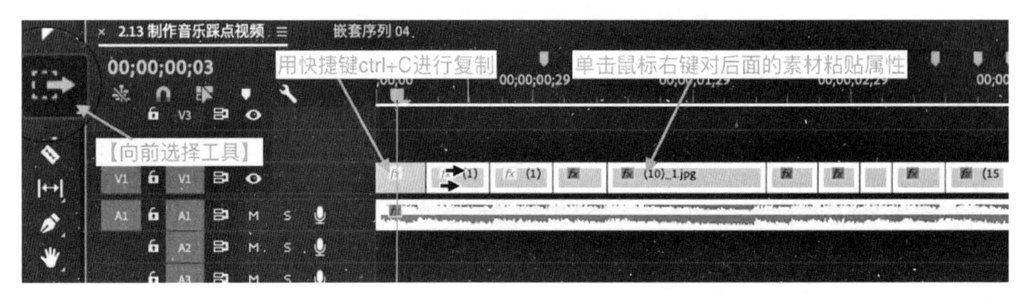

图 2.93　将属性粘贴给后面的属性

如图 2.94 所示，在【粘贴属性】的对话框中会出现需要粘贴的视频属性，将【运动】勾选后，单击右下角的【确定】即可，如果制作了其他属性上的动画也可以将其他参数勾选上，这样一个片段上的运动动画就会粘贴给其他的片段，这个方法不仅仅只能粘贴缩放属性，对其他属性同样适用。

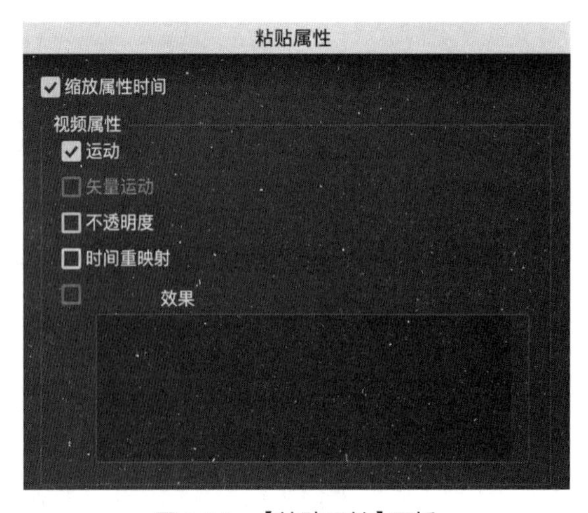

图 2.94　【粘贴属性】面板

以上的介绍为在视频的缩放属性上添加关键帧，为其添加一个放大缩小的抖动动画，除了此效果以外，还可以在位置、旋转等多个属性上添加关键帧制作出一些其他的效果。另外还可以选中所有的素材，通过快捷键 Ctrl+D（macOS 系统快捷键为 Command+D）为素材与素材之间添加【交叉溶解】的转场特效。

◎ **知识扩展：关键帧的缓动**

为关键帧添加缓入、缓出可以让动画运动得更加平滑、生动，让物体的运动有慢慢变快再慢慢变慢的感觉，看起来不会很生硬。通过图 2.95 可以看出普通关键帧与添加过缓入、缓出的关键帧之后的区别，关键帧添加过缓入、缓出效果后会变成一个小漏斗的形状。

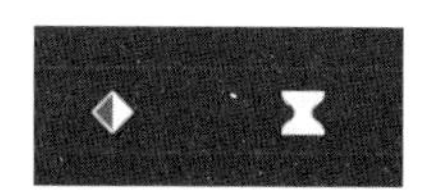

图 2.95　左边为普通关键帧，右边为添加过缓入、缓出的关键帧

本章小结

通过本章节的学习可以了解 Premiere 编辑视频的基础知识以及能对视频进行一些简单的效果处理，主要包括导入素材、新建项目、设置序列、有效地剪辑视频、调节视频属性、添加转场效果，等等。每个方面的讲解都搭配了相对应的案例，能够帮助大家更好地理解和学习。在学习过本章节之后，大家应该能独立地利用 Premiere 对视频进行剪辑、编辑，以及按照要求输出成片。

第3章　视频的包装

学习目标

1. 形状蒙版、背景抠像、内容识别填充的运用
2. 图层混合模式的概念及运用
3. 制作运动跟踪效果
4. 为视频添加不同类型的字幕
5. 对视频画面色彩进行调色

在上一章节中主要讲解了利用 Premiere 对视频的基本剪辑及简单的效果编辑，在这一章节中主要介绍如何利用 Premiere 与 After Effects 这两个软件来对视频进行后期包装，包括运用蒙版效果、马赛克效果、模糊效果、抠像、跟踪效果、分离色彩、添加字幕文本、调色，等等。通过学习这些后期处理视频的方法，我们能为原视频素材添加特效，制作出更丰富的效果。

3.1　运动的望远镜

在一些影视作品或小短片中有时会出现这样的镜头，画面中只有一个圆内有画面，圆可以进行移动，圆的旁边都是黑色，这是模拟望远镜观察事物的效果，如图 3.1 所示。本章节将介绍如何利用 Premiere 中的蒙版功能来制作该效果。

图 3.1　望远镜效果

1. 为【不透明度】属性添加蒙版

选中时间轴上的素材后找到效果控件中的【不透明度】，如图 3.2，【不透明度】的下方有三个按钮分别为圆形、矩形和小钢笔，这三个按钮便是蒙版工具。

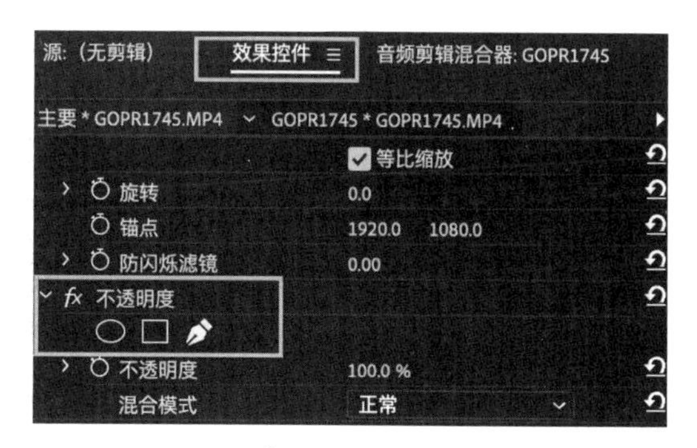

图 3.2　【不透明度】的功能属性

以【不透明度】属性中的圆形蒙版为例，单击圆形蒙版图标之后会建立一个圆形的蒙版，在【不透明度】的下方会显示【蒙版（1）】，如图 3.3 所示。在【节目】面板中可以看见这个圆形的蒙版，圆形内的视频或图片会继续显示，蒙版外的内容被去除掉了，如图 3.4 所示。

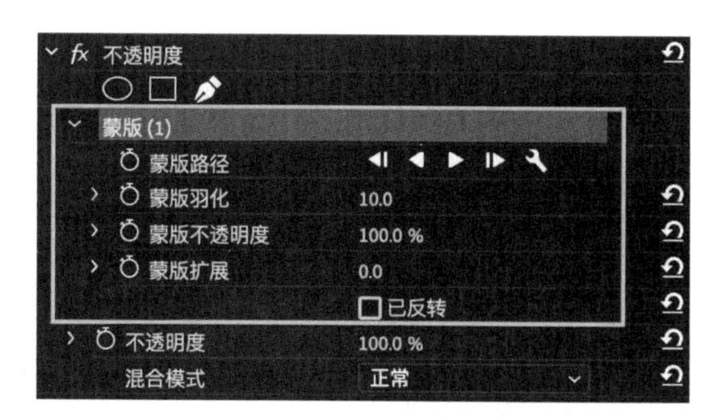

图 3.3　为【不透明度】添加圆形【蒙版（1）】

图 3.4　视频素材被添加圆形蒙版后在【节目】面板中的显示

2. 对蒙版属性进行调节

通过【节目】面板中蓝颜色的蒙版形状可以对蒙版的属性进行调节，将鼠标放置在圆形内，鼠标会变成“小手”的图标，如图 3.5 所示，此时按下鼠标左键可以对这个蒙版的位置进行移动。

图 3.5　当鼠标光标变成“小手”时即可移动“圆”的位置

在图 3.6 中可以看到，圆形的右上方有一个小圆，这个小圆可以调节蒙版的边缘羽化，向外拖动这个小圆可以增加蒙版的羽化值，向内推动这个小圆可以降低蒙版的羽化值，羽化值越高，蒙版的边缘越模糊、过渡得越自然，默认的羽化值为 0。小圆的旁边有一个小正方形，这个小正方形的作用是调节蒙版的大小，向外拖动，蒙版会变大，向内推，蒙版会变小。另外，圆的上下左右有四个锚点，可以用鼠标选中锚点进行移动来调节蒙版的形状。

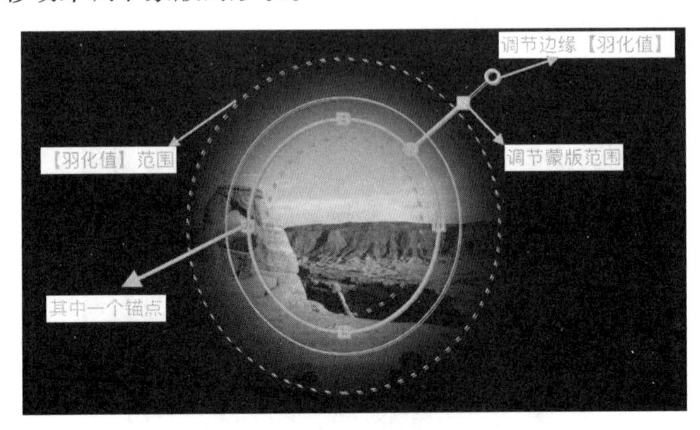

图 3.6　在【节目】面板中调节蒙版参数

除了通过【节目】面板内的蒙版显示来调节蒙版参数以外，还可以在【效果控件】中的【不透明度】下方的【蒙版（1）】中对蒙版参数进行调节，如图 3.7 所示。第一个参数为【蒙版路径】，【蒙版路径】可以理解为蒙版的位置；第二个参数为【蒙版羽化】，也就是调节蒙版边缘的羽化，与上文中讲到的蒙版羽化效果相对应；第三个参数为【蒙版不透明度】，【蒙版不透明度】为该作用效果的强度，因为是在不透明度上建立的蒙版，所以在调节【蒙版不透明度】时，蒙版内画面的透明度会发生改变；第四个参数为【蒙版扩展】，该参数可以调节蒙版的大小；最下面还有一个参数为【已反转】，勾选该参数可以将有蒙版区域和无蒙版区域中的内容进行置换。

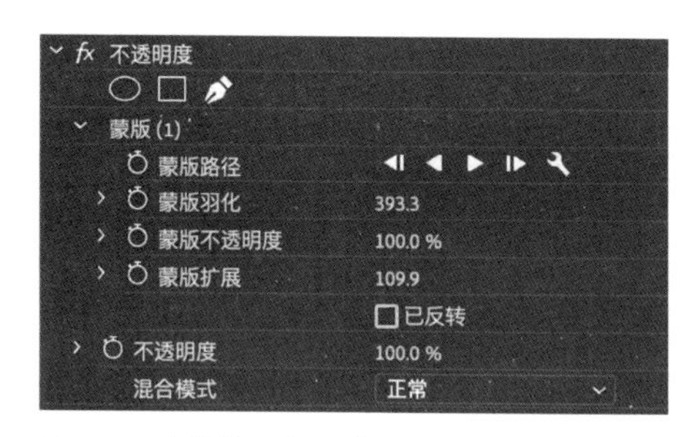

图 3.7 在【效果控件】面板中调节蒙版参数

3. 让可视的小圆动起来

让可视的圆形移动实际上就是让蒙版的位置发生变化，上文中提到的【蒙版路径】可以控制蒙版的位置，因此可以在【蒙版路径】上添加关键帧，如图 3.8 所示，使小圆的位置发生变化，形成动画。

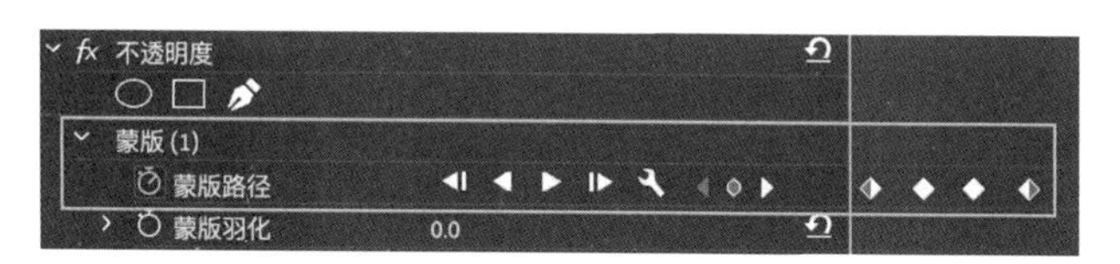

图 3.8 在【蒙版路径】上添加关键帧

首先将时间指针移到需要小圆开始移动的地方，激活【蒙版路径】前的时间秒表，为其添加一个关键帧，然后移动时间指针，再移动小圆的位置，软件会自动生成关键帧。根据小圆的运动路径添加多个关键帧，最后可形成一个连贯的动画，呈现一种用望远镜在观察事物的效果，如果需要两个可视的小圆可以再添加一个新的蒙版。

◎ 知识扩展：蒙版

1. 添加多个蒙版与蒙版的删除

如图 3.9 所示，蒙版可以重复添加多个，每个蒙版后都有编号，如蒙版（1）、蒙版（2）等，蒙版与蒙版之间的位置可以重叠，每单击一次【不透明度】属性下方的圆形、方形或钢笔就会新建一个蒙版，蒙版如果重合的话会是形状相加的效果，如图 3.10 所示。有时做出的效果与想象中有区别，可能是不小心添加了多个蒙版，选中多余的蒙版按 Delete 键即可删除。

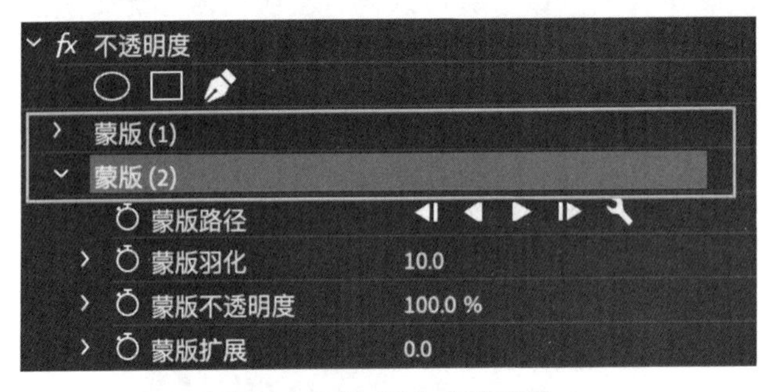

图 3.9　可以添加多个蒙版

图 3.10　两个蒙版位置重合默认为相加的效果

2. 用钢笔绘制蒙版

利用钢笔添加蒙版与利用圆形、矩形添加蒙版有一定的区别，利用圆形、矩形添加蒙版只需要单击其图形即可，利用钢笔添加蒙版则需要在【节目】面板的画面中绘制出来一个首尾相连的闭合形状，用钢笔最后去点击“起点”形成闭合形状时，钢笔旁边会出现一个“句号”，如图 3.11 所示，如果没有出现“句号”则说明不是一条路径，或该点不是“起点”。绘制完成后形成蒙版效果，如图 3.12 所示。

图 3.11　用钢笔闭合形状时钢笔旁边会出现一个句号

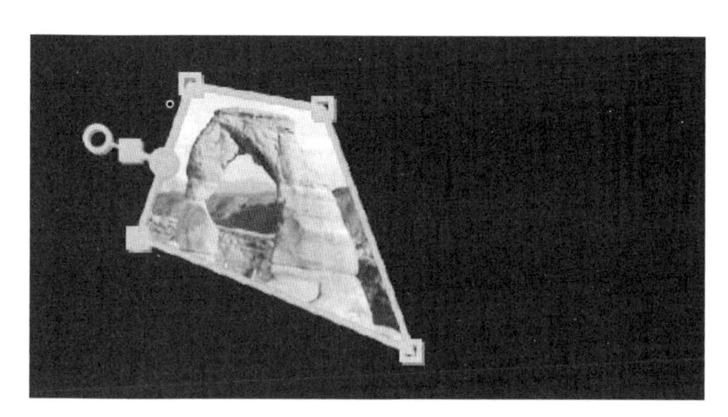

图 3.12　利用钢笔绘制的蒙版

钢笔的使用方法与 Photoshop 中钢笔的使用方法类似。如只需要绘制直线，那么只需要选中钢笔后在画面上单击一个点，再松开鼠标单击第二个点，这两个点之间便会连成一条直线，绘制出多条线即可围成一个封闭的形状；若需绘制曲线，那么在单击点的时候不要松开鼠标，左右移动一下，两个点连接起来的线条便是曲线，点的旁边会衍生出两个手柄，通过手柄即可对曲线的弧度进行调节。钢笔在 Photoshop 中是非常常用的工具，在 Premiere 和 After Effects 中也同样常用。

3. 蒙版路径没有在【节目】面板中显示

添加了蒙版却在【节目】面板看不到蓝色的蒙版形状，是因为没有选中蒙版，可以打开【控制】面板，单击一下蒙版的名字选中该蒙版即可，如单击蒙版（1），蒙版被“选中”后背景呈灰色，如图 3.13。

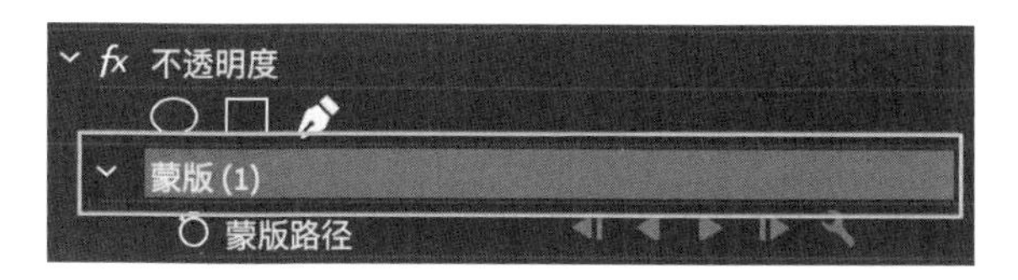

图 3.13　蒙版被“选中”后背景呈灰色

4. 蒙版也可以添加在其他属性上

在属性下添加的蒙版是这个属性作用于这个视频或图片的范围，例如上文中添加的蒙版是在【不透明度】属性上的，所以在蒙版内的内容不透明度的值为【100.0%】，也就是完全可以看见，而不在蒙版内的就看不见。如是在其他属性下添加的蒙版，那么则属于其他属性的作用范围，例如下文中在【马赛克】属性下添加的蒙版，蒙版内的画面会被添加【马赛克】效果，蒙版外的画面则不会被添加【马赛克】效果。

3.2 移动的马赛克

我们在看新闻时经常会碰到这种情况，电视台为了保护受访者，会给受访者的头部打上马赛克，当受访者走动时，马赛克也会跟着移动。还有一些特殊情况下也需要给视频中的内容进行马赛克处理，比如商品的 LOGO、车牌号，等等。这一章节主要介绍在 Premiere 中如何对视频中的内容添加马赛克效果，以及让马赛克效果跟随目标物进行移动。

1. 为视频添加马赛克效果

将需要添加马赛克效果的视频拖至【时间轴】新建序列，在【效果】面板中找到【视频效果】—【风格化】—【马赛克】，路径如图 3.14 所示，为视频添加【马赛克】效果。

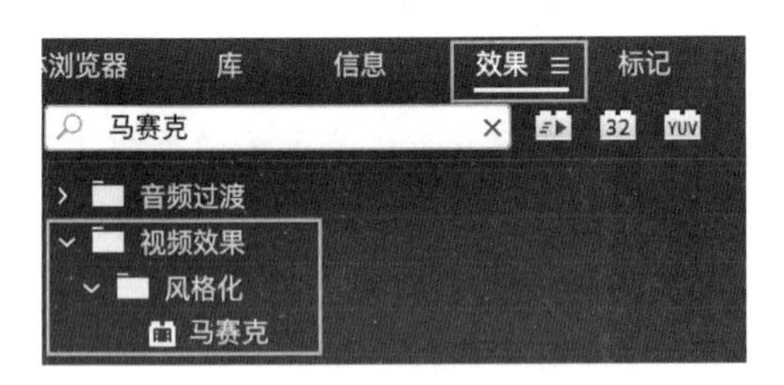

图 3.14 【马赛克】效果在【效果】面板中的路径

添加效果之后可以看到【节目】面板中的内容已经有了马赛克的效果，打开【效果控件】可以对马赛克的效果参数进行进一步调节。

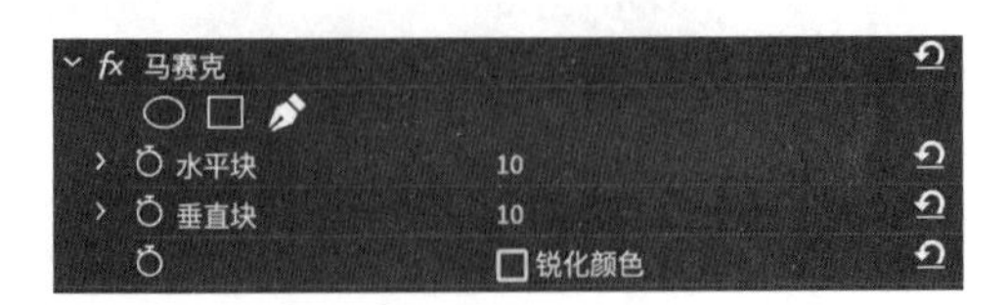

图 3.15 【马赛克】效果参数

如图 3.15 所示，【马赛克】效果下的参数有【水平块】【垂直块】【锐化颜色】。【水平块】【垂直块】分别为马赛克横向和竖向的数量，【水平块】【垂直块】默认的参数为 10，可以在【节目】面板中看到画面的马赛克为 10×10 的格子，如图 3.16 所示。

图 3.16　10×10 的马赛克效果

【水平块】【垂直块】的数值越大，马赛克的格子就越小。【锐化颜色】的选项为对马赛克的颜色进行锐化，勾选该选项之后，马赛克的颜色对比更强烈。

2. 修改马赛克的范围

如图 3.17 所示，在【效果控件】中【马赛克】的名字下方有三个按钮，分别为圆形、矩形和小钢笔，这三个按钮与上一章节中【对蒙版属性进行调节】中所述的三个按钮的使用方法和功能相同，可以利用这三个按钮为马赛克属性添加蒙版，以修改马赛克的范围和位置，对素材中的人物头部进行马赛克处理。

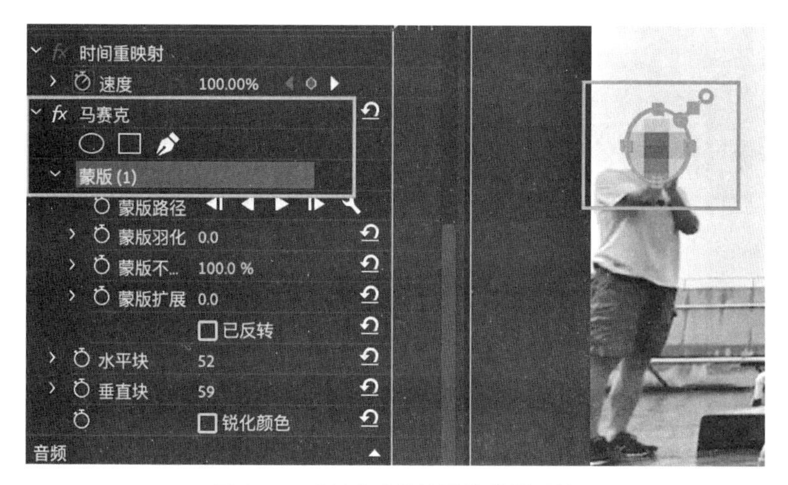

图 3.17　【马赛克】效果的蒙版属性

3. 让马赛克跟随目标物进行移动

确定蒙版的位置后，可以单击【蒙版路径】右边的【向前跟踪所选蒙版】工具让【蒙版路径】自动跟踪【蒙版路径】内的物体，如图 3.18 所示，这一步操作可以通过软件计算让马赛克一直跟着目标物进行移动。

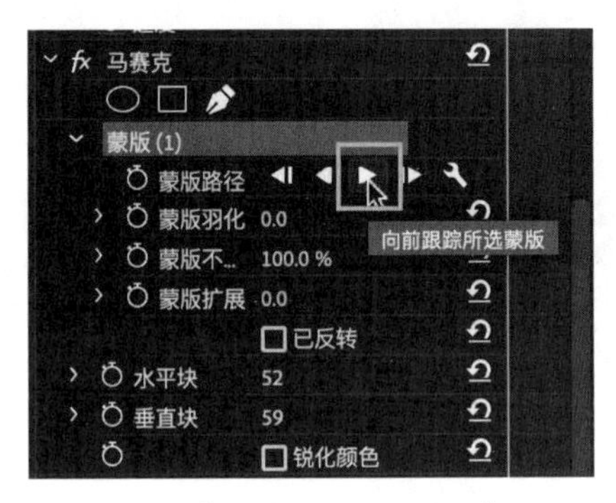

图 3.18 【向前跟踪所选蒙版】工具

因为是电脑自动跟踪，所以如果画面比较复杂的话，可能会出现马赛克“跟丢”目标物的情况，如出现这种情况可以单击【正在跟踪】对话框中的【停止】，手动对蒙版的位置进行调整，再点击【向前跟踪所选蒙版】即可继续跟踪。

除了【向前跟踪所选蒙版】工具以外，还有【向后跟踪所选蒙版】【向前跟踪所选蒙版 1 个帧】【向后跟踪所选蒙版 1 个帧】这些工具来对蒙版进行调节。如在跟踪完后才发现其中有几帧的马赛克效果位置偏移，可以找到这几帧手动进行调节，不会对其他帧的属性产生影响。

跟踪完成后可以在【蒙版路径】后看到软件自动为【蒙版路径】属性添加的关键帧，如图 3.19 所示。

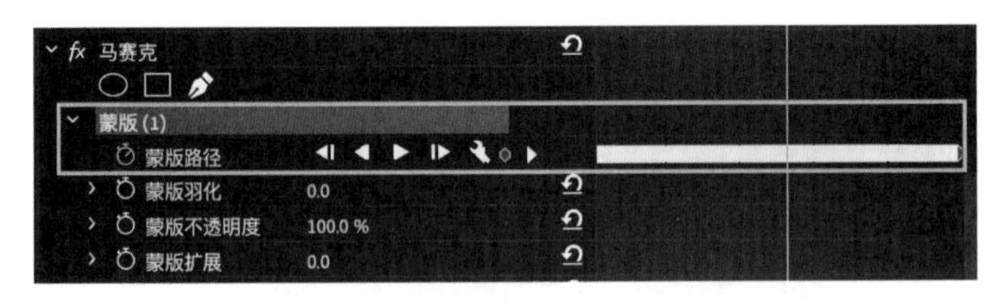

图 3.19 软件在【蒙版路径】属性上自动添加的关键帧

提 示

被跟踪的物体不能在镜头中消失，也就是不能“出画面”，如中途消失再出现，蒙版路径会“跟丢”，手动找回重新跟踪即可。

◎ **知识扩展：模糊效果**

除了马赛克以外，还有【模糊】处理也是非常相似的功能。在 Premiere 中有多种模糊效果，对视频进行马赛克式的模糊效果为【高斯模糊】，位置在【效果】面板—【视频效果】—【模糊与锐化】—【高斯模糊】，如图 3.20 所示，添加【高斯模糊】后可用【模糊量】来调节模糊程度，同样可以利用属性下的蒙版来调节范围与位置。

图 3.20　【高斯模糊】效果在【效果】面板中的路径

3.3　镜头的无缝转场

在第 2.11 章节"视频与视频之间的过渡"中介绍了多种通过 Premiere 内置转场特效进行转场的方法，这一小节讲解一种新的转场方法，这种转场利用 Premiere 中的蒙版功能制作，让两个场景在观众不经意间进行切换，效果十分出众。制作这种转场的思路为通过一部分黑色的画面短暂地挡住镜头来进行转场，比如：前一个场景的镜头慢慢地移动到一棵树时，树干挡住了镜头，镜头再从树干上移开的时候就进入了另外一个新的场景。

具体操作步骤如下：

1. 拍摄素材

利用这种方法进行转场对拍摄的素材有一定的要求，即拍摄过程中需要拍摄一个近景的物体，对镜头进行短暂遮挡，建议使用摇镜头、移镜头进行拍摄。

2. 替换镜头被遮挡后出现的片段

（1）制作思路

拍摄的素材可分为两个部分：被物体遮挡前的片段、被物体遮挡后的片段。根据制作思路，需要将被物体遮挡后的片段去除（变成透明）显示出第二个镜头，这样一来，镜头在被遮挡后便会显示出第二个镜头，从而完成转场。

（2）找到开始绘制蒙版的时间点

如图 3.21 所示，将视频素材按上下依次摆放在视频轨道上，前面出现的视频素材放在上面的视频轨道上，后面出现的视频素材放在下面的视频轨道上。

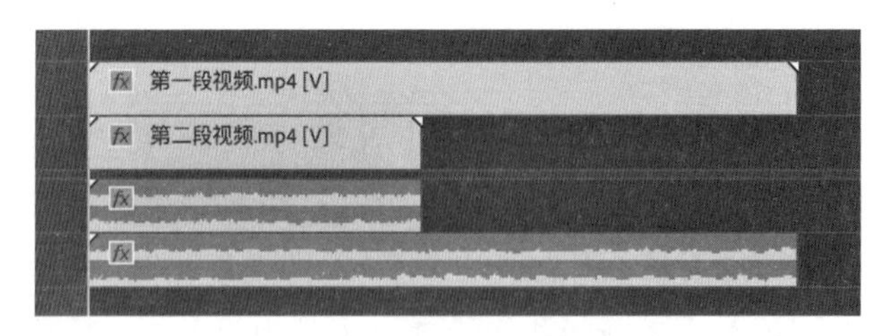

图 3.21　在轨道上将“第一段视频”放置在“第二段视频”之上

预览第一段视频素材，找到第4秒18帧，有一个“树挡住镜头”的画面，如图3.22中圈住的部分为“树挡住镜头”的部分。

图 3.22　树作为“遮挡物”挡住镜头的画面

如图3.23所示，在视频5秒01帧时，“遮挡物”完全遮挡了镜头，下一秒就会出现镜头被“遮挡物”遮挡后的画面了。

图 3.23　“遮挡物”完全挡住镜头

因为后面的画面是需要被替换的，所以选择5秒01帧这个时间节点开始绘制蒙版。在【不透明度】属性下绘制一个矩形蒙版，因为此时还没有出现需要去掉的画面，所以可以将蒙版绘制在视频外面，如图3.24所示。画好后会发现【节目】面板中的画面变成了黑色，这是因为蒙版内的内容才显示，将【已反转】选中即可，如图 3.25 所示。

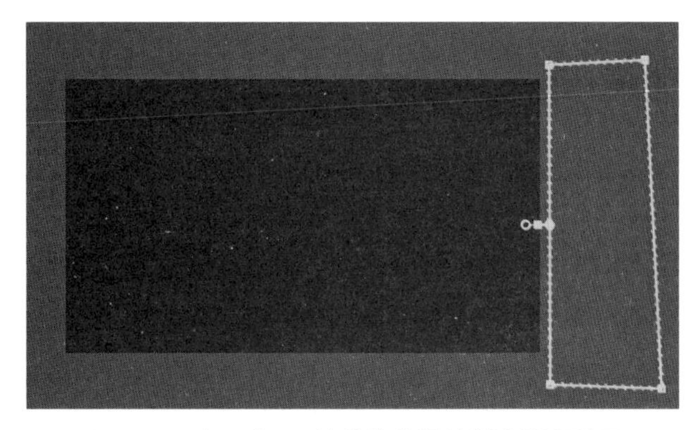

图 3.24　在 5 秒 01 帧处将蒙版绘制在视频外面

图 3.25　选择【已反转】

（3）制作蒙版动画

绘制好蒙版后，单击【蒙版路径】前的时间秒表，激活【蒙版路径】的关键帧，如图 3.26 所示。

图 3.26　激活【蒙版路径】的关键帧

激活关键帧后，让时间前进一秒，如图 3.27 所示，这时被物体遮挡后的片段的画面便出现了，通过调节蒙版上的点来调节蒙版的大小和形状使之与镜头被物体遮挡后的画面重合，让被物体遮挡后的画面变透明，从而在后续可以显示下面视频轨道上的内容。调节蒙版的尺寸后会自动添加一个关键帧，如图 3.28 所示。

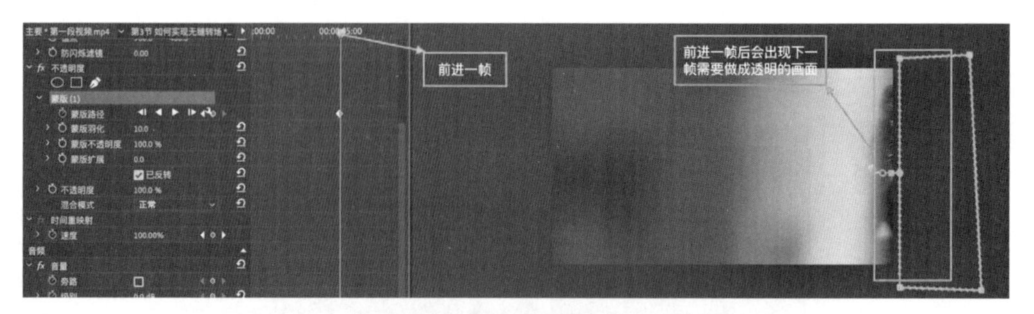

图 3.27　让时间前进一帧

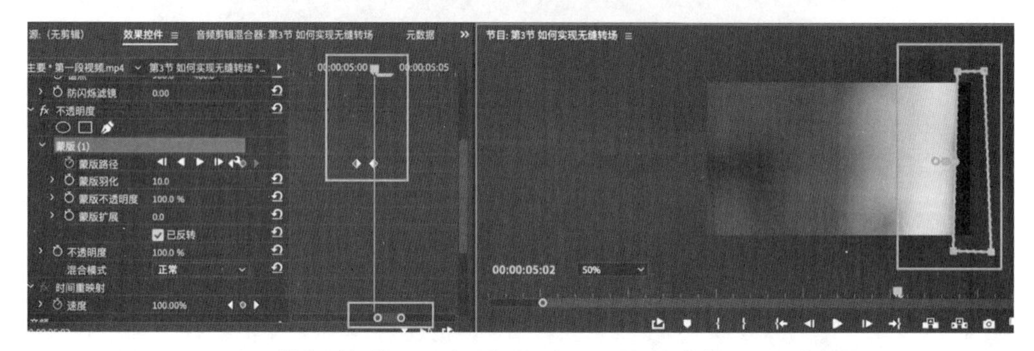

图 3.28　放大时间线可以看到自动添加了一帧，黑色部分画面为透明

做好以上的步骤后再移动时间指针，让时间前进一秒，再根据被物体遮挡后的画面来调节蒙版的形状和大小，反复重复即可绘制出镜头被遮挡后出现片段的所有画面的蒙版路径，这些蒙版路径都添加了关键帧，所以点击播放即可显示这些蒙版路径一直在变化，镜头被遮挡后出现的画面已经完全变成透明了，如图 3.29 所示。

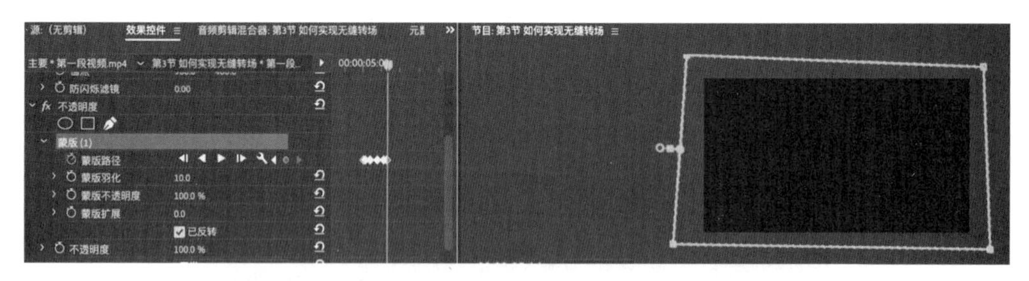

图 3.29　通过为【蒙版路径】添加关键帧调节蒙版的大小

如图 3.30 所示，可以调节【蒙版羽化】为蒙版添加一些羽化效果，使素材的边缘过渡得更加自然。

图 3.30　调节【蒙版羽化】

将下方轨道上的内容调节至合适的位置，视频内容便会在遮挡物后出现，完成转场效果，如图 3.31 所示。

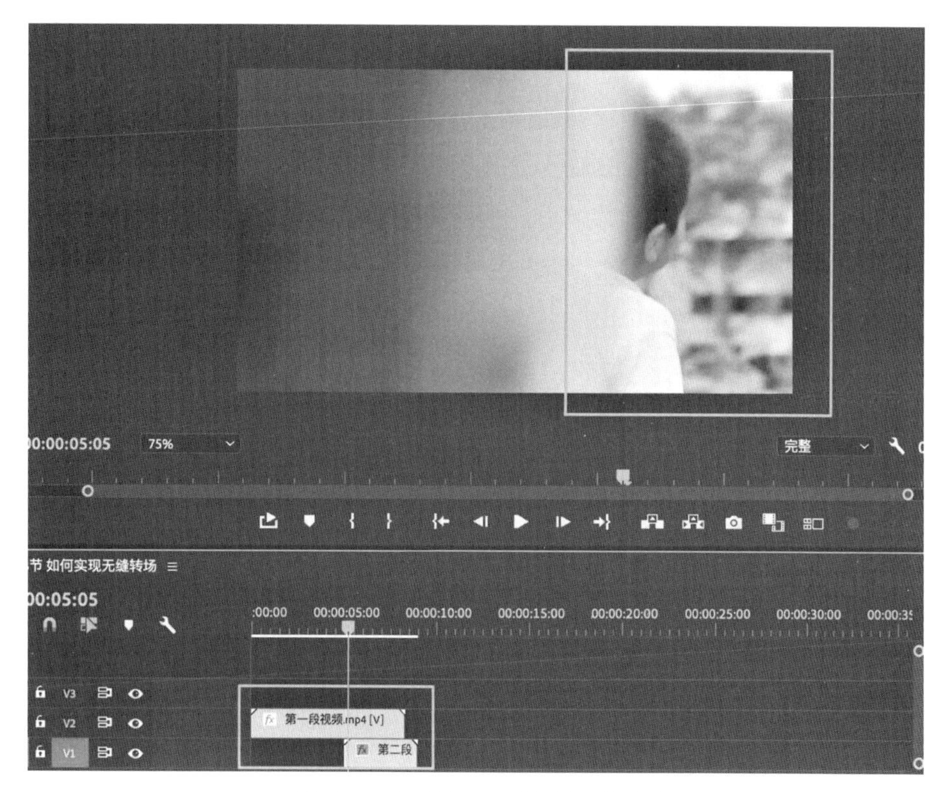

图 3.31　完成视频 1 至视频 2 的转场

提 示 1

在制作过程中，如果在【节目】面板中看不到蒙版的蓝色范围框，可以单击一下【效果控件】面板中蒙版的名字，例如：蒙版（1）、蒙版（2）等，如图 3.32 所示，将其选中后便可在【节目】面板中看到蒙版的位置。

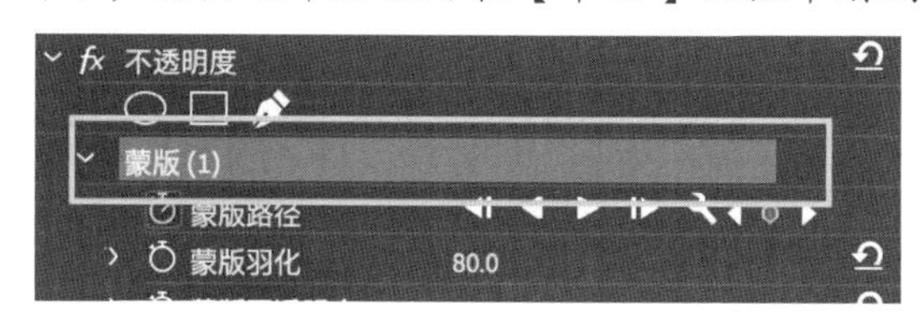

图 3.32　选中“蒙版（1）”

提 示 2

因为遮挡物体的形状不定，在调节蒙版路径的形状的过程中，可以利用钢笔工具给蒙版路径添加锚点，通过添加锚点和移动锚点可以让蒙版路径的形状与遮挡物体的形状更匹配。

在为蒙版路径添加关键帧时，可以根据自己的画面来确定关键帧之间的距离与关键帧的数量，上文中提到的一秒一个关键帧只是一个参考，如果遮挡物的形状变化较为复杂，那么两个关键帧之间的距离可以离近一些，设置多一些关键帧；如果遮挡物的形状变化较为简单，那么两个关键帧之间的距离可以离远一些，设置少量关键帧即可。切勿对本书中提到的数值死记硬背，在理解操作的意义后，根据实际操作时的具体情况进行调节才能做出最好的效果。

提 示 3

如果想使用更简单的方法达到类似的效果，可以在拍摄第一段视频时以黑屏结尾，在拍摄第二段视频时以黑屏开始，再将两段视频剪辑在一起时便会有无缝转场的效果。例如在 vlog 作品中，制作者会在上一个场景的结尾用手去遮挡镜头，在下一个场景的开头将手从镜头前拿下来，这便是利用了此种转场方式，制作起来非常简单，效果也是很好的。

3.4 从瞳孔看世界

除了上述的转场方式以外，还有一些比较有趣的转场方式，比如用人的瞳孔来进行转场，利用瞳孔不断放大转场至其他画面完成转场效果。具体制作方法如下：

1. 拍摄素材

制作这种转场效果需要两段视频素材，视频素材 1 需要含有人物或动物的眼睛的特写镜头，如图 3.33 所示。视频素材 2 没有特殊要求。

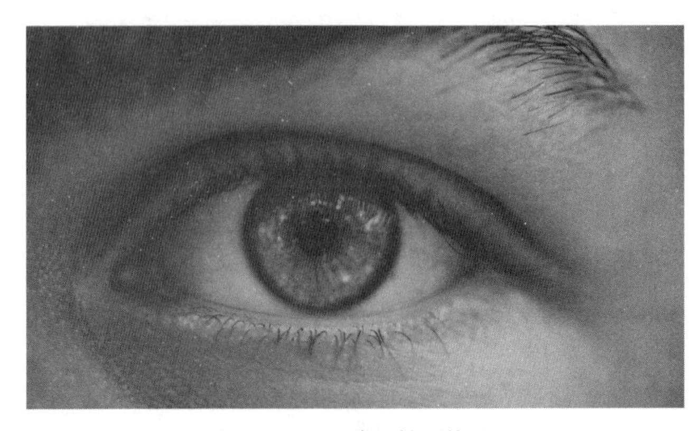

图 3.33 眼睛的特写镜头

2. 制作镜头推进瞳孔的效果

因为在拍摄时不会真的让瞳孔放大至整个屏幕，所以放大瞳孔这一步可利用 Premiere 进行后期处理。在 2 秒 22 帧处，找到视频素材 1 中眼睛闭上又睁开的位置，单击鼠标右键，添加【帧定格】效果，这时会发现视频被前后分成了两段，后面的部分画面被定格住了，如图 3.34 所示，我们可以利用这段帧定格的画面来制作瞳孔放大的效果。

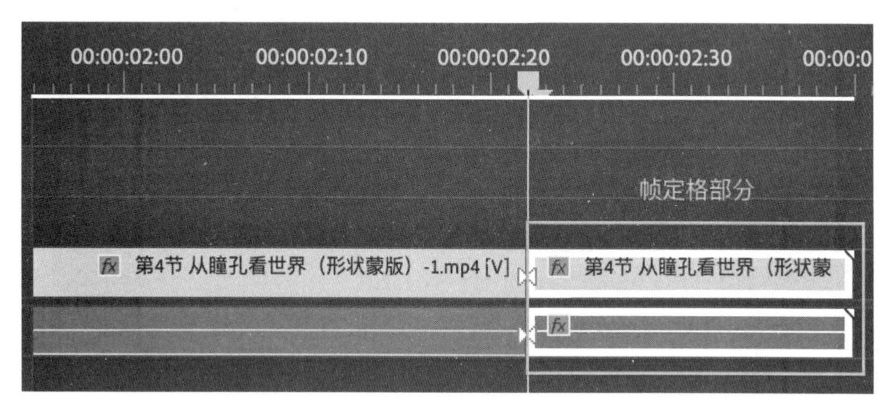

图 3.34　为视频添加帧定格

选中这段帧定格的画面，打开【效果控件】，单击【效果控件】中的【运动】，可以看到在节目面板中视频的辅助调节框，框的中间有一个中心点，将中心点移到瞳孔的正中心可以让瞳孔在放大时是以瞳孔的中间为中心进行放大的，如图 3.35 所示。

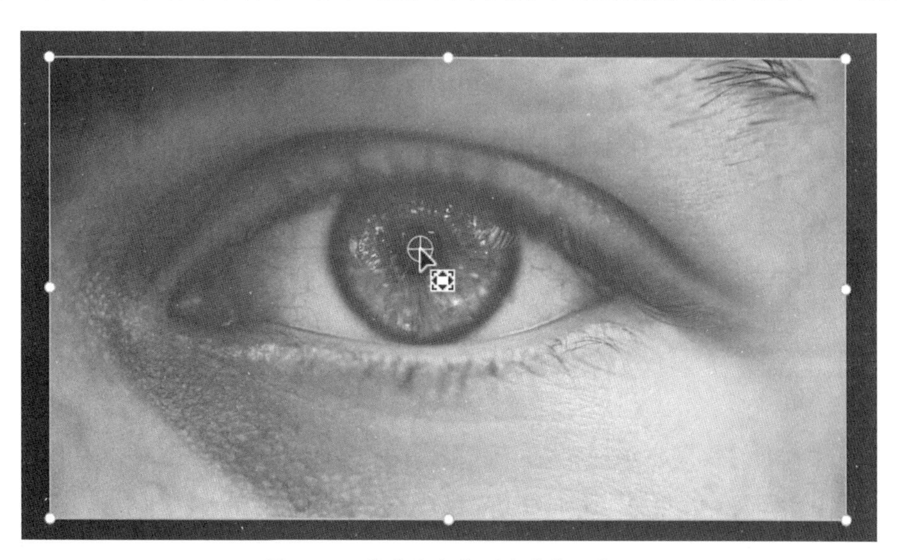

图 3.35　将中心点移到瞳孔的正中心

调节完中心点的位置后可以激活【位置】属性、【缩放】属性前的时间秒表，在起始时间为【位置】属性、【缩放】属性上添加第一组关键帧，如图 3.36 所示。

图 3.36　在【位置】属性、【缩放】属性上添加第一组关键帧

在对第一组关键帧调节完后，将时间指针移到 2 秒 38 帧，通过【缩放】属性将瞳孔完全放大至占满整个屏幕。在进行缩放调节时，如果瞳孔的位置有偏移，可利用【位置】属性将瞳孔中心移动至画面中心位置，调节完后软件会自动在【位置】属性、【缩放】属性为其添加第二组关键帧，如图 3.37 所示。

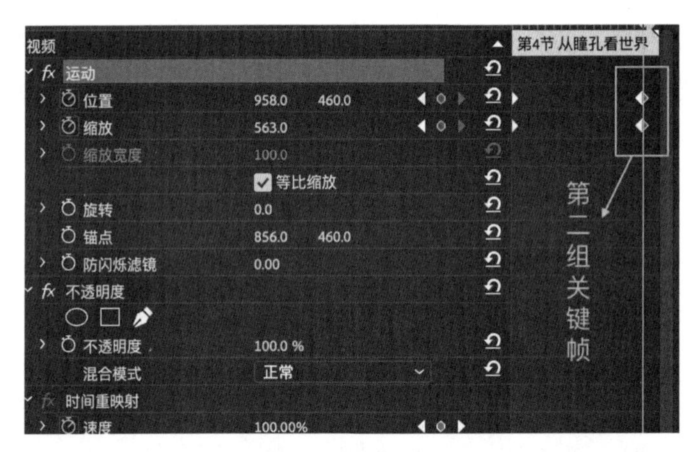

图 3.37　在【位置】属性、【缩放】属性上的第二组关键帧

添加完两组关键帧后进行预览，可见瞳孔由开始的大小匀速放大至填满整个画面，接着可以将第二组关键帧选中，单击鼠标右键，选择【临时差值】—【缓入】/【缓出】效果，为关键帧添加【缓入】或【缓出】的效果，使运动更加生动一些。

3. 将放大的瞳孔替换为其他场景

在瞳孔放大的效果制作完成后，需要将瞳孔变透明，以替换为别的场景，这个效果可以用 Premiere 的蒙版来进行制作。找到帧定格视频的第一帧，利用【不透明度】中的钢笔蒙版将瞳孔的边缘描一遍，再勾选【已反转】从而达到让瞳孔变透明的效果，为了让边缘显得更加自然，可以适当地添加羽化效果，如图 3.38 所示。蒙版绘制的方法可以参考 3.1 章节的“移动的望远镜”。

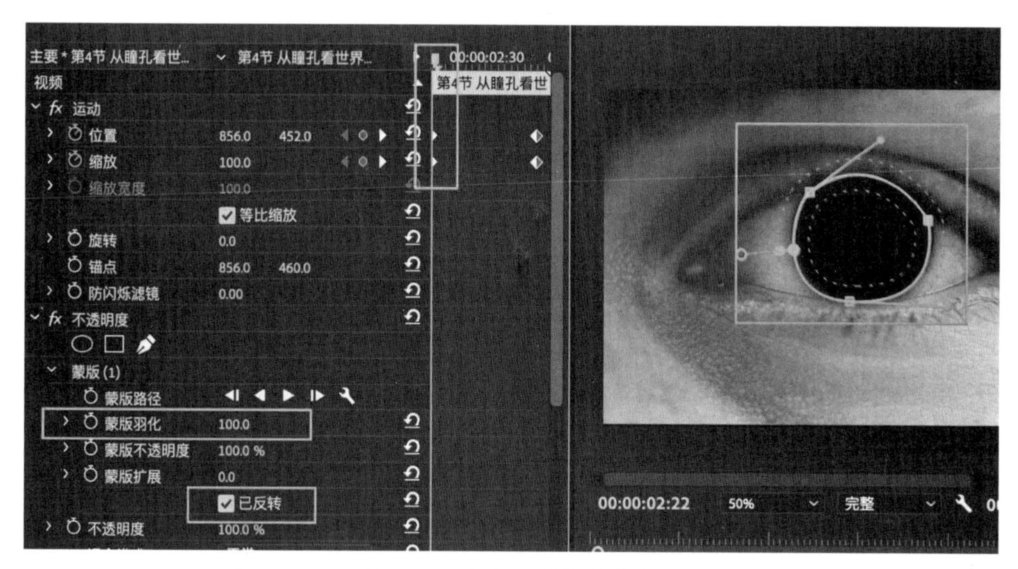

图 3.38　为“眼睛”添加蒙版

制作完后将此视频放置在 V2 轨道上，将后面需要出现的视频 2 放置在 V1 轨道上，这样在瞳孔放大后就会出现视频 2 的内容，如图 3.39 所示。

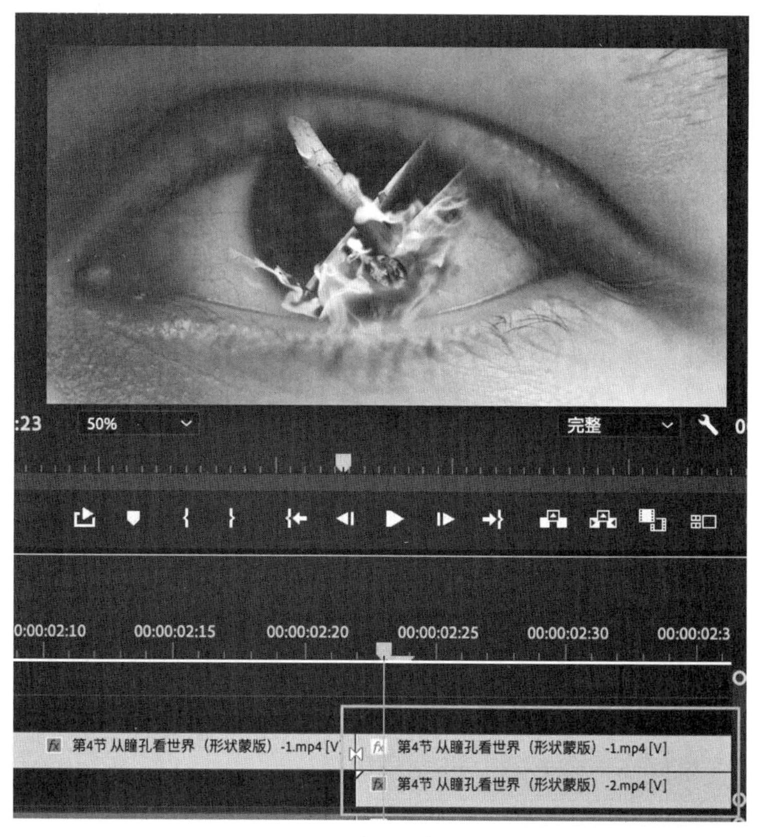

图 3.39　显示出 V2 轨道上的内容

4. 调节细节

利用上述的方法可以将效果大致制作出来，但因为后面的画面是突然出现的，没有过渡，因而显得十分生硬，不够精致，所以可以给瞳孔与后面的画面之间添加一个过渡的效果，使之更加自然流畅。

将瞳孔放大的视频复制一个至 V3 轨道，将蒙版（1）删掉，在【透明度】上依次设置关键帧 100.0%、0.0%，这两个关键帧的时间点需要与位置和缩放的两组关键帧的时间点相同，如图 3.40 所示。删除蒙版是为了让复制的瞳孔视频保留瞳孔，在透明度上添加关键帧是为了让这个瞳孔慢慢地变透明，与 V1 轨道上的视频 2 产生过渡的效果。

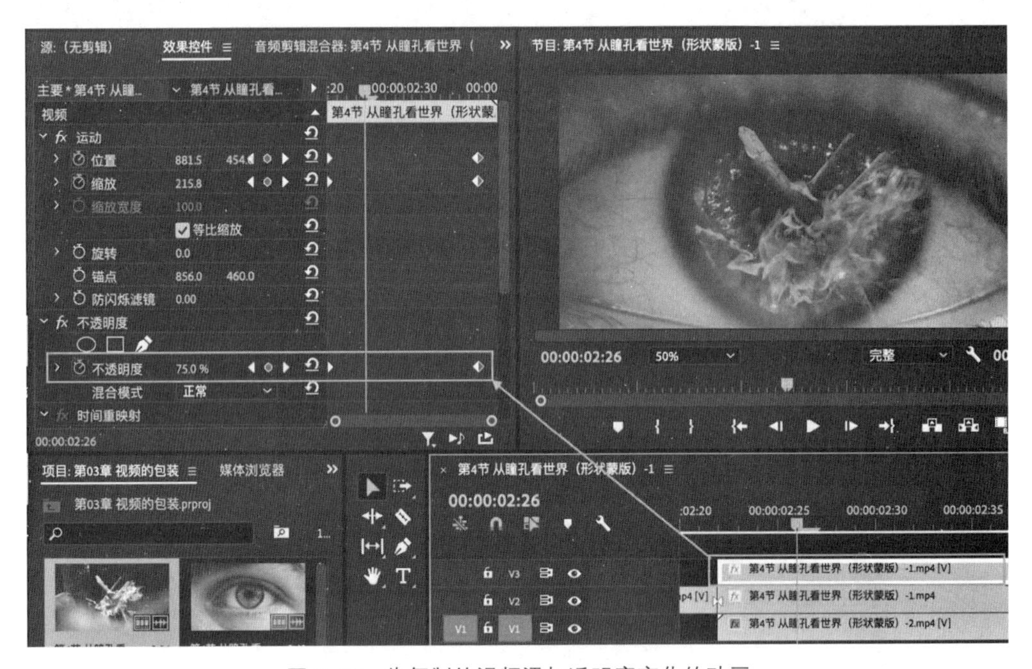

图 3.40　为复制的视频添加透明度变化的动画

另外，因为眼睛瞳孔有放大的效果，所以为视频 2 也添加一个逐渐放大的效果会使视频看起来更加流畅。为视频 2 在缩放属性上添加两个关键帧 100、135，并将其开始时间与视频 1 的开始时间对齐，可以将持续时间设置稍微长一点，在 1 秒左右，如图 3.41 所示。

添加过渡和缩放，可以使视频看起来更加流畅，转场效果看起来更加精致。

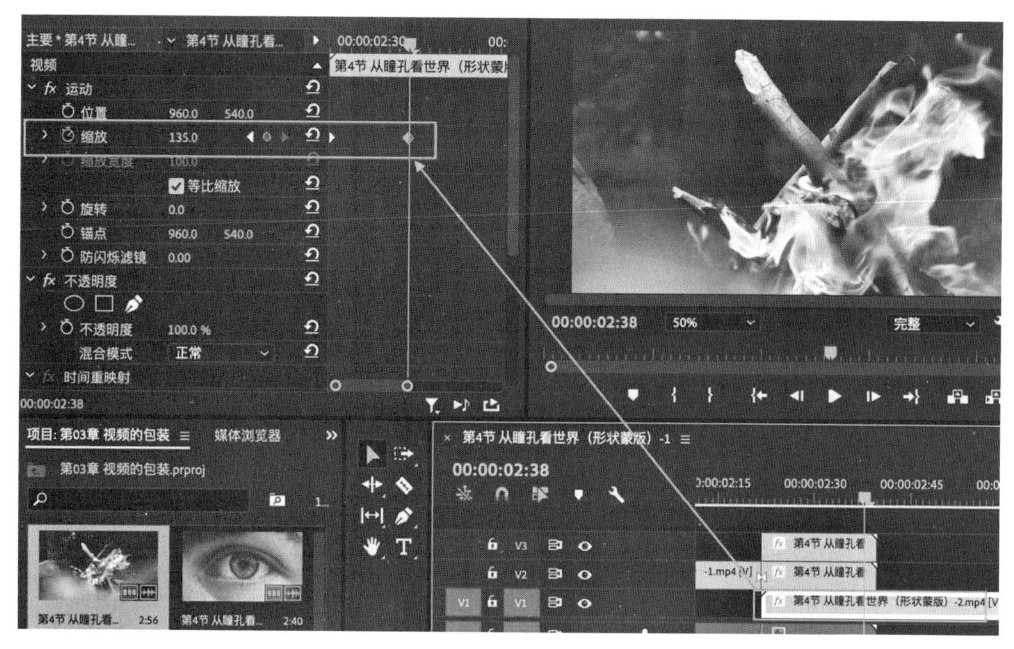

图 3.41　为第二段视频添加放大的动画

3.5　置换人物周围的背景

置换人物周围的背景是非常常见的一种特效，常常用于虚拟演播厅、影视剧制作等方面，如能灵活使用也可以运用于日常的短视频、vlog 制作中。置换人物背景分为两种：一种是绿 / 蓝布抠像，即人物站在一个背景为绿 / 蓝布的场景中，在抠像时将背景去掉。利用绿 / 蓝色作为背景的原因是，人体颜色是偏暖的，其中含有最少的颜色便是绿 / 蓝色，使用绿 / 蓝色作为背景能够在去除绿 / 蓝色时最少地影响到人体，在需要做绿 / 蓝色抠像时，人物也最好避免穿着绿 / 蓝色的衣服；另一种为复杂背景抠像，即人物所处的背景没有规律也没有统一的颜色，在抠像时需要将人物单独提炼出来。

3.5.1　背景为绿 / 蓝布的抠像

早期 Premiere 无法很方便地对视频进行抠像，但从 Premiere CC 2015 版本开始 Premiere 推出了【超级键】功能，对处理绿 / 蓝布的抠像十分方便，效果也非常好。After Effects 中的【Keylight】早期是一款非常有名的蓝绿屏幕抠像插件，后期被 Adobe 放置在 After Effects 中作为一款内置插件供用户使用。

这两款软件都可以很好地去掉人物背后绿/蓝色的背景。相对来说，Premiere对素材的要求更高，需要拍摄质量较好的素材，例如背景的绿色不能因为光线原因相差太大；After Effects 能够适应更多拍摄情况下的抠像，制作的效果也会更加细腻一些。

1. 利用 Premiere 的【超级键】进行抠像

（1）为视频添加【超级键】效果

如图 3.42 所示，超级键位于【效果】面板—【视频效果】—【键控】—【超级键】。

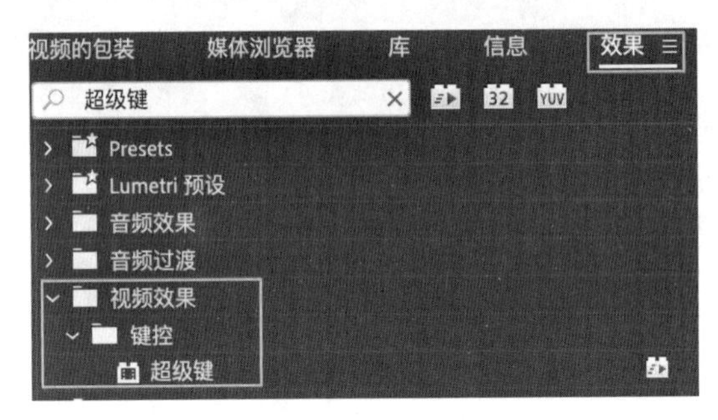

图 3.42 【超级键】效果在【效果】面板中的路径

将需要抠像的视频放置在【时间轴】上新建序列，然后为其添加【超级键】功能，添加之后打开【效果控件】面板便可以看到【超级键】中的相关属性，如图 3.43 所示。

图 3.43 【超级键】中的属性

选择【主要颜色】后面的“小吸管”去吸取画面中的绿色，吸取之后，【主要颜色】后的色块会变成刚刚吸取的绿色，节目面板中的绿色会变成透明的，如变成黑色则是因为【节目】面板的背景为黑色，实际为透明，如图 3.44 中蜡烛旁边的黑色实际上为透明。

图 3.44 被抠像的蜡烛素材

（2）利用【Alpha通道】进行调节

虽然大面积的绿色已被去掉，但是还有很多细节需要进行调整，比如周围的绿色被删除得不干净、人物有部分内容被误删、人物的边缘还有绿色，等等，需要做进一步调整。将【输出】后的【合成】更改为【Alpha通道】，更改后可以看到【节目】面板中的显示为黑、白两种颜色，如图3.45所示。

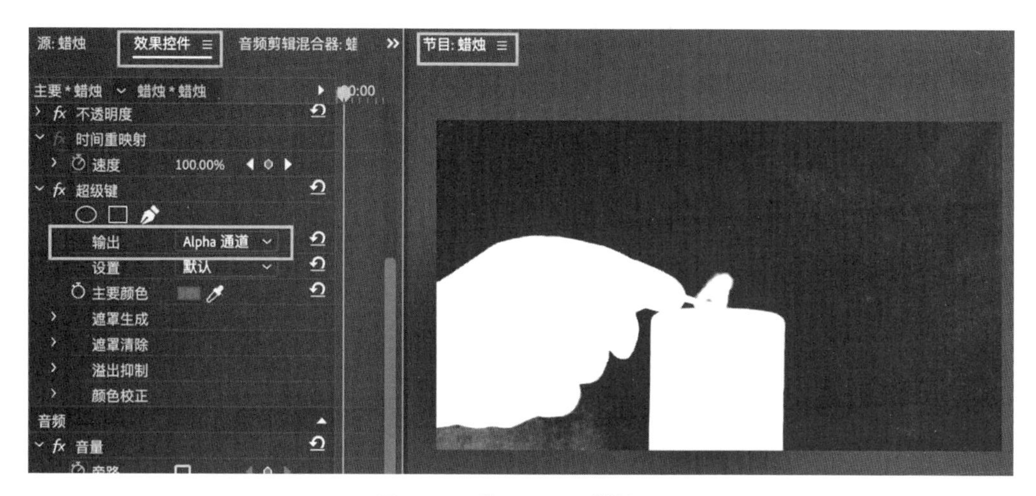

图3.45　【Alpha通道】视图

显示方式与轨道蒙版一样，显示为黑色的地方是完全透明的、显示为白色的地方是完全不透明的、显示为灰色的地方是半透明的，所以可以根据【节目】面板中的黑、白显示，将该透明的位置如背景调节为黑色，将不该透明的地方如人物身体调节为白色。通过图3.46可以看出【Alpha通道】视图与【合成】视图的区别。

图3.46　左边为【Alpha通道】视图，右边为【合成】视图

利用【遮罩生成】下拉菜单中的【透明度】【高光】【阴影】【容差】【基值】可以对黑色、白色的明度和范围进行调节，根据实际情况将该透明的位置调节为黑色，不该透明的地方调节为白色即可。

（3）更进一步的细节调整

做完上一步后，人物背景的绿色已经被删除干净了，但是人物的周围还会有一些绿色的反光或没有删除干净的地方需要处理，如图 3.47 所示。如看不清楚可以在视频下方放置一个浅色图案。

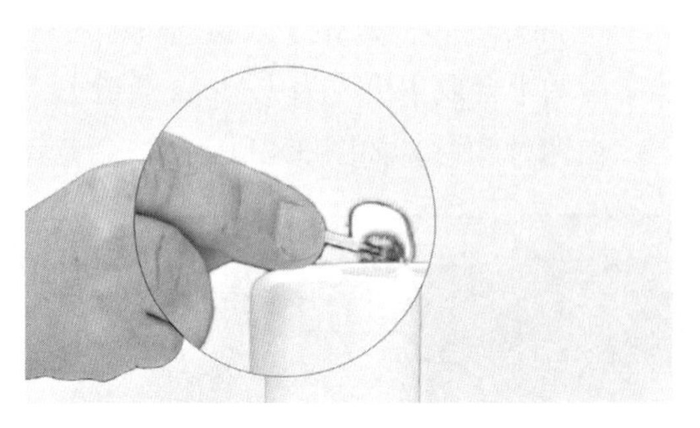

图 3.47　人物的周围的绿色边缘

展开【遮罩清除】—【抑制】可以对人物的边缘进行回缩，比如人物周围有一圈绿色的边缘，可以通过调节【抑制】的值将边缘去除；【柔化】值可以调节人物周围的羽化程度，如果边缘处理完显得较为锐利，利用【柔化】可以降低人物周围的对比，将人物放置在新背景时更自然一些。调节数值时尽量不要大幅度调节，特别是在调节【抑制】时，进行细微调节即可，否则容易造成人物变形。

（4）加入其他背景

完成抠像的蜡烛背景是透明的，将完成抠像的蜡烛视频放置在 V2 轨道上，再将需要把它放置其中的场景视频或图片放置在 V1 轨道上，这样我们就能将这只蜡烛放置在任意场景中了，如图 3.48 所示。如希望效果更逼真还可以利用形状工具和蒙版制作阴影效果。

图 3.48　为抠像完成的蜡烛视频添加其他背景

提　示

如画面中有一些定位点或其他多余物体需要被删除，可以利用不透明度属性下的蒙版工具绘制出一个蒙版，将需要的人物放置在蒙版内，这样多余的内容就会被删除。如人物或其他物体有移动，可以为蒙版路径添加关键帧。

2. 利用 After Effects 的【Keylight】进行抠像

（1）导入素材与新建合成

打开 After Effects 后导入素材至左上角的【项目】面板，导入素材的方式与 Premiere 一致。导入后用鼠标按住导入的素材拖动至【新建合成】，如图 3.49 所示，这步操作可以以该素材的尺寸和相关参数新建一个合成，After Effects 中的合成与 Premiere 中的序列类似。

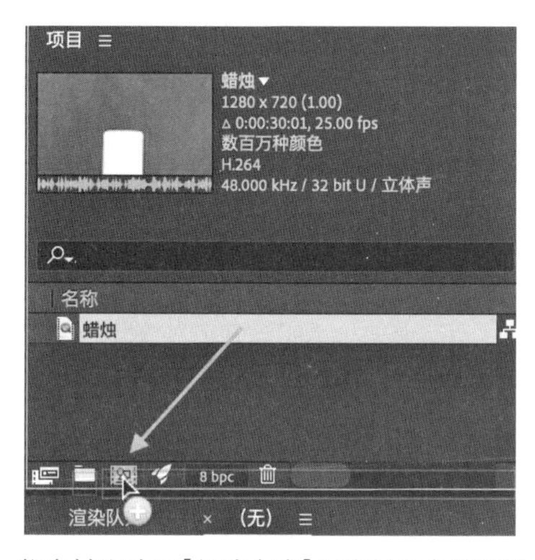

图 3.49　将素材拖动至【新建合成】以素材的参数新建一个合成

以素材的参数新建合成以后，可以在【时间轴】和【合成】面板中看到新导入的素材，如图 3.50 所示，左上为【项目】面板，右上为【合成】面板，下方为【时间轴】面板。

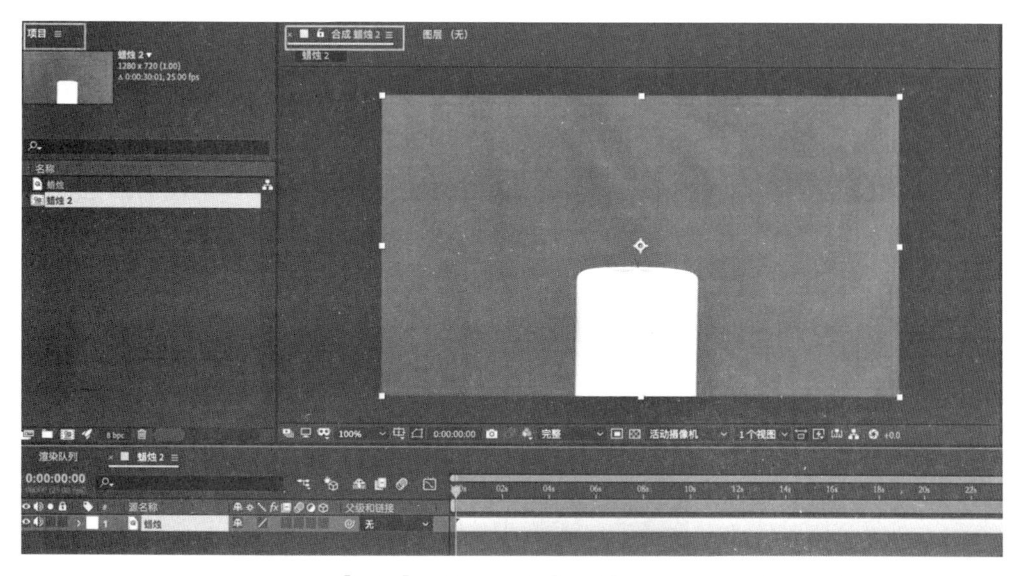

图 3.50　左上为【项目】面板，右上为【合成】面板，下方为【时间轴】

（2）为素材添加【Keying】抠像特效

选中【时间轴】上的素材，单击顶部菜单的【效果】—【Keying】—【Keylight（1.2）】（较早版本的路径为【效果】—【抠像】—【Keylight（1.2）】）为素材添加 Keylight 抠像效果，添加完效果之后可以在整个 After Effects 界面的左边【效果控件】面板里看到【Keylight（1.2）】效果的相关属性，如图 3.51 所示。

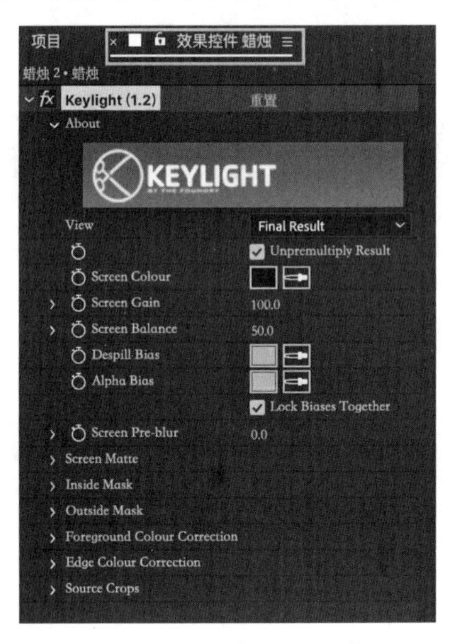

图 3.51　Keylight（1.2）在【效果控件】面板中的参数

【Keylight（1.2）】的界面为英文，虽然网上有一些汉化的破解版，但是不太建议使用，一方面是因为汉化版的破解版不稳定，可能会出现功能缺失或造成软件闪退等问题；另一方面在于，平时简单地进行绿布抠像用到的按钮和功能并不多，如对英文不熟悉也影响不大。

在【Keylight（1.2）】的属性中可以看到【Screen Colour】（屏幕颜色）后有一个与 Premiere 中类似的小吸管，用这个小吸管去吸取【合成】面板中画面的绿色，可以大面积地删除画面中的绿色，删除后，合成面板里画面的背景变为黑色，与 Premiere 相同，画面呈黑色是因为合成的背景颜色为黑色，实际会为透明。单击一下【合成】面板下方的【切换透明网格】按钮，如图 3.52 所示，可以看到黑色会变成代表透明的灰白色格子，从图 3.53 中可以看出打开和关闭【切换透明网格】按钮的显示区别。

图 3.52　【切换透明网格】按钮位于【合成】面板下方

图 3.53　左边为关闭【切换透明网格】，右边为激活【切换透明网格】

初步调节后仍然需要进一步调节，在【View】（视图）中将【Final Result】（最终效果）切换为【Screen Matte】（屏幕蒙版），可以看到【合成】面板中的视图变成了黑白色，在蒙版视图中黑色的地方为完全透明、白色的地方为完全不透明、灰色的地方为半透明，利用【Screen Matte】（屏幕蒙版）下拉菜单中的【Clip Black】（消减黑色）和【Clip White】（消减白色）将该透明的位置调节为黑色，将不该透明的地方调节为白色，调节过程中用鼠标按住蓝颜色的数字小幅度地左右移动可以实时观察调整的效果，如图 3.54 所示。通过图 3.55 可以看出调节前后的区别。

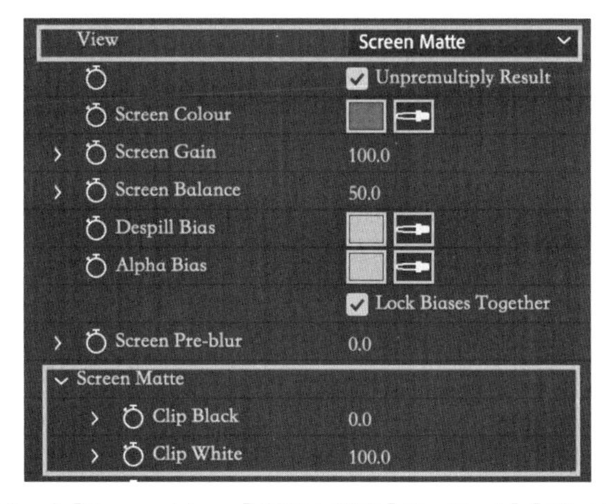

图 3.54　在【Screen Matte】视图中调节【Clip Black】【Clip White】

图 3.55　调节前后的区别

提 示

如画面中有一些定位点或其他物体需要被删除，也可以利用蒙版将多余的内容删除。制作的方法为在【时间轴】上选中素材，找到菜单栏中的钢笔工具沿着人物绘制一个蒙版将人物单独抠出来，如人物或其他物体有移动，可以为蒙版路径添加关键帧。

（3）进一步调节抠像效果

调整完成后再将【View】（视图）中的【Screen Matte】（屏幕蒙版）切回至【Final Result】（最终效果），可以看到背景已经被处理得很干净了，物体中也没有缺失的地方，但是边缘会有一些绿色的反光，可以利用【Screen Matte】中的一些参数对边缘进行处理，如图 3.56。比较常用的工具为【Screen Matte】（屏幕蒙版）中的【Screen Shrink/Grow】（屏幕收缩 / 扩张）和【Clip Softness】（调节羽化），【Screen Shrink/Grow】（屏幕收缩 / 扩张）可以修剪掉人物边缘的黑边或绿色反光，【Screen Softness】（屏幕羽化）可以软化边缘使其变得更加自然。

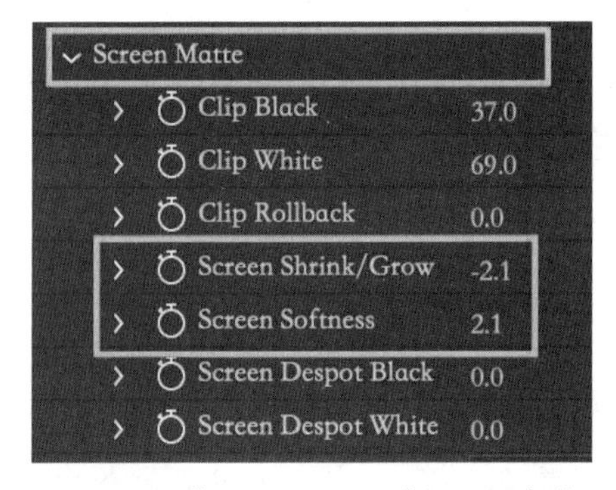

图 3.56 【Screen Matte】以下的参数

（4）添加其他背景

与 Premiere 相同，在 After Effects 中，上下视频轨道也是有遮挡关系的。完成抠像的蜡烛背景是透明的，将窗帘背景的视频放置在蜡烛的视频之下即可，如图 3.57。

图 3.57 【时间轴】将窗帘素材放置在蜡烛素材下方

◎ 知识扩展：Inside Mask（内部遮罩）功能

有时因为人物穿着的衣服或者配饰含有蓝绿色或类似蓝绿色，在进行抠像后人物或物体中会有缺失，如图 3.58 所示，因为衣服的袖口上有一个绿色星形的装饰，所以在使用【Keylight（1.2）】进行抠像后衣服上绿色星形的装饰也会变成透明的状态。这时可以利用【Inside Mask】（内部遮罩）功能进行修补。

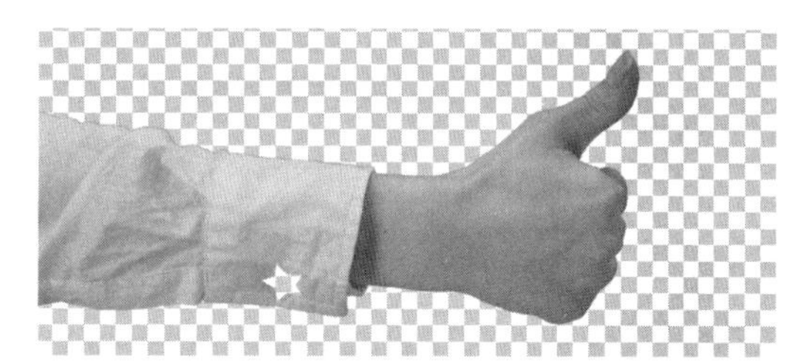

图 3.58　利用【Keylight（1.2）】抠图前与抠图后

（5）利用钢笔工具绘制蒙版

在【时间轴】中选中素材后再用【工具栏】中的【钢笔】工具将缺失的部分圈起来建立蒙版，如图 3.59 所示，在 After Effects 中，【钢笔】的使用方法与 Premiere 中的【钢笔】的使用方法非常类似。在绘制时不用沿着边缘绘制，只需要用【钢笔】工具绘制一个形状将缺失的部分围起来即可。值得注意的是，在 After Effects 中绘制蒙版一定要先在时间轴上选中需要绘制蒙版的素材，如没有选中素材直接用钢笔工具绘制形状，绘制出来的为形状图层，只有在选中素材再用钢笔工具的情况下，才会建立蒙版。

图 3.59　【工具栏】中的【钢笔工具】

展开【时间轴】中图层的蒙版属性，将【蒙版 1】后的【混合模式】调节为【无】，如图 3.60 所示。

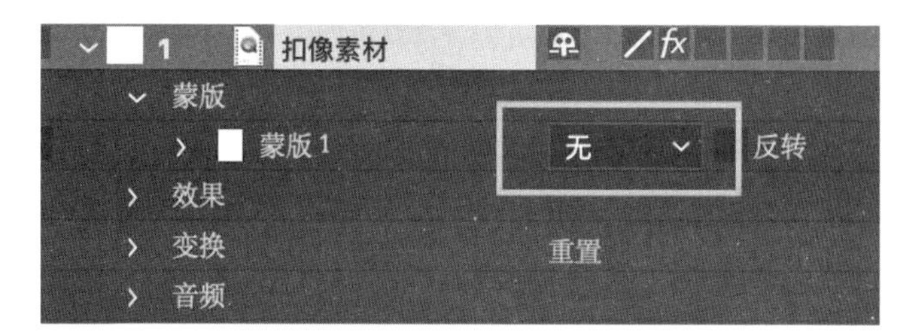

图 3.60　将混合模式由【相加】调节为【无】

由图 3.61 可以看出调节【混合模式】前后的区别。

图 3.61　左边为调节【混合模式】前，右边为调节【混合模式】后

（6）利用【Inside Mask】（内部遮罩）填补蒙版内容

在【Keylight（1.2）】的属性中将【Inside Mask】（内部遮罩）下拉菜单中的【Inside Mask】（内部遮罩）后的【无】更改为【蒙版 1】，便可填补缺失，如图 3.62 所示。

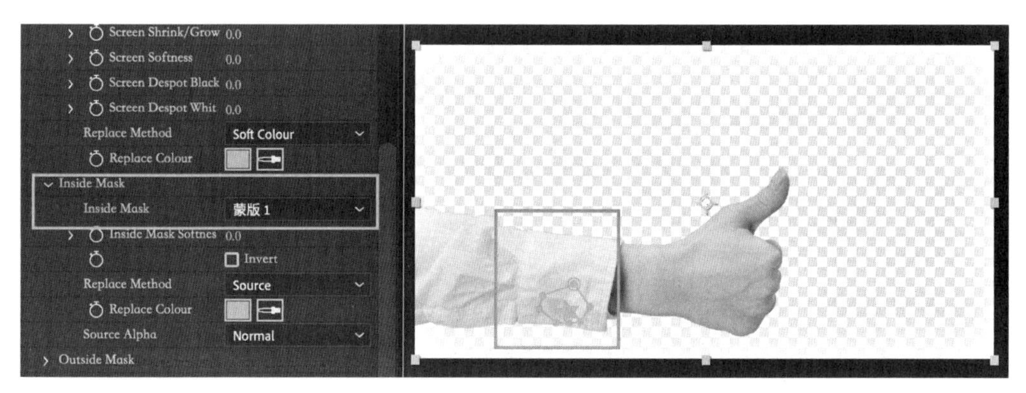

图 3.62　将【Inside Mask】选项更改为【蒙版 1】

如人物移动范围较大，可以激活【蒙版 1】的【蒙版路径】前的小秒表，如图 3.63，为该属性添加关键帧，使缺失的部分一直处于蒙版路径的范围内。

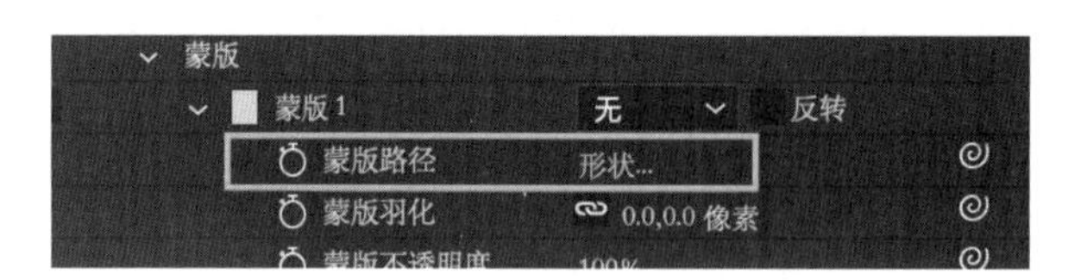

图 3.63　【蒙版 1】的【蒙版路径】参数

3.5.2 复杂背景抠像

1.【Roto 笔刷】工具介绍

利用 After Effects 中的【Roto 笔刷】工具可以对复杂背景进行抠像，与【超级键】

和【Keylight（1.2）】不同的是，【超级键】和【Keylight（1.2）】是将画面中的某一种颜色删除，【Roto 笔刷】是将某一个物体从复杂的背景中提取出来。

图 3.64　【工具栏】中的【Roto 笔刷】

【Roto 笔刷】类似于 PS 的魔术棒工具，能快速地选取所需要的素材内容，绘制动态选区，制作动态抠图。【Roto 笔刷】位于菜单栏从右往左数第二个按钮，如图 3.64 所示。选中【Roto 笔刷】后，将鼠标放置在合成面板的画面中会发现鼠标没有变化，点击也没有反应，这是因为【Roto 笔刷】工具需要在【图层】面板中使用，双击【合成】面板中的画面即可进入【图层】面板，再将鼠标放上去，鼠标会变成一个绿色圆形的画笔，如图 3.65 所示。

图 3.65　在【图层】面板中【Roto 笔刷】的鼠标光标显示

2. 利用【Roto 笔刷】工具绘制蒙版

按住键盘上的 Ctrl 键（macOS 系统为 Command 键），再移动鼠标可调节画笔大小。按住鼠标绘制蒙版区域，注意不需要像涂色一样将所有的地方描出来，只需要用笔刷划过这个区域即可，如图 3.66 所示，被绘制过的地方会出现粉红色的蒙版区域，如图 3.67 所示。

图 3.66　用【Roto 笔刷】绘制蒙版

图 3.67　被绘制过的地方会出现粉红色的蒙版

如粉红色的蒙版内有不需要的内容可以按住键盘上的 Alt 键不要松开，笔刷变成红色后可以变成【橡皮擦】把不需要的地方擦除，如图 3.68 所示。通过笔刷添加选区和按住 Alt 键的笔刷减去选区，这样反复操作将视频第一帧的蒙版绘制好后，我们可以称它为“基础帧”。

图 3.68　按住 Alt 键之后可以删除不需要的选区

绘制好基础帧之后可以按空格键进行播放或通过鼠标拖动时间指针一帧帧进行预览，软件会自动地跟踪绘制选区让人物一直处在蒙版选区之内，但是因为是自动跟踪，所以有时会出现选区边缘不准确的现象，这时需要暂停播放及时用笔刷通过添加或删减将选区重新修复正确，再继续进行跟踪。基础帧的选区绘制得越仔细，后面的自动跟踪越不容易出问题，及时对选区进行修复也能非常有效地提高跟踪绘制选区的成功率。为了能够看清楚画面的选区是否准确，建议通过鼠标拖动时间指针一帧帧地进行预览。

绘制完之后可以切换到【合成】面板进行预览，如有问题再回到【图层】面板进行修复。在【合成】面板反复观看画面没有残缺即意味着基本抠像完成，如图 3.69 所示。

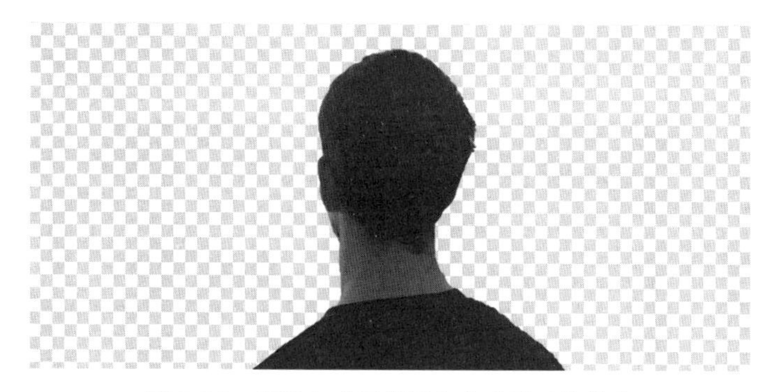

图 3.69　抠像完成后背景会变成透明的状态

3. 对绘制蒙版区间边缘进行调整

在【效果控件】中可以对【Roto 笔刷和调整边缘】的参数进行调节，如图 3.70 所示，这些参数会进一步调节蒙版选区的边缘。在预览视频时可能会发现蒙版选区的分割线边缘容易有一些移位，我们可以通过调节【减少震颤】的参数来使分割线的边界区域更加平滑，如将【减少震颤】的参数调节至“20%—50%”左右。

除了调节【减少震颤】以外，还可以调节【羽化】让选区的边缘过渡得更加自然，建议调节至“10”左右。

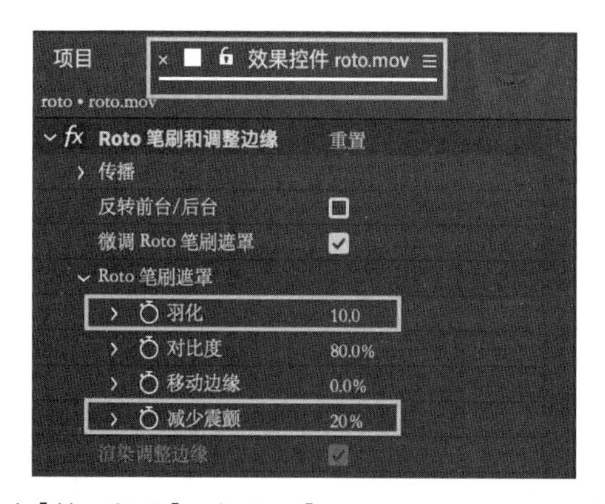

图 3.70　在【效果控件】面板中对【Roto 笔刷和调整边缘】进行调节

使用【调整边缘工具】对头发边缘进行处理：

被抠图的人物的头发或者穿着的衣服有一些是毛茸茸的质感，【Roto 笔刷】不能很好地获得边缘的细微差别，比如无法体现出一根根的头发或者衣服上毛茸茸的绒毛。在用【Roto 笔刷】对人物抠图完成后，利用【调整边缘工具】对边缘进行处理。长按【Roto 笔刷】后可以激活出下拉菜单看到【调整边缘工具】，如图 3.71 所示。

图 3.71 【调整边缘工具】的位置

如图 3.72 所示，选中【调整边缘工具】后画笔会变成紫色的。

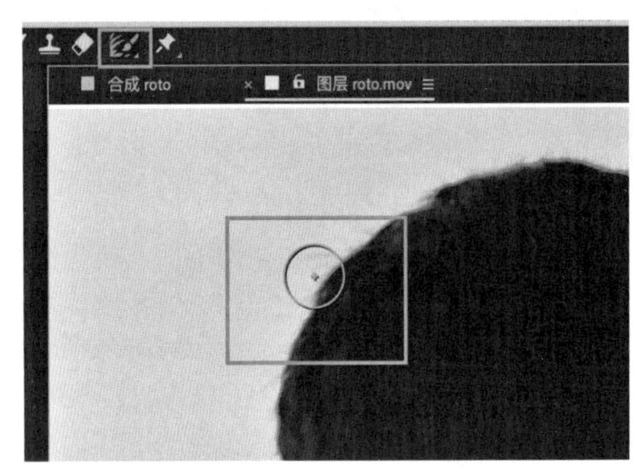

图 3.72 【Roto 笔刷】和【调整边缘】工具

利用【调整边缘工具】将头发边缘或衣服毛茸茸的边缘描绘一遍，如图 3.73 所示。同样，可以通过按下键盘上的 Ctrl 键（macOS 系统为 Command 键）并移动鼠标调节画笔大小。

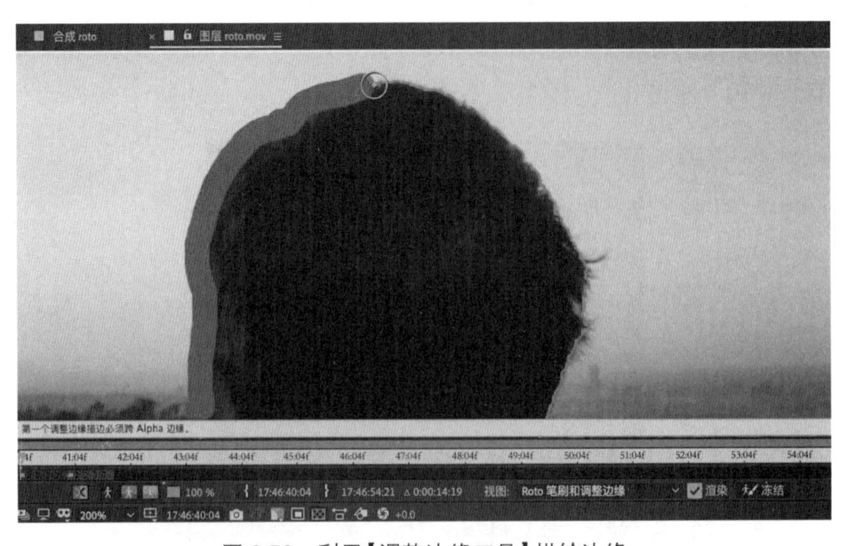

图 3.73 利用【调整边缘工具】描绘边缘

如果遇到没有覆盖到的地方，如图 3.74 中右边部分没有被覆盖到的头发，可以对其进行补缺，如图 3.75 所示。

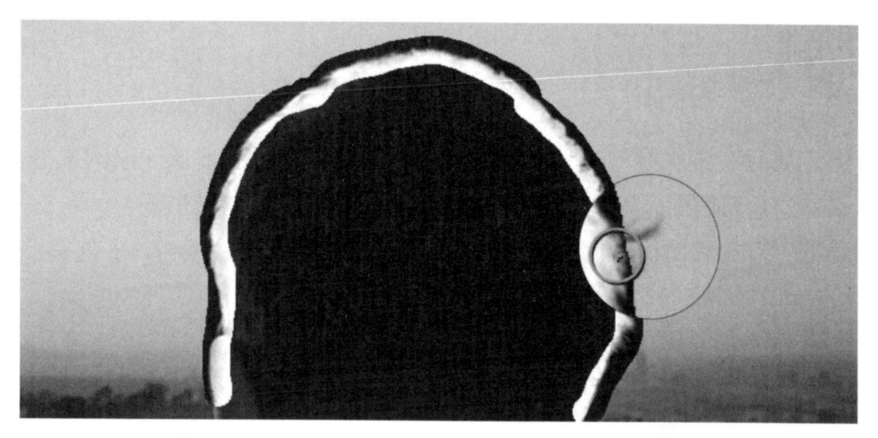

图 3.74　没有被覆盖到的头发

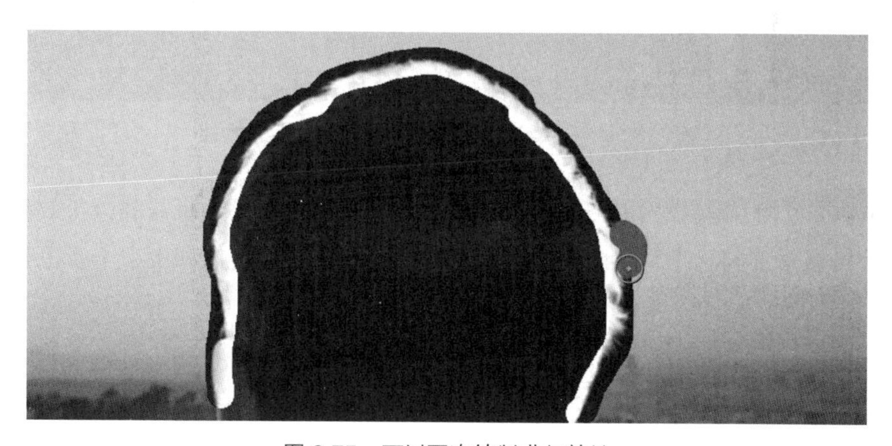

图 3.75　可以再次绘制进行补缺

绘制后，释放鼠标会看到黑白色的【调整边缘工具】X 射线图，这样可以看到【调整边缘工具】改变蒙版边缘的痕迹，绘制完后切回【合成】面板可以发现头发的细节部分也被留下了。如图 3.76 可以看到利用【调整边缘工具】对边缘毛发细节进行处理后的前后区别。

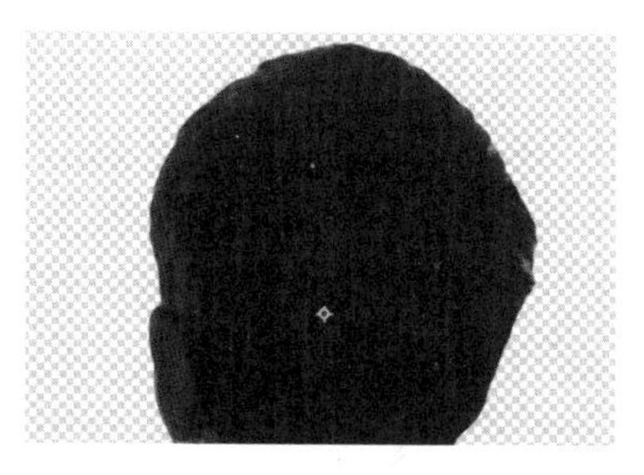

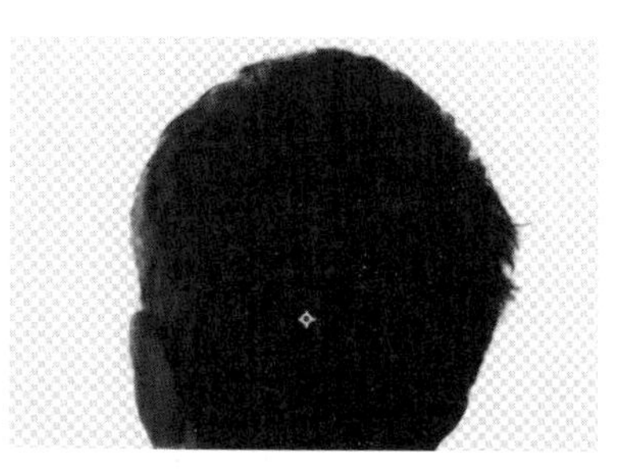

图 3.76　左边为利用【调整边缘工具】处理前，右边为利用【调整边缘工具】处理后

利用【调整边缘工具】对素材进行处理这一步最好留在利用【Roto 笔刷】将所有的内容抠像完成以后，过早地使用【调整边缘工具】对边缘进行处理会导致蒙版难以使用。

4. **改变人物背景颜色**

抠图完成后，再次拖动一个原素材进【时间轴】放置在抠像完成的素材下方，调节该素材的色彩倾向，即调节背景画面的颜色，会到不一样的视觉效果。

选择下方没有添加【Roto 笔刷】抠像的图层，添加效果【效果】—【色彩校正】—【色相 / 饱和度】，如图 3.77 所示。

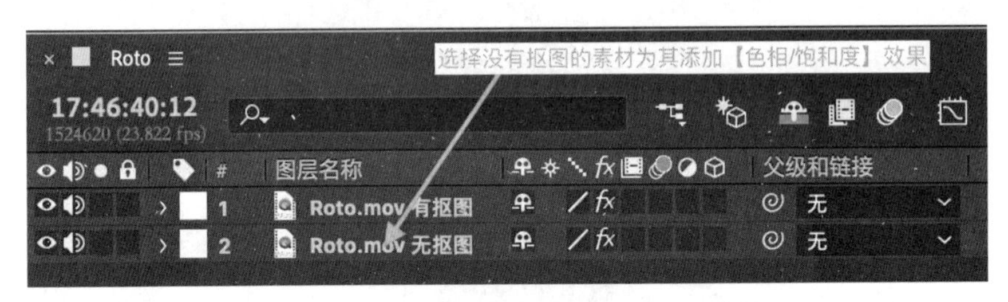

图 3.77　为下面的图层添加【色相 / 饱和度】效果

添加【色相 / 饱和度】效果后可以在左边的【效果控件】面板看到该特效参数，如图 3.78 所示，勾选【彩色化】，调节【着色色相】【着色饱和度】【着色亮度】可以将素材调节至自己想要的色彩。

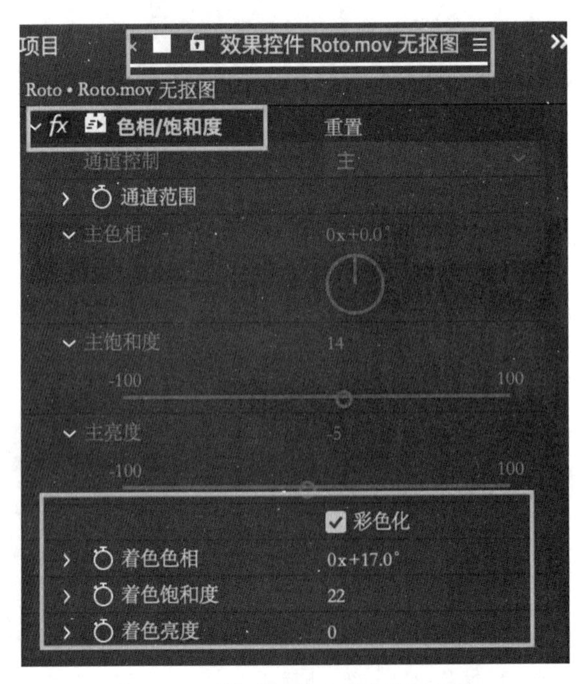

图 3.78　【色相 / 饱和度】效果参数

调节完后可以发现在人物主体色彩不受影响的情况下，人物背景的颜色发生了变化，如图 3.79。这是因为下面没有抠图的图层被调节后整个画面颜色都发生了变化，但是上面有抠图的图层只有人物，没有背景，所以上面图层的人物对下面变色的人物进行了遮挡，达到的效果即人物没有颜色变化，背景有颜色变化。

图 3.79 人物的背景颜色发生变化

除了更改背景的颜色倾向以外，还可以更换人物的背景，将新的背景放置在人物图层下的图层即可。除了替换背景之外，还可以在人物层和背景层中间放置文字层，制作文字从人物背后穿过的效果。

提 示

每个图层前面的“小眼睛”可以让该图层变得“可视”或“隐藏”，每个图层前面的“小圆点”为“仅显示该图层”，如图 3.80 所示。当弄不清楚图层之间的关系或不了解每个单独图层的内容时，即可通过这两个工具来单独查看或者单独关闭某个或多个图层，能更好地了解图层之间的关系。

图 3.80 图层的“可视”与“隐藏”功能

3.6 让速度更快一点

视频中的人物、动物、车辆等物体在运动时，为了表现该物体运动的速度很快，视频的制作者会在该物体的运动方向上制作很多根线条，用于体现物体运动的速度。

在 Premiere 中，可以利用【方向模糊】制作这种运动线条，为视频中的运动物体添加速度感。在 After Effects 中，可以用【定向模糊】来制作这种带速度感的效果。在本案例中，将使用 After Effects 来制作该效果，制作思路为先利用【Roto 笔刷】对运动的人物进行抠图，然后给背景添加【定向模糊】效果。

选中素材后，对素材进行复制，复制的快捷键为 Ctrl+D（macOS 系统快捷键为 Command+D）。对位于视频轨道中上面的素材进行抠像处理，分离出不需要模糊的人物和滑板，再对下面的素材添加【定向模糊】效果，如图 3.81 所示。

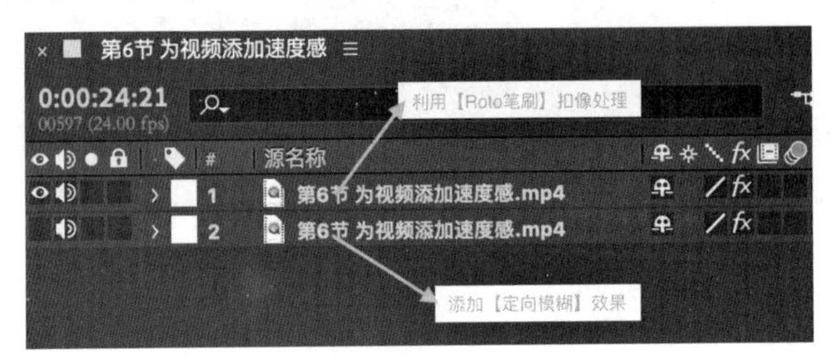

图 3.81　对素材进行复制

1. 利用【Roto 笔刷】对上方视频进行抠像

利用 3.5 章节“置换人物周围的背景”中 3.5.2 小节“复杂背景抠像”中讲解的方法对人物和滑板进行抠像，使人物和滑板与背景分离开来，如图 3.82 所示。因为滑板的颜色与地面比较相似，所以在抠图的时候，其边缘可能会有少量缺失，不用特别在意边缘的细节，后续在加上模糊效果后，其边缘的小细节会变得不明显。

图 3.82　利用【Roto 笔刷】进行抠像

2. 为视频轨道中的视频添加【定向模糊】效果

找到【效果和预设】面板，在搜索框中输入“模糊”，下面会出现很多跟模糊相关的效果，如图 3.83 所示，在这个案例中我们使用【定向模糊】。

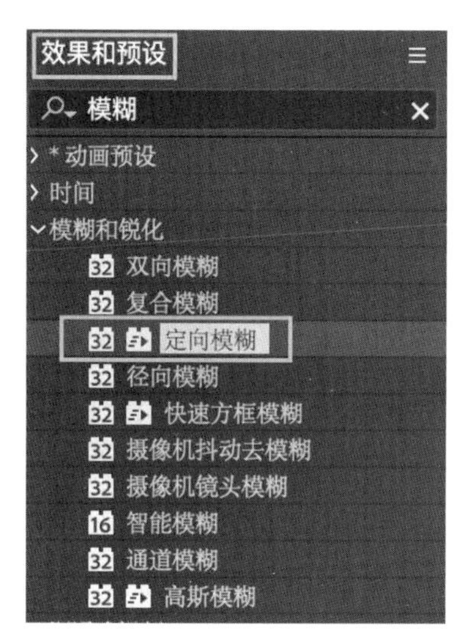

图 3.83　【效果和预设】面板中的【定向模糊】效果

选中【定向模糊】效果，将其拖拽至要添加效果的视频的名字上，当鼠标的指针旁显示出一个绿色的加号时可松开鼠标，如图 3.84 所示，这时【定向模糊】效果已经添加给该视频。

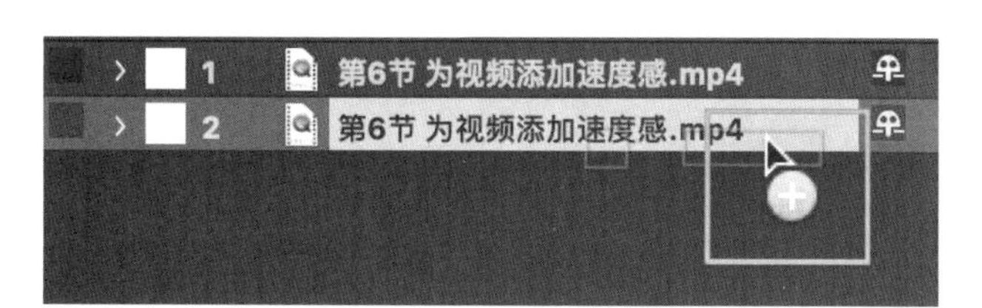

图 3.84　为视频添加【定向模糊】效果

添加效果后，【效果控件】面板会出现【定向模糊】效果的相关参数，如图 3.85 所示。【方向】指模糊的方向，【模糊长度】的参数可以调节模糊的程度。在该案例中，因为运动方向是水平方向的，所以将【方向】的角度调节为 90 度，根据需要的模糊程度将【模糊长度】调节为 65。

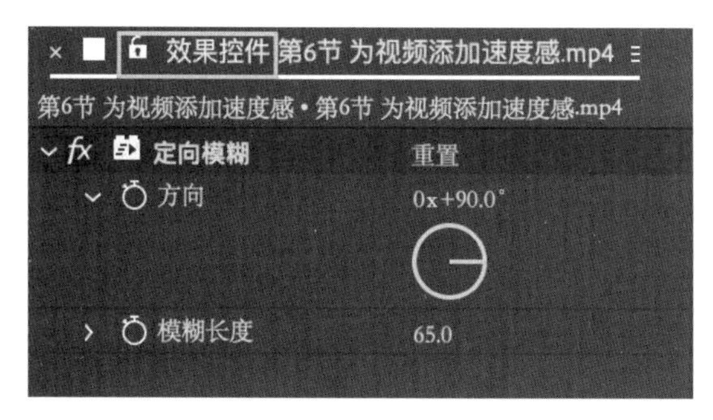

图 3.85　【定向模糊】效果的相关参数

调节完后可以在【合成】面板中看到效果。通过图 3.86 可以看出为视频添加【定向模糊】效果前后的区别。

图 3.86　左边为没有添加【定向模糊】的效果，右边为添加了【定向模糊】的效果

3. 细节调整

添加完效果后会发现，视频的边缘也变得模糊了，如图 3.87 所示。

图 3.87　视频的边缘变得模糊

这时将两个视频的尺寸都稍微调大一点点即可，选中两个视频后，按快捷键 S 即可看到两个视频的【缩放】属性，将该属性从“100”修改为“110”，这样两个视频的尺寸会同时放大到 110%，如图 3.88 所示，放大之后，视频边缘的模糊便会消失了。在调节尺寸时有两方面需要注意，第一是两个视频需要放大到相同的比例，以免造成穿帮，第二是不需要激活缩放前的时间秒表，以免添加不必要的关键帧。

图 3.88　将两个视频的缩放值放大至相同的参数

提 示

如果视频中的人物一开始没有运动或一开始运动速度比较慢，后面的速度越来越快，即可给【定向模糊】效果中的【模糊长度】属性添加关键帧，使模糊的效果从无至有，或者从小至大，这样会使速度效果看起来更加真实。

◎ **知识扩展：方向模糊**

除了After Effects中有模糊效果以外，Premiere中的【方向模糊】也有类似的效果。Premiere中的【方向模糊】位于【效果】—【视频效果】—【模糊与锐化】—【方向模糊】，【方向模糊】效果有两个参数，分别为【方向】和【模糊长度】。方向模糊的效果是为画面中的内容增加有速度感的线条，【方向】的参数可以调节线条的方向，【模糊长度】的参数可以调节线条。

3.7 为人物加上移动的表情包

有时在一些短片中可以看到有文字或者物体跟随人物的运动而运动，例如跟随人物走动而移动的标签、人物手中虚拟的气球、人物摆手时手指附近的装饰物，等等，在After Effects中，可以利用【跟踪运动】制作这样的跟踪效果，让一个物体跟随另外一个物体的运动轨迹进行运动。

在After Effects中运用跟踪效果实际上就是在画面中找一个“点”，将这个点的运动轨迹完整记录下来，再将这个点的运动轨迹赋予其他的物体，其他物体便会获得与这个“点”相同的运动轨迹，即会跟着这个“点”一起运动。在下面的案例中，我们通过这样的思路和方法，制作一个表情包的图片来替换人物的头部效果。

1. 选择跟踪点

导入素材之后找到【跟踪器】面板，【跟踪器】面板一般位于After Effects界面中的右下角，单击【跟踪运动】，如图3.89所示，如【跟踪运动】处的按钮为灰色不能点击，可能是因为没有在【时间轴】内将素材选中。点击【跟踪运动】后，【合成】面板会自动切换到【图层】面板，画面上会出现【跟踪点1】，如图3.90所示。

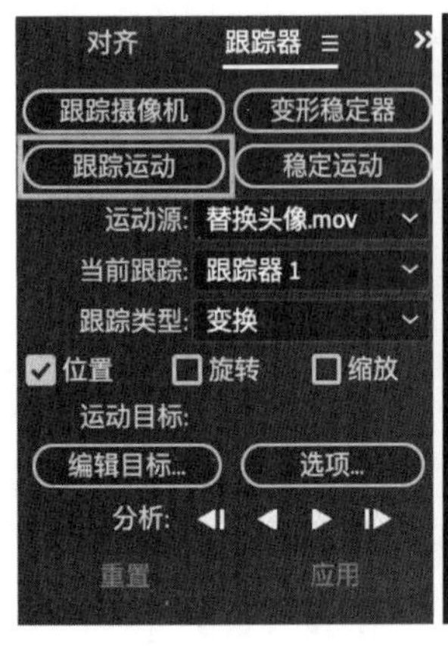

图 3.89 【跟踪器】面板

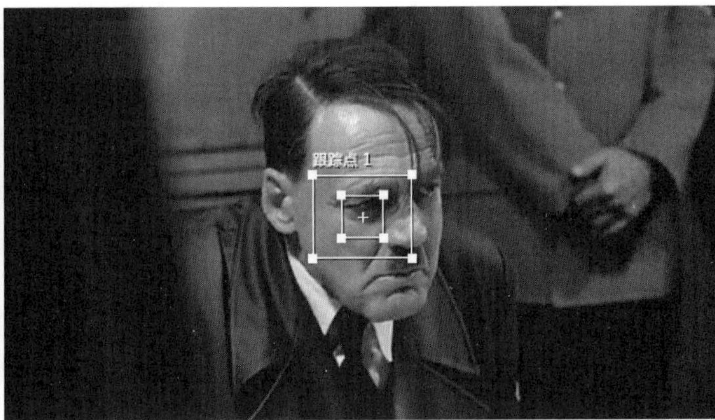

图 3.90 【图层】面板中【跟踪点 1】

【跟踪点 1】的两个小方框由内至外分别为特征区域、搜索区域。内框的特征区域用于定义跟踪的特征范围，一般选择在明度、颜色、形状方面有明显区别的区域作为特征区域，如图 3.91 中，耳朵附近的颜色对比较明显，可以作为特征区域。

外框的搜索区域用于定位帧的跟踪范围，运动较快的视频需要较大的搜索区域，但是一般搜索区域不宜过大，太大的搜索区域会给计算机计算带来负担。用鼠标选中框的四个端点可以分别调节两个框的尺寸，在内框的空白处按下鼠标的时候会出现一个放大镜以方便用户看清放置跟踪点的位置，需要将跟踪点放置在对比度较强的地方。如图 3.92 所示，将【跟踪点 1】放置至耳朵附近，并将其调节至合适尺寸。

图 3.91 耳朵附近颜色对比较明显，可以作为特征区域

图 3.92　将耳朵附近标记为特征区域

2. 记录【跟踪点】的运动轨迹

找好跟踪点后单击【跟踪器】—【分析】—【向前分析】按钮，如图 3.93 所示。单击【向前分析】后，软件便会自动记录该点的运动轨迹，在【图层】面板可以看到跟踪点 1 在跟随主体物进行移动。如果发现跟踪点 1 在跟踪过程中有明显的偏移，则需要重新选取特征区域进行跟踪。跟踪完成后可以在【图层】面板的画面中看到跟踪点 1 被标记了很多关键帧，如图 3.94 所示。接下来要做的就是将这些关键帧附着到其他物体上。

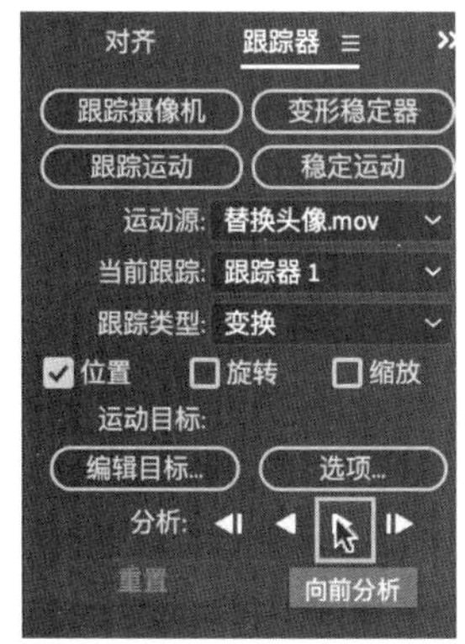

图 3.93　【跟踪器】中向前跟踪按钮　　图 3.94　【跟踪点 1】生成的关键帧

提　示

如果标记跟踪点的那一帧画面不是第一帧，则除了需要向前分析以外还需向后分析。

3. 将关键帧附着至【空对象】

【空对象】是 After Effects 中一种比较特殊的图层，在最后的输出影片中是看不见的，但是可以利用它来控制其他图层的运动轨迹。与其他图层一样，可以为它添加运动关键帧，再让其他图层跟随它进行运动，它像一个总控制器一样可以将复杂的图层运动关系变得简单。在做运动跟踪时，可以将【跟踪点】的运动轨迹附着给【空对象】，后期让【空对象】控制其他层级的运动都跟着主体物一起进行运动。

在【时间轴】的空白处单击鼠标右键选择【新建】—【空对象】，在【时间轴】上会看到多出来一个叫【空 1】即空对象的图层，在【合成】面板中显示为一个红颜色的小框，即【空 1】，如图 3.95 所示。

图 3.95　空对象在【合成】面板中的显示

建立好【空对象】后，重新打开【跟踪器】，点击【运动目标】—【编辑目标】，在弹出的【运动目标】对话框中，将运动应用于：【图层】—【1. 空 1】，单击确定。单击确定后，点击【跟踪器】右下角的【应用】，如图 3.96 所示。

图 3.96　将【跟踪点 1】生成的关键帧应用给【空 1】

点击【应用】后，在【动态跟踪器应用】选项中应用维度选择【X和Y】后确定，这样便将【跟踪点】的运动轨迹应用在了【空对象】上，单击确定后，软件会自动从【图层】面板切换至【合成】面板，拖动时间指针进行预览可以看到红色的【空对象】框在跟主体物一起进行运动。

提 示

在After Effects中，选中图层按键盘上的U键（英文输入法状态下）可以看到该图层上添加的所有关键帧。选择【空对象】图层按键盘快捷键U可以看到应用到【空对象】上的所有关键帧，如图3.97所示。

图3.97 【空1】图层在位置上被应用的关键帧

4. 让【空对象】带领其他图层运动

在将运动的关键帧添加给【空对象】后，可以通过【父子级】关系让其他图层跟随【空对象】进行运动。【父子级】关系是一种从属关系，成为父级的图层做什么运动，成为子级的图层便会无条件跟随做什么运动。比如，两图层建立父子关系后，父级图形移动，作为子级的图形也跟着父级图形的移动而移动；父级图形变大，作为子级的图形也跟着父级图形的变大而变大。建立【父子级】关系的方法为，选中子级图层后一个像小尾巴的【父级关联器】按住不要松开，拖动到父级图层即可。

在该案例中，需要让表情包跟着人物的头部一起运动，因此将表情包的图层与【空1】建立父子级关系，让表情包跟着【空1】一起运动。将表情包调节至合适的大小后，选中表情包图层后一个像小尾巴的【父级关联器】按住不要松开，拖动到【空1】图层即可，如图3.98所示。

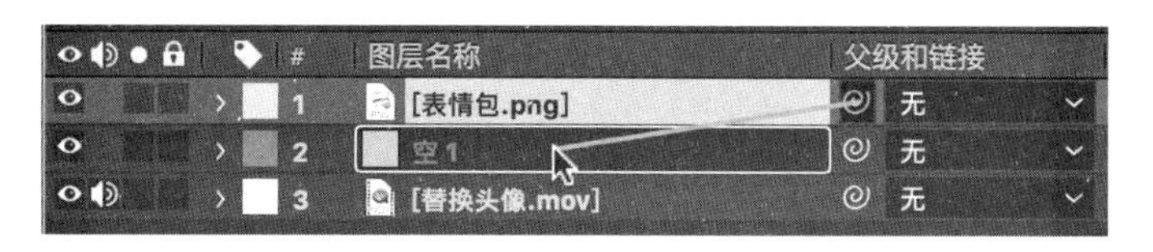

图3.98 为表情包图层与【空1】建立父子级关系

5. 细节调整

完成上述操作后，在【合成】面板预览可以发现表情包会跟着人物的头部一起运动，如图 3.99 所示。但是在跟踪过程中有时会因为跟踪点选择的问题、画面内容出画等原因导致跟踪的路径并没有完全贴合被跟踪的物体，从而产生错位，我们常将其称为“跟丢了”。如果跟踪的过程中有一两帧“跟丢了”，那么表情包的位置与人物的头部会有一两帧的位置偏移，那么需要选中【空 1】图层，找到偏移的位置后更改【空 1】图层的位置，也就是修改了该处【空 1】位置属性关键帧的坐标位置。因为父子级的关系，【空 1】图层的位置修改后，表情包的位置也会随之更改，从而修正偏移的位置。

如果表情包的位置需要一直与人物的头部一起保持相对稳定运动，但是在位置上始终有所偏移的话，可以选中表情包图层调节表情包的位置，注意不需要添加关键帧。调节完成后，表情包便会一直随着头部的移动而移动。

图 3.99　表情包替换头部后的效果

提　示

一个父级图层可以有多个子级图层，每个子级图层可以添加自己单独的运动，添加单独的运动后，子级图层会在完成自己单独的动画的同时，也跟随父级图层一起运动。

3.8　跟镜头一起运动的文本

我们在场景中可以添加一些文字、图片等内容，让其随着摄像机的移动而移动，让这些内容就像本身就在场景中一样。在本案例中，将利用 After Effects 中的 3D 跟踪摄像机功能，将一个标题放置在场景中，并让这个标题与场景完美融合，跟随摄像机一起移动。

1. 跟踪摄像机

为视频添加【跟踪器】—【跟踪摄像机】效果，添加后，在【节目】面板画面中会显示“在后台分析（第 1 步，共 2 步）”，如图 3.100 所示，在【效果控件】中可以看到【3D 摄像机跟踪器】的属性，有显示后台分析的进度和还剩余的时间，如图 3.101 所示。

图 3.100 “在后台分析（第 1 步，共 2 步）”提示

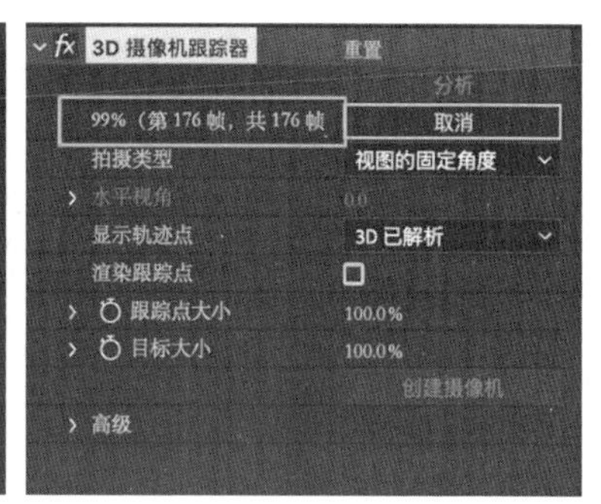

图 3.101 【3D 摄像机跟踪器】的属性

“后台分析”完后，【节目】面板画面中会出现“解析摄像机”的提示，如图 3.102 所示。

图 3.102 “解析摄像机”提示

解析完后画面中会出现很多彩色的跟踪点，如图 3.103 所示，如果跟踪点太小看不清，可以通过【效果控件】—【3D 摄像机跟踪器】—【跟踪点大小】调节跟踪点的尺寸。

图 3.103 彩色的跟踪点

用鼠标拖动时间指针观察跟踪点，会发现有的跟踪点在闪动，而有的跟踪点则一直在画面上，我们需要选择一些一直持续存在的跟踪点，也就是“稳定”的跟踪点，如图 3.104 所示，用鼠标框选“稳定”的跟踪点。

图 3.104　用鼠标框选“稳定”的跟踪点

用鼠标框选“稳定”的跟踪点后，单击鼠标右键后选择【创建文本】，创建文本后，画面中会出现一个文本内容，如图 3.105 所示，这时移动【时间轴】会发现这个文本内容仿佛本身拍摄时就在画面中，会随着摄像机一起晃动。

图 3.105　【创建文本】后会出现一个文本

如图 3.106 所示，在【时间轴】也可以看到这个新创建的【文本】层，除了文本图层以外还有一个【3D 跟踪器摄像机】。

图 3.106　【时间轴】内的图层

2. 调整文字

因为是在 3D 空间，所以可以看到文本图层的旋转分为【X 轴旋转】【Y 轴旋转】

【Z 轴旋转】，如图 3.107 所示，可以将【X 轴旋转】的值调节为 90、【Y 轴旋转】的值调节为 40 左右，使文字“站立”在画面中。

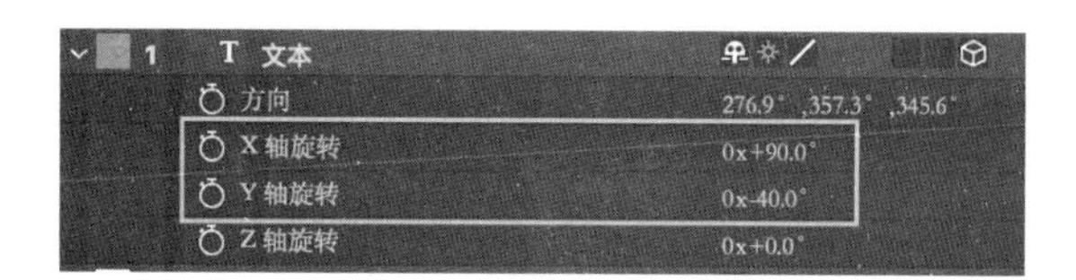

图 3.107　文本的旋转参数

双击【文本】图层的“文本”两个字后，可以看到【节目】面板中的文本底色呈现红色，这时可以对文本内容进行修改，如图 3.108 所示。

图 3.108　调节“站立”的文本内容

3. 调节细节

调节后对视频进行预览，发现画面中的狗狗是直接出现在“文字”后方的，如图 3.109 所示。如果能让狗狗先遮挡住文字，再穿过文字，这样看起来会更加生动一些。制作的思路为：将视频复制一份放置在最顶端，利用【Roto 笔刷】将前面视频中的小狗单独抠出来挡住文字，持续短暂的时间后取消遮挡，让小狗看起来像是跑着穿过了文本一样。

图 3.109　狗狗一开始就出现在“文本”后面

通过快捷键 Ctrl+D（macOS 系统快捷键为 Command+D）对原视频进行复制，将复制得到的视频放置在图层的最顶端，因为是复制的视频，所以该视频也被添加了【跟踪摄像机】效果，通过【效果控件】找到该效果后按 Delete 键进行删除。

如上文所述，删除【跟踪摄像机】效果后，找到【Roto 笔刷】工具对该视频进行抠像，抠像前可以先打开该轨道的【独奏】开关，使画面只显示该图层内容以方便抠像，如图 3.110 所示。抠像时，只需要处理在视频的 2 秒 15 帧至 3 秒 06 帧之间小狗刚刚遇到字的一小段内容即可。抠像完成后关闭【独奏】，所有图层都显示时可以看到小狗对文字有遮挡，如图 3.111 所示，这段时间过后小狗就又回到了文字背后。具体抠像方法可以参考 3.5 章节“置换人物周围的背景”中的 3.5.2 小节“复杂背景抠像”。

图 3.110　仅看的抠像图层

图 3.111　将所有图层都显示时可以看到小狗对文字有遮挡

视频的最后可以为文本在【不透明度】属性上添加关键帧，使其慢慢消失。在其他案例中也可以根据画面需求使文本随着摄像机的移动离开画面。

◎ **知识扩展：跟踪摄像机**

【跟踪摄像机】效果为通过画面中的人物的移动、缩放、旋转等参数求得摄像机的运动轨迹，再按照这个轨迹新建一个模拟原摄像机的摄像机，使其他物体也在这个模拟摄像机下运动，因此添加的物体和文字看起来像本身就在画面中一样。因为在 After Effects 中摄像机只适用于 3D 图层中，所以该效果内的内容都为 3D 图层。该效果常用于在场景中添加文字说明、添加广告牌等效果。

3.9 别让多余的内容影响你的画面

在拍摄时由于构图或外部条件的原因，会将一些不需要的内容也拍摄进来，例如：马路边的电线杆、镜头里的路人、墙上的广告、衣服上的污渍，等等，这些内容可能会影响整个画面的美观。After Effects 中的【容识别填充】非常强大，能够通过简单的步骤将画面内多余的内容去掉。在这个案例中，我们将利用【容识别填充】功能删除海岸边行走的人，得到一个空无一人的海边。

1. 绘制路径

在【时间轴】上选中海边的视频后利用【钢笔工具】绘制一个蒙版，如图 3.112 所示，将需要删除的内容框起来。注意，绘制蒙版前一定要先选中【时间轴】上的视频，选中后绘制的为蒙版，如没有选中，绘制出来的为形状。

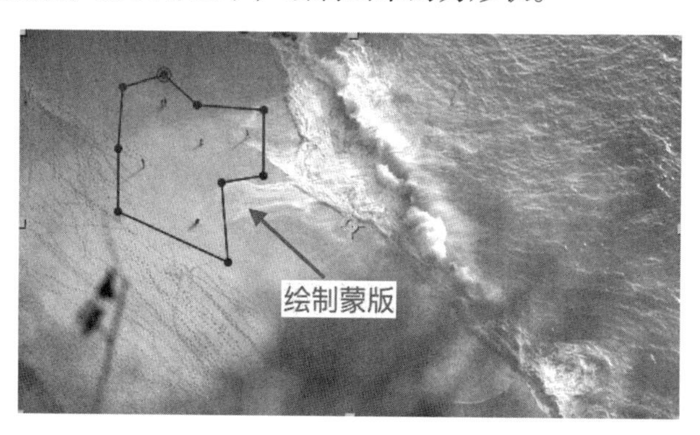

图 3.112 绘制蒙版

蒙版绘制完成后，展开【时间轴】的【蒙版】参数，可以看到【蒙版 1】右边有参数为【相加】，这是【蒙版】的默认参数，我们将其调节为【相减】，如图 3.113 所示。

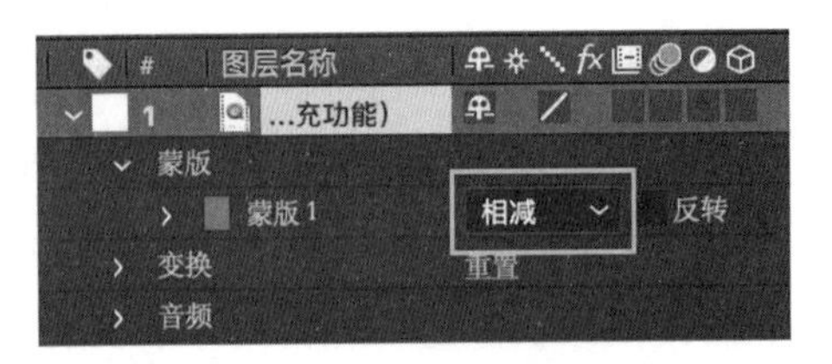

图 3.113　将【蒙版 1】的属性调节为【相减】

2. 内容识别填充

选择【窗口】—【内容识别填充】，打开【内容识别填充】窗口。可以在【内容识别填充】—【填充目标】中看到绘制的【蒙版 1】，如图 3.114 所示。

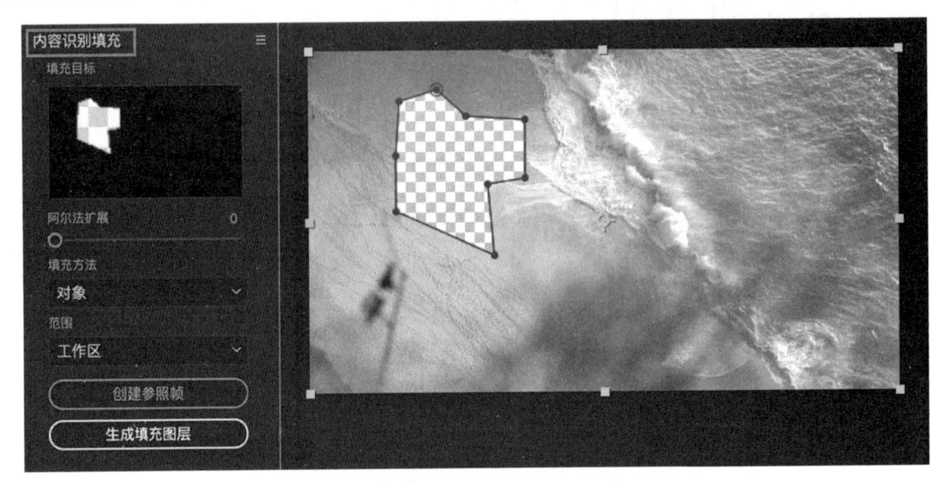

图 3.114　【内容识别填充】窗口和【合成】面板中的【蒙版 1】

如图 3.115 所示，点击【生成填充图层】，软件会生成一个用于替换目标的图像序列，生成的图像序列会放置在原视频图层的上方，如图 3.116 所示，填补【蒙版 1】的空白区域。同时，软件还会生成一个 After Effects 的文件，文件内为生成的图像序列。

图 3.115　【生成填充图层】

图 3.116　新生成的图像序列会放置在原视频图层的上方

从图 3.117 中可以看出，绘制蒙版的区域内的内容已经被新生成的图像序列填补，海岸边有人物的部分已经被替换成了空无一人的海岸了。

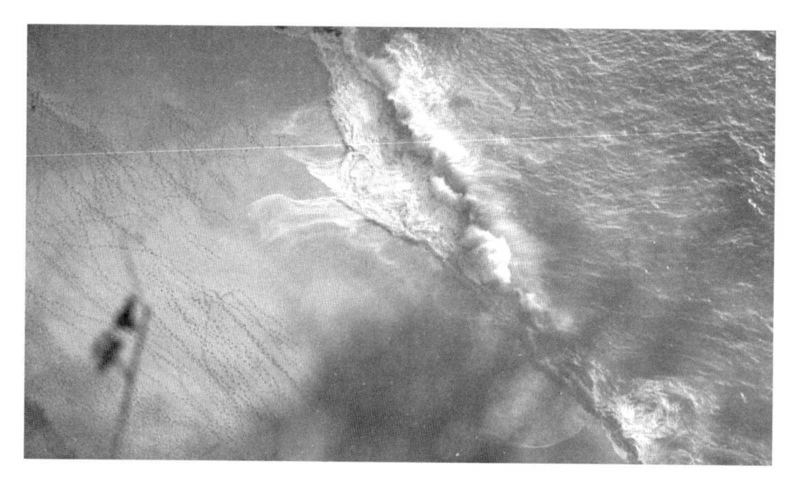

图 3.117　最终效果

◎ **知识扩展：内容识别填充**

在【内容识别填充】—【填充方法】中有三个选项，分别为：【对象】【表面】【边缘混合】，每一种【填充方法】都运用于不同的场景中。【对象】常用于将对象从素材中移除，通常选取的对象是画面中移动的对象，比如马路上的车、路边的电线杆，等等。【表面】用于替换对象的表面，主要用于画面中静态和平坦的表面，比如建筑物上的标志及墙上的涂鸦等。【边缘混合】应用于对抠掉的对象边缘像素进行混合，一般用于替换缺少纹理的、表面静态的对象，例如纸张上的文字等。

3.10　多变的显示屏

视频里会出现各种各样的显示屏、展牌等，拍摄时经常先将其用绿屏或空白代替，后期再进行处理。这类显示屏或展牌在处理时分为两种：一类是静止的，例如在制作新闻类视频时，在画面中放置一个小屏幕来对主持人所讲的内容进行补充，这类屏幕往往是静止不动的；另一类是移动的，可能是镜头移动，可能是显示屏本身移动，例如在很多影视剧中的广告展示牌、电视屏幕、手机屏幕、电脑屏幕等电子设备的屏幕。以下将分别介绍在这两种不同情况下替换屏幕中的内容的方法。

3.10.1 静止类屏幕的处理方法

对于静止类屏幕的处理非常简单，只需要将需要填充的视频或图片放置在背景上方的视频轨道中，利用 Premiere 中的【边角定位】功能将视频调整至需要的角度，对补充显示屏的画面内容进行遮盖。

1. 添加【边角定位】效果

将需要调节的视频放置在时间轴为其添加【边角定位】效果，如图 3.118 所示，【边角定位】效果位于：【效果面板】—【视频效果】—【扭曲】—【边角定位】。

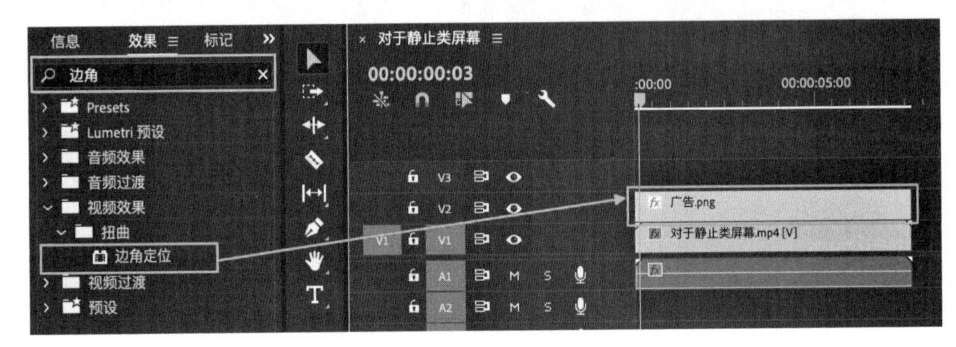

图 3.118 【边角定位】效果

2. 调节【边角定位】效果

添加完效果后，在【效果控件】面板找到【边角定位】的效果，用鼠标左键单击一下【边角定位】这四个字，【节目】面板内的视频的四个角会出现四个【瞄准器】的图案，如图 3.119 所示，这时用鼠标去选中【瞄准器】进行移动，即可将视频形状调节至需要的屏幕画面中，如图 3.120 所示。

图 3.119 视频的四个角会出现【瞄准器】

图 3.120　调节【瞄准器】的位置

3.10.2 移动类屏幕的处理方法

移动类的屏幕分为两种：一种是屏幕始终在画面之内；另外一种是屏幕会因为自己的移动或镜头的移动而导致屏幕移出镜头画面。

1. 四点跟踪

如需要被替换内容的屏幕始终在镜头画面之内，可以选择 After Effects 的【跟踪器】中的【跟踪运动】对视频进行特效处理。

导入视频中含有需要被替换内容屏幕的【视频素材 1】，在【时间轴】选中【视频素材 1】，单击【跟踪器】面板中的【跟踪运动】工具，如图 3.121 所示。

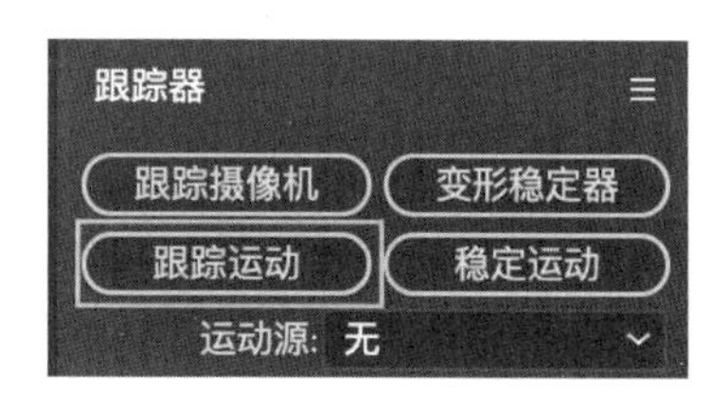

图 3.121　【跟踪器】面板中【跟踪运动】工具

单击之后【合成】面板会自动切换到【图层】面板，【图层】面板上有一个【跟踪点】。将【跟踪器】中的【跟踪类型】更改为【透视边角定位】，如图 3.122 所示。

图 3.122　将【跟踪类型】更改为【透视边角定位】

这时【图层】面板的视图中会出现四个跟踪点，如图 3.123 所示，将每个跟踪点的特征区域和搜索区域稍微调大一些，以方便进行移动，用鼠标选中每个跟踪点依次放置在需要替换内容的屏幕的四个角上，注意图 3.123 中的箭头所标示的为每个跟踪点放置的位置，一定要按照这样的方式依次摆放跟踪点。

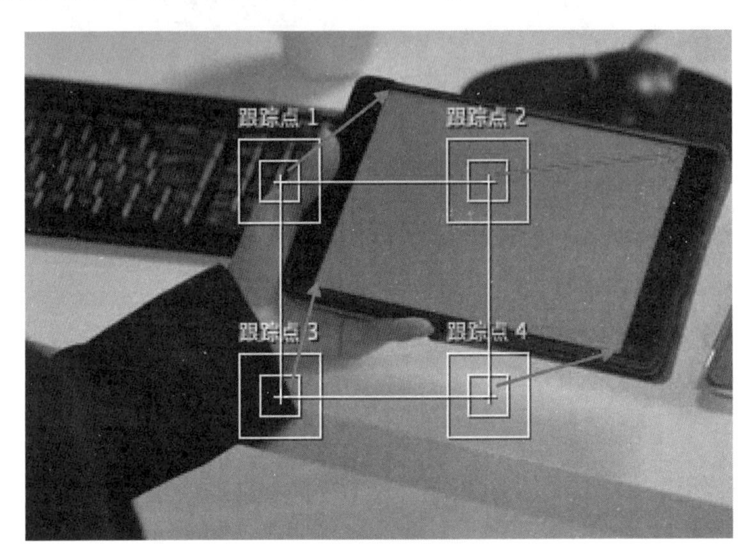

图 3.123　【透视边角定位】的四个跟踪点

如图 3.124 所示，需要将终点中间的十字与屏幕的四个角进行对齐。

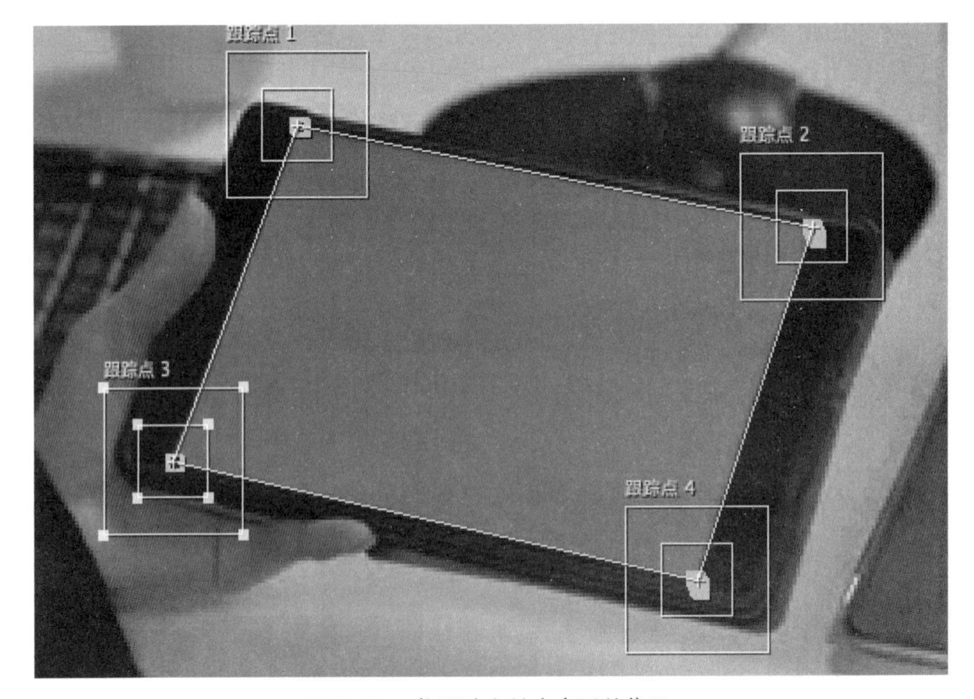

图 3.124　将跟踪点放在合适的位置

依次摆放好四个角后，单击【分析】中的【向前分析】按钮，如图 3.125 所示。

图 3.125　【向前分析】按钮

如果标记跟踪点的那一帧画面不是第一帧则还需向后分析。分析完所有的关键帧后，将需要替换的内容拖进【时间轴】，放置在【视频素材 1】的上方，如图 3.126 所示。

图 3.126　将需要替换的内容放置在素材上方

如图 3.127 所示，在【跟踪器】的【编辑目标】中选中该视频，单击右下角的【应用】即可，如图 3.128 所示。跟踪完成后，屏幕中的内容不仅会被替换，还会随着屏幕的移动跟着一起移动。

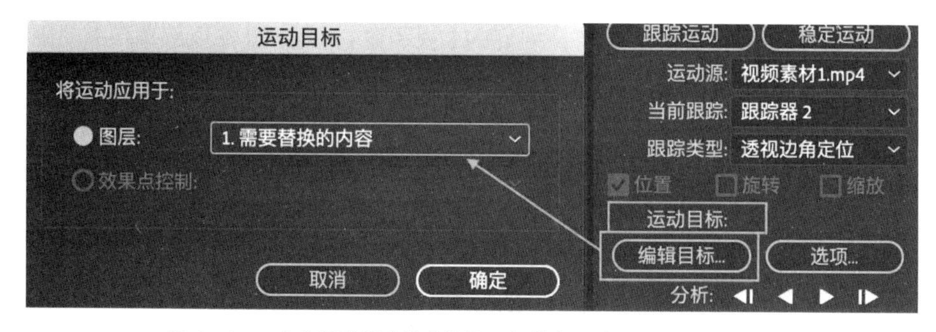

图 3.127　在【跟踪器】的【编辑目标】中选中需要替换的内容

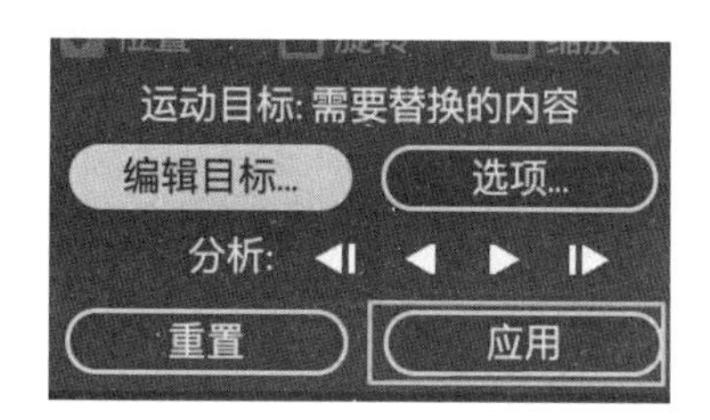

图 3.128　点击【应用】即可完成跟踪效果

提 示 1

在将每个【跟踪点】放置在需要替换内容的屏幕的四个角上时，需要注意每个【跟踪点】与四个角的对应关系，相同方向的跟踪点需要对应相同方向的角，例如左上方的跟踪点需要对齐屏幕左上方的角，若摆放位置出现问题则会影响最后的跟踪效果。

提 示 2

如被替换的屏幕为绿色，制作完之后还有绿边，可以为视频 1 添加【效果和预设】—【抠像】—【Advanced Spill Suppressor】（在有些 After Effects 版本中叫作【高级溢出抑制器】）效果，添加该效果后画面中的绿色的饱和度会降低，这样就不会绿色的边缘了。

2. Mocha 跟踪

因为 After Effects 的跟踪器无法对其出画的镜头进行跟踪，所以如果将被替换内容的屏幕移出镜头之外，就会导致跟踪失败。这时，需要用到另外一种跟踪的工具，叫作 Mocha。Mocha 是一款非常强大的跟踪软件，After Effects 中内置了 Mocha 插件，虽然 After Effects 中内置的 Mocha 插件舍弃了一些功能，但是也能实现很多效果。接下来介绍如何利用 Mocha 对镜头中的屏幕进行跟踪和替换。

在【时间轴】中选中需要被替换内容的【视频素材 2】，点击顶部菜单【动画】—【Track in Boris FX Mocha】（在有些 After Effects 版本中叫作【在 Mocha AE 中跟踪】）。点击之后可以在【效果控件】中看到添加的【Mocha AE】效果，单击该图标会弹出 Mocha 插件，如图 3.129 所示。

图 3.129 【效果控件】中的【Mocha AE】效果

如有注册界面可单击【Register Later】（稍后注册），进入【New Project】界面后直接选择默认选项即可。在 Mocha 界面中，键盘按住 Z 后前后推拉鼠标可以改变视图的大小，按住鼠标的中键可以对画面进行平移。在中间的画面中可以看到导入的素材，在上方菜单中选中【Workspace：Essential】（基本）将其更改为【Classic】（经典），如图 3.130 所示。

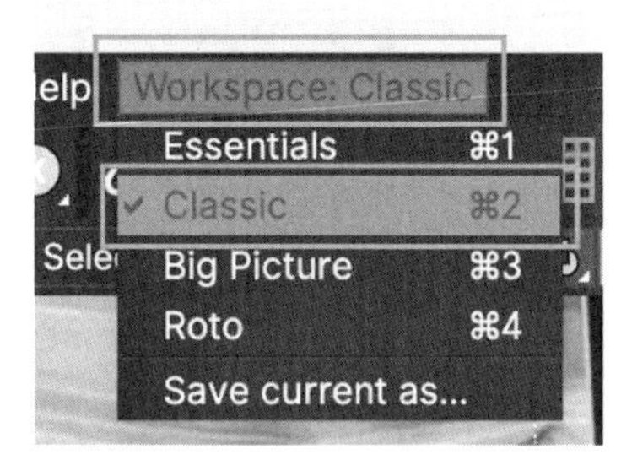

图 3.130　将工作环境调节为经典模式

利用上方工具栏中右上角的【Create X-Spline Layer Tool】（有 x 的钢笔工具），如图 3.131 所示，将需要替换内容的屏幕的边缘勾勒出来，绘制时单击每个角，最后首尾闭合即可，如图 3.132 所示。

图 3.131　【Create X-Spline Layer Tool】工具

图 3.132　将需要替换内容的屏幕的边缘勾勒出来

绘制完后拉动每个角上的蓝颜色的控制杆，将圆角拉成直角，如图 3.133 所示。

图 3.133　将圆角拉成直角

将边缘描绘完之后单击上方工具栏中的【Show planar surface】工具，如图 3.134 所示。

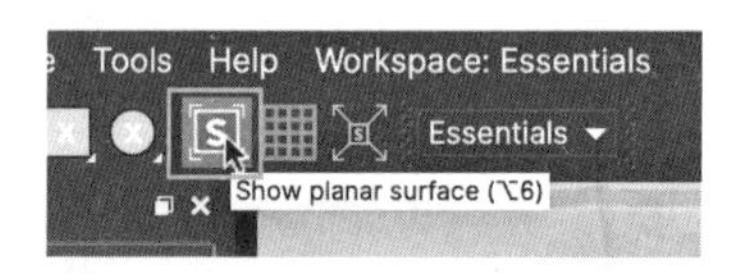

图 3.134　【show planar surface】工具

单击之后屏幕上会出现一个蓝色的框，用鼠标移动框的四个顶点，让每个点分别与屏幕的四个角对齐，如图 3.135 所示。

图 3.135　左边为调节顶点前，右边为调节顶点后

对齐之后找到下方的【Motion】窗口，将【Perspective】（透视）前的小叉选中，如图 3.136 所示。

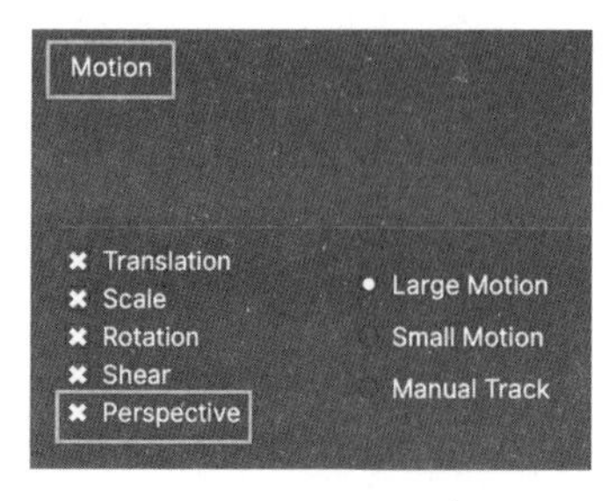

图 3.136　Motion 窗口

勾选【Perspective】（透视）后，单击【Track】中的【Track Forward】（向前跟踪），如图 3.137 所示，如果标记跟踪点的那一帧画面不是第一帧则还需要选择【Track Backward】（向后跟踪）。在跟踪的过程中可以观察之前绘制的两个框是否一直是跟着屏幕的四个角进行运动的，如没有跟随可以暂停，并进行调节。

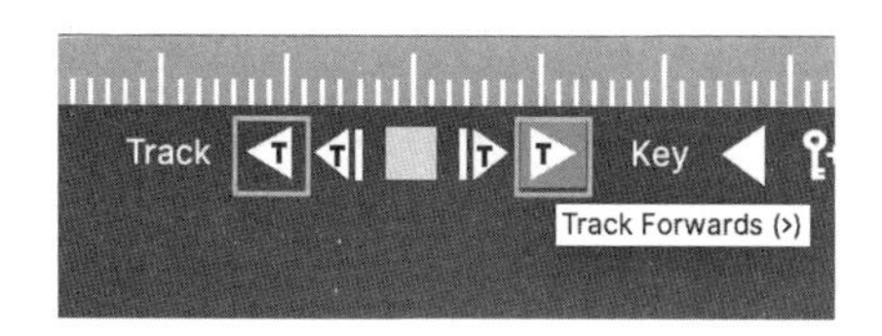

图 3.137　【Track Forward】（右）与【Track Backward】（左）

从图 3.138 中可以看出，通过这种方式完成跟踪后即便是已经到画面外面的部分也可以跟踪得非常好。

图 3.138　选择范围的跟踪效果

跟踪完成后，我们可以将 Mocha 插件关闭或最小化。重新看回【效果控件】面板中的【Mocha AE】插件参数，单击【Tracking data】下方的【Create Track Data】（创建跟踪数据），如图 3.139 所示。

图 3.139　【Create Track Data】（创建跟踪数据）

创建跟踪数据后，可以将跟踪的数据按照要求导出，再赋予其他内容，在【Export Option】（导出选项）中选择【Corner Pin（Support Motion Blur）】（边角定位含运动模糊)，在【Layer Export To】(层导出至)后面选择需要替换的视频素材的名称(在选择前先将需要替换的视频素材导入 After Effects 并将其放置在【时间轴】中【视频素材 2】的上方)。选择好后单击【Apply Export】(应用并导出)，如图 3.140 所示。

图 3.140　调节【Tracking data】中相关参数

应用后，在【Layer Export To】后选择的视频便会替换至之前框选的屏幕画面中，并且会随着视频一起进行移动，即便屏幕移出摄像范围也不会影响跟踪效果，如图 3.141 所示。如果操作完之后发现视频并没有替换原屏幕中的内容，可以重新打开 Mocha 插件进行检查。

图 3.141　屏幕替换过内容的画面

提 示 1

在 After Effects cc2019 之前的版本中，需要在 Mocha 中导出跟踪的数据再粘贴给替换的视频，具体操作步骤如下：在【Export Data】窗口选择【Export Tracking Data】，在弹出的【Export Tracking data】窗口中，【Format】选择【After Effects Corner Pin】(Support Motion Blur)，单击【Copy to Clipboard】，将边角位置复制到剪切板。单击【Copy to Clipboard】之后可以将 Mocha 插件最小化，将准备替换的内容拖动至【时间轴】，并放在视频 2 的上方，选中该视频按 Ctrl+V 键（macOS 系统快捷键为 Command+V），可以将刚刚复制的跟踪路径粘贴给该视频，粘贴之后，便可看到它已经替换了原屏幕中的内容。

提 示 2

替换的视频的尺寸需要与被替换内容屏幕的视频素材2的尺寸完全一致，否则跟踪后视频尺寸会出现问题。

提 示 3

在【Motion】窗口中，将【Perspective】（透视）前的叉号图标选上是将【Perspective】（透视）也选取的意思，英文表格中常用叉号图标代表选中。

3.11 运动时的彩色分离

在制作一些含有人物运动的短视频时，可以通过Premiere的【颜色平衡（RGB）】特效制作色彩分离效果，为人物添加彩色重影以增加人物的活力与动感。

1. 添加【颜色平衡（RGB）】效果

导入视频素材，并将其放置在【时间轴】上，为其添加效果【颜色平衡（RGB）】，【颜色平衡（RGB）】位于【效果】面板—【视频效果】—【图像控制】—【颜色平衡（RGB）】，如图3.142所示。

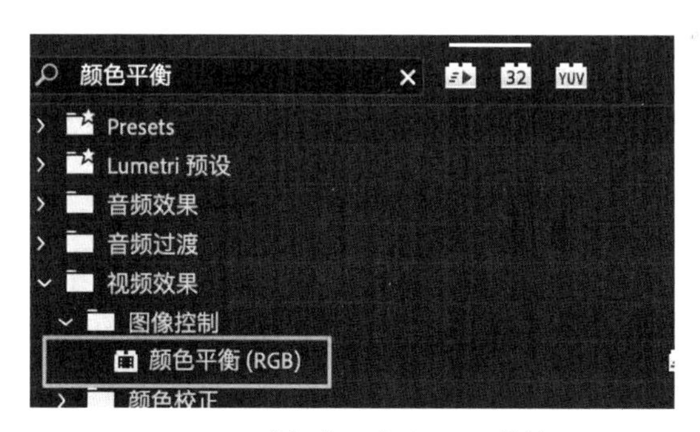

图3.142 【颜色平衡（RGB）】效果

2. 属性参数介绍

添加效果之后可以在【效果控件】面板看见【颜色平衡（RGB）】的相关属性，下面有【红色】【绿色】【蓝色】三个属性，如图3.143所示。红色、绿色、蓝色分别代表着该视频在RGB色彩模式下的三个色彩通道，通过调节每个通道的颜色可以改变画面的色彩倾向。

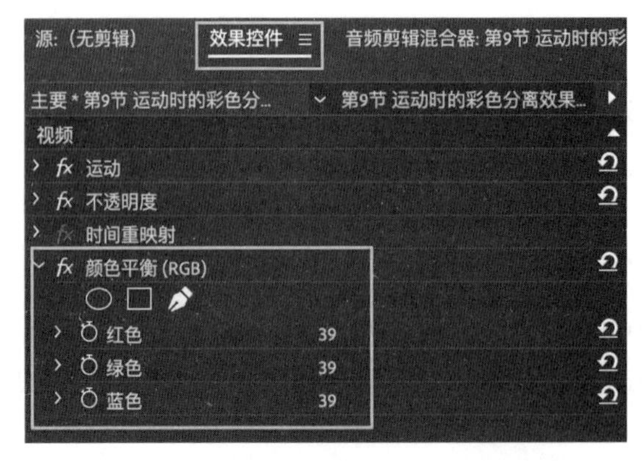

图 3.143　【颜色平衡（RGB）】的效果参数

3. 效果调节

将 V1 上的原素材复制两份至 V2、V3 轨道上（选中 V1 上的素材，按住键盘上的 Alt 键用鼠标向 V2 上推动，视频即可复制一份至 V2，同样的操作可以再复制一份至 V3 轨道），如图 3.144 所示。

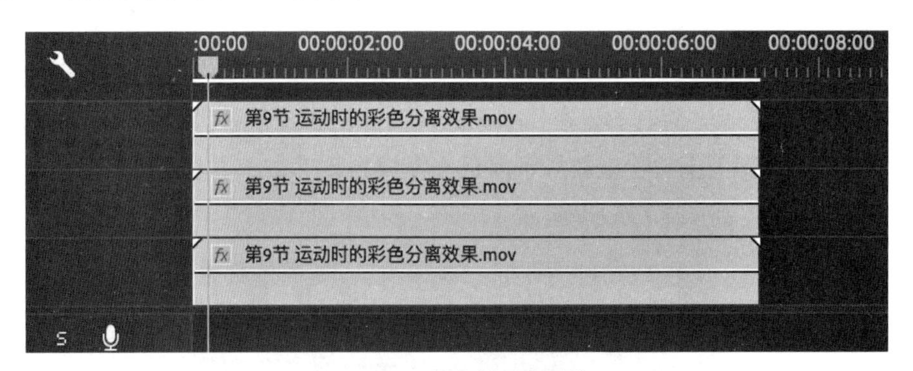

图 3.144　将素材复制两份

复制完成后，V1、V2、V3 上有三份都添加了【颜色平衡（RGB）】效果的相同素材，接下来分别调节每个视频素材的【颜色平衡（RGB）】参数。将 V3 上的视频调节为【红色】100、【绿色】0、【蓝色】0；将 V2 上的视频调节为【红色】0、【绿色】100、【蓝色】0；将 V1 上的视频调节为【红色】0、【绿色】0、【蓝色】100，这样每个视频仅含有 RGB 其中一个色彩的通道。

由于轨道之间有遮挡，V3 上的视频只含有红色通道，因此目前【节目】面板中的画面看起来是红色的。通过更改图层混合模式可以让三段视频更好地融合在一起，找到【不透明度】下面的【混合模式】，将 V2、V3 轨道上视频的【混合模式】调节为【滤色】，如图 3.145 所示，调节过后会发现【节目】面板中的画面与之前没有调节【颜色平衡（RGB）】时显示一样。

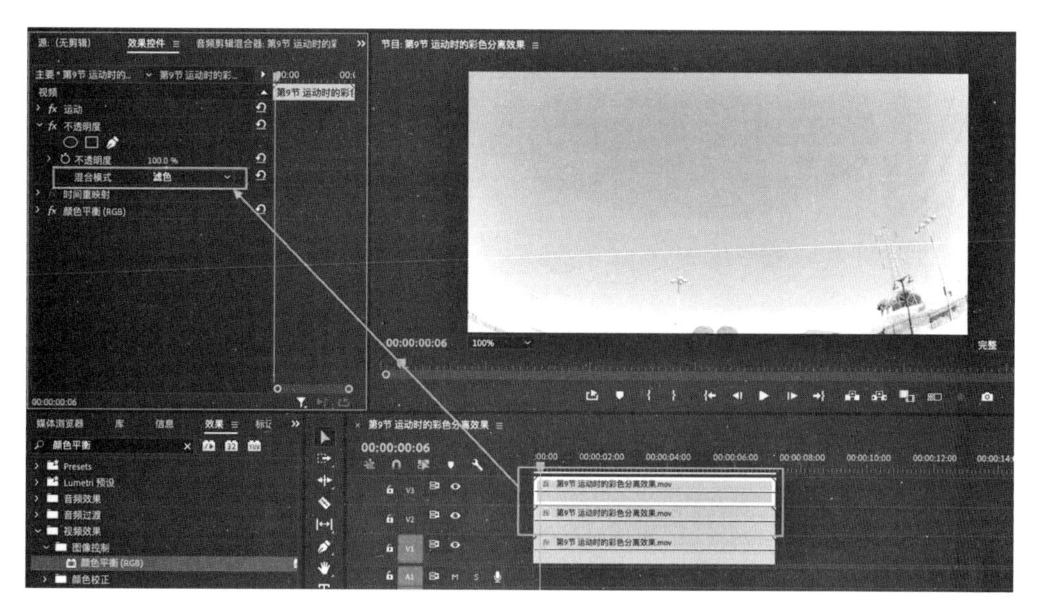

图 3.145　将 V2、V3 轨道上视频的混合模式调节为【滤色】

将 V2 上的视频向左稍做移动，V3 上的视频向右稍做移动，即可看到明显的色彩分离效果。调节视频的位置有两种方法，一种是利用【效果控件】—【运动】—【位置】进行调节；另一种方法为双击【节目】面板中的画面，如图 3.146 所示，当画面边缘出现锚点与控制线之后可以用键盘的左右键来移动位置，但是要注意视频的层级关系，用这种方法只能调节在【节目】面板中看到的画面，一般为【时间轴】中最顶端的视频。

图 3.146　双击画面后可以调节位置

这时画面中因为每个轨道上的颜色的位置错位了，所以可以看到有颜色分离的效果，如图 3.147 所示。

图 3.147　颜色分离的效果

从图 3.147 中也可以看到左右两边会有绿色和红色的边缘，是因为视频在进行移动之后左右各缺了一部分，如想填补起来，可以将 V1、V2、V3 上的视频的缩放属性均调节至 105 左右，这样就不会缺失边缘了。

4. 调节动效

通过上述的调节获得了色彩分离的效果，但是这个效果持续了整个视频的长度，如果只需中间一段内容有这样的效果，可以给 V2、V3 上的视频在缩放和移动上设置关键帧。

因为前面调节过位置，所以制作动效之前先通过【位置】中的【重置参数】将 V2、V3 上的视频位置恢复至原处，如图 3.148 所示。

图 3.148　【重置参数】按钮

选中 V3 上的视频，找到 2 秒 5 帧处的人物即将出现的时刻，在【位置】属性上添加一个关键帧，值为【640.0 360.0】。将时间指针移动到 2 秒 25 帧，将【位置】属性调节为【620.0 360.0】，添加第二个关键帧。将时间指针移动到 4 秒 05 帧，点击【添加 / 移出关键帧】可以复制上一个关键帧，如图 3.149 所示，单击之后可以添加一个与前一个关键帧相同的关键帧，值为【620.0 360.0】，让画面在 2 秒 25 帧至 4 秒 05 帧这段时间一直保持在【620.0 360.0】这个位置。

图 3.149 点击【添加 / 移出关键帧】复制上一个关键帧

如图 3.150 所示，将时间指针移动到 4 秒 25 帧，将【位置】属性值改为【640.0 360.0】，添加第四个关键帧。

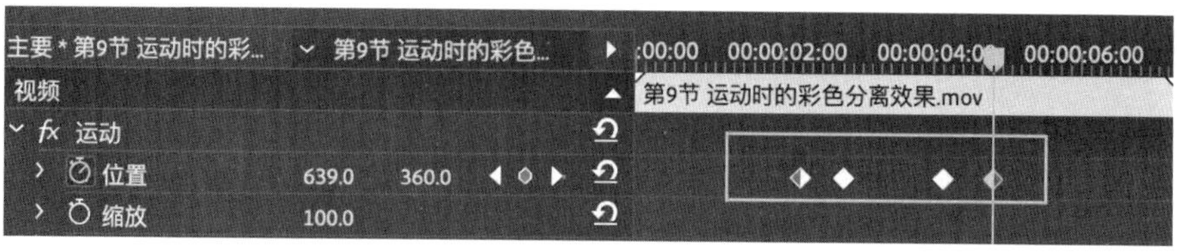

图 3.150 为 V3 上的视频添加以上四个关键帧

选中 V2 上的视频，用上述的方法给 V3 轨道上的视频添加关键帧的时间点，再分别为 V2 轨道上的视频添加四个关键帧，即在【位置】属性中，分别在 2 秒 5 帧、2 秒 25 帧、4 秒 05 帧、4 秒 25 帧处添加四个关键帧为【640.0 360.0】【660.0 360.0】【660.0 360.0】【640.0 360.0】。

调节完后，视频会在一开始没有色彩分离效果，人物运动至画面中间时才会出现色彩分离效果，如图 3.151 所示。在 2 秒 5 帧至 2 秒 25 帧处，色彩分离效果会慢慢出现，保持至 4 秒 05 帧处，该效果会慢慢消失，在 4 秒 25 帧处会完全消失。另外，可以通过在【缩放】属性上设置关键帧和调节关键帧的数量来制作画面抖动的效果。

图 3.151 人物在运动时出现色彩分离效果

提 示

除了上述通过调节视频位置产生色彩分离效果的方法以外，通过调整三个通道的视频分别出现的时间也同样可以制作彩色分离的效果，将三段视频的色彩平衡参数和图层混合模式调节完成后，再将三段视频出现的时间进行调节，使每两段视频之间相差2—3帧左右，即可通过时间差来制作色彩偏移效果。

3.12 制作做旧回忆风格的视频

一些老电影看起来会有古老、富有年代韵味的感觉，这种效果通过视频剪辑软件即可轻松做到。在制作一些家庭相册、校园生活、回忆类视频时可以为视频添加一些颜色处理、暗角处理、老电影的划痕来达到一些做旧效果，使画面具有年代感、做旧效果，为影片带来不一样的感觉。

1. 颜色处理

利用视频剪辑软件对画面整体颜色的处理有很多种方式，在这一章节的案例中主要介绍如何利用 Premiere 的【图层混合模式】来改变画面的色彩。选择【文件】—【新建】—【旧版标题】，为新建的文件取名为“回忆颜色”，如图 3.152 所示。

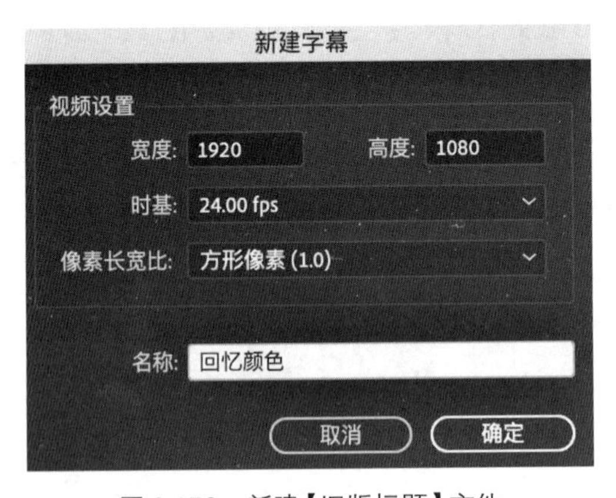

图 3.152 新建【旧版标题】文件

在【旧版标题】窗口左边的工具栏中选择【矩形工具】，利用【矩形工具】绘制一个矩形将画面完全遮盖住，如图 3.153 所示。

图 3.153　绘制矩形

绘制好矩形之后下一步便是更改它的颜色，选中矩形后将右边【旧版标题属性】面板中的【填充类型】由【实底】更改为【四色渐变】。更改为【四色渐变】后会出现一个色框，色框四周有四个小方块，双击每个小方块可改变其颜色，中间的色框是四种颜色的渐变色。回忆类的视频一般会使用暖色调的画面，可以将四个小方块的颜色调节为饱和度较低的黄色或咖啡色，如图 3.154 所示，每种颜色的区别不宜过大，以免画面看起来会【花】。调节完后可以关掉旧版标题窗口，如后续对颜色不满意还可以重新进行调节。

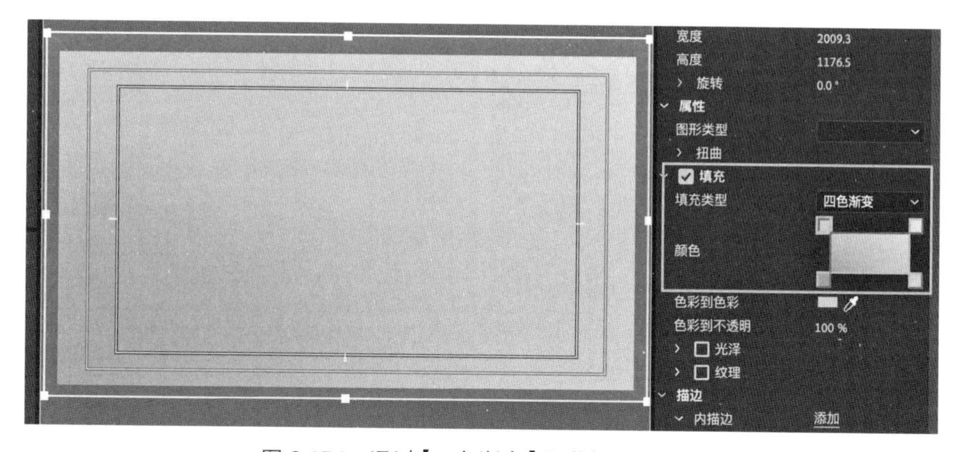

图 3.154　通过【四色渐变】调节矩形的颜色

在【项目】面板中可以看到“回忆颜色”的文本素材，将其放置在需要处理的视频所处的轨道之上，例如需要处理的视频在 V1 轨道，则将“回忆颜色”素材放置在 V2 轨道，如图 3.155 所示。放置之后，“回忆颜色”素材的颜色会遮挡 V1 轨道上的内容。

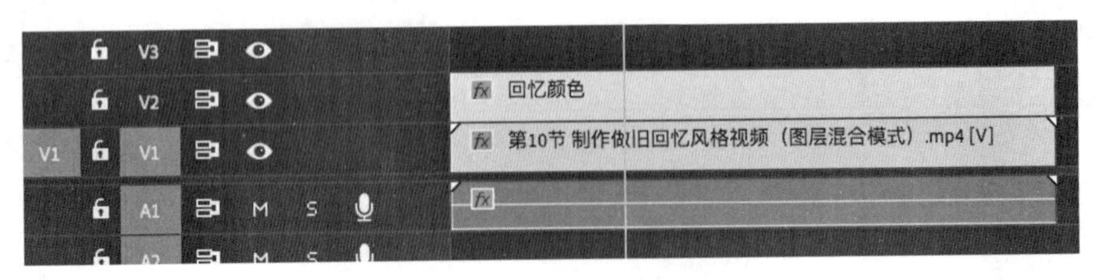

图 3.155　将视频放置在合适的轨道

在【时间轴】选中“回忆颜色”素材后找到【效果控件】面板，通过在【效果控件】面板中改变【不透明属性】中的【混合模式】，从而改变两个图层之间的色彩叠加方式。在本案例中，可以尝试将其更改为【叠加】或【柔光】，如图 3.156 所示。

图 3.156　将【混合模式】更改为【叠加】或【柔光】

经过这样的处理后，视频的色调会变成偏暖的黄色，由于添加的颜色不是单一的黄色而是有渐变变化的，所以效果会比较自然，不会非常呆板。通过图 3.157 可以看到添加效果前与添加效果后的区别。如对色彩效果不满意可以继续调节该视频的【不透明度】的值、【四色渐变】中所设置的颜色。

图 3.157　左边为原视频，右边为处理后的视频效果

2. 暗角处理

部分胶片相机拍摄的画面四角有变暗的现象，俗称【暗角】。在视频中模拟这种暗角效果可以为视频制造一种胶片复古的风格。在【项目】面板的空白处单击鼠标右键新建一个【黑场视频】，建好之后将其拖动至最上方的轨道，如图 3.158 所示。

图 3.158　将【黑场视频】放置在最上方的轨道

【黑场视频】是一个纯黑的视频，选中【黑场视频】，并在【效果控件】面板的【不透明度】属性中为其添加一个椭圆的蒙版，拖动蒙版的四个点使椭圆的蒙版与屏幕上下左右的边缘相交，绘制好蒙版的形状后选择【已反转】，制作好的效果如图3.159所示。

图 3.159　为【黑场视频】添加蒙版

在图3.159中可以看出，虽然有了黑色的四个角，但是看起来仍非常生硬，接下来可以通过调节【蒙版】的【羽化值】和【不透明度】让边缘变得更加柔和自然，建议将【羽化值】调为240左右，【不透明度值】调为40左右，调整后的效果如图3.160所示。

图 3.160　调节蒙版参数后的效果

3. 老电影的划痕

通过网络可以找到一些模仿老电影胶片划痕的视频素材，将其放置在最上面的轨道，可以制作出老电影的划痕效果。如果是含有透明通道的视频素材，那么直接使用即可，如果是不含有透明通道的视频素材，则需要调节图层的【混合模式】。

在该案例中，选择使用一个不含有透明通道的老电影胶片划痕素材，在【效果控件】面板中将它【不透明属性】中的【混合模式】调节为【变暗】即可获得老电影的胶片划痕效果，可以增加影片的复古感觉，如图 3.161 所示。

图 3.161　老电影胶片划痕效果

◎ 知识扩展：图层混合模式

图层混合模式决定了上下两个视频轨道中的视频以何种模式进行图像混合，使用图层混合模式可以得到很多不同的效果。混合模式菜单中的横线可以大致分为六个大类。第一类为常规类，即利用上层图层的不透明度和填充来控制下层图像的显示；第二类为变暗类，这类混合模式会滤除图像中较亮的信息，使整体画面会变暗，常用的为【变暗】和【正片叠底】；第三类为变亮类，这类混合模式与变暗类相反，它会滤除图像中较暗的信息，使整体画面会变亮，常用的为【变亮】和【滤色】；第四类为对比类，这类混合模式会让亮的地方更亮，暗的地方更暗，因此能增加对比，常用的为【叠加】和【柔光】；第五类为差值类，即对两个图像进行减法类运算，这类混合模式运用较少；第六类为色彩类，即选取上方画面的色相、饱和度、颜色、明度与下方画面进行混合。每种混合模式得到的效果都不一样，对于每种效果的内容不用死记硬背，了解大致的分类与区别之后可以在实践中多进行尝试。

3.13 叠影重重

有时我们为了烘托影片氛围或是表达影片人物精神慵懒涣散的情绪，会为人物制作一些重影效果。以下案例将通过 Premiere 中的抽帧功能来制作此效果。

将素材导入 V1 视频轨道，将 V1 上的原素材复制一份至 V2 轨道（选中 V1 上的素材，按住键盘上的 Alt 键用鼠标向 V2 上推动，视频即可复制一份至 V2）。为 V2 轨道上的视频添加【色调分离时间】效果，该效果位于【效果】面板—【视频效果】—【时间】—【色调分离时间】（在有些版本中叫作【抽帧时间】），如图 3.162 所示。

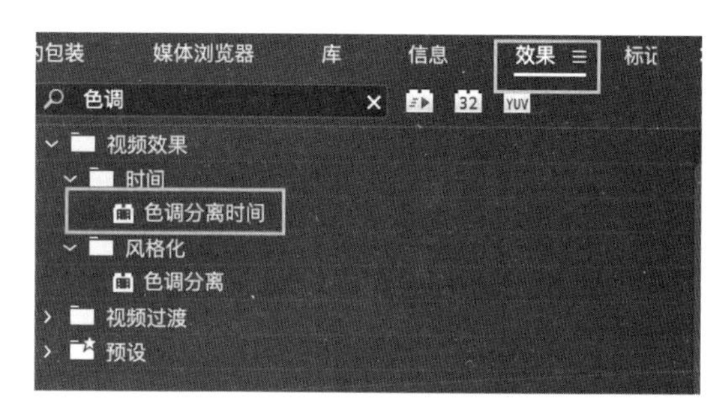

图 3.162 【色调分离时间】效果

抽帧即在每秒 25 帧中，每隔一段时间抽掉一些帧数，用被抽帧的前一帧来重复代替这些被抽掉的帧数。用手动的方式进行抽帧是非常麻烦的，在【抽帧时间】效果中可以直接方便快捷地输入需要的帧速率以实现效果，如图 3.163 所示。在【抽帧时间】属性中输入 6，即每秒 6 帧，当输入的帧速率低于每秒 25 帧时，人眼会感受到帧与帧之间的停顿，也可以感受到视频画面在添加效果前后的差异。

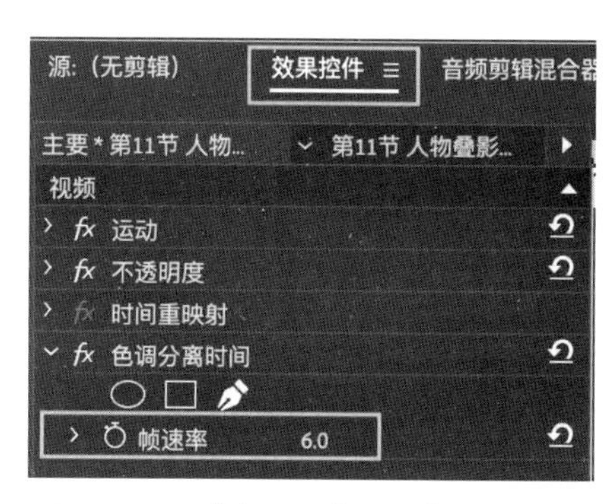

图 3.163 【色调分离时间】效果参数

这时将 V2 轨道上的视频在不透明属性中的混合模式更改为【叠加】（也可以根据效果调节为其他混合模式），设置不透明度调节值在 40% 左右。预览视频会发现已经有了叠影的效果，如图 3.164 所示。

图 3.164　视频的重影效果

如果需要变化呈现得更加明显，可以选中 V2 上的视频在【时间轴】上向后拖动 2 帧左右，该操作会使两个视频不但在帧速率上有区别，在时间上也有区别，这样一来，画面的叠影效果会更加明显。如不希望整段视频都有叠影的效果，可以给 V2 上的视频在不透明度上设置关键帧从而控制叠影的出现时间。

◎ 知识扩展：残影

为人物添加重影的方式非常多，只需要通过时间、速度等方式让两个视频的画面发生一点错位，再调节视频的透明度或是混合模式即可产生叠影的效果。另外，After Effects 中有专门制作叠影的特效叫【残影】，如感兴趣可以自己在实践中尝试使用。

提　示

因为帧速率比较低时，人物的运动会出现明显卡顿，所以【抽帧时间】效果一般不适合运用于人物进行滑板、跑步等这类流畅运动，运动视频需要在制作叠影时调节时间、设置混合模式，或者添加色彩分离效果。

3. 14　为视频添加文本

3.14.1 为视频添加字幕

为视频添加字幕是需要对视频做的最基础的处理之一，在添加字幕时需要注意字幕的尺寸、颜色、位置等方面。在尺寸方面，字幕的尺寸过大会显得影片不精致，过小会影响观众对字幕的阅读，所以要根据需求把握好尺寸（可以给具体的数值）；在颜色方面，字幕的颜色不宜特别鲜艳夺目，这样会过于吸引观众的注意力而影响观众对影片的欣赏，一般可使用白字加黑色描边或白字加黑色阴影，这样的处理会使字幕的辨别度不受背景的影响，无论明亮的背景或较暗的背景，都能让观众看清字幕；在位置方面，一般在影片中字幕会放在下方居中的位置，有时纪录片或短视频的字幕会放置在下方偏左的地方，无论是放在居中或者偏左的地方都需要将文字放置在【字幕安全框】以内。单击【节目】面板右下方的【+】，找到【安全边距】，将其拖动至下方蓝色的框中单击确定，如图 3.165 所示。

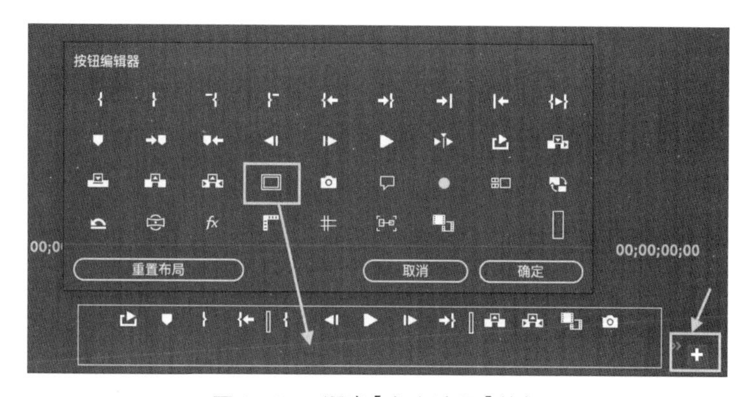

图 3.165　调出【安全边距】按钮

激活【安全边距】按钮，如图 3.166 所示，【节目】面板中会出现两个框，内侧的框就是【字幕安全框】，因为播放设备的不同，影片在不同的设备上进行播放时会做一定程度上的裁剪，将字幕放置在【字幕安全框】内能保证视频无论在什么设备上播放都不会影响字幕的呈现。

图 3.166　Premiere 中的安全框

在 Premiere 中，为视频添加字幕的方法有很多，Premiere 中有三种文本类工具：旧版标题、字幕、文字工具，这三种工具都可以为视频添加文本，但是使用的方法和建立的文件却各不相同。除了 Premiere 自有的文本工具以外，还可以借助其他软件来制作字幕，例如 Photoshop、After Effects、Arctime，每种方式都有自己的优势和缺点，在实践操作中可以按照需求进行选择。

提 示 1

在 Premiere 中添加的中文字幕有时以“方块”的形式显示，如图 3.167 所示，出现这种情况时是因为中文字符选中了英文字体，只需要换成中文字体即可，在 Premiere 里的字体选择中，中文字体一般在菜单中比较靠下的位置。

图 3.167　以“方块”显示的字

提 示 2

在制作字幕前需要提前将视频的音频内容制作为文字版记录在 txt 记事本上，每一句字幕单独为一行，准备这样的字幕稿可以方便后期编辑时直接进行复制或编辑。制作字幕的方式可以靠一句句的听音频再手动输入成文本，这样做的好处是准确度高，并且在制作文本的过程中也能对音频内容更加熟悉，方便后期对齐时间轴。制作字幕也可以利用软件自动生成文本，这样做的好处是节约时间，缺点在于可能会有误差，需要后期进行再一次校对。

1. 利用 Premiere 中的旧版标题添加字幕

在 Premiere CC 2015 版本之前,【旧版标题】工具在 Premiere 中叫作【字幕】工具。用户在 Premiere 中进行文字处理、图形处理、字幕添加时都会选用它，如今虽然有了新的字幕工具，但因为【旧版标题】对字幕的处理非常方便，所以很多时候依然会用【旧版标题】来添加字幕，这一小节除了讲解【旧版标题】添加字幕的功能以外，也会对它的其他功能进行简单的介绍。

（1）旧版标题的基础介绍

单击上方的菜单【文件】—【新建】—【旧版标题】会弹出一个【新建字幕】的弹框，如图 3.168 所示。在弹框中,【视频设置】里默认的【宽度】【高度】【时基】【像素长宽比】参数与序列的参数一致,【名称】后面的名字可根据自己的需求进行更改。

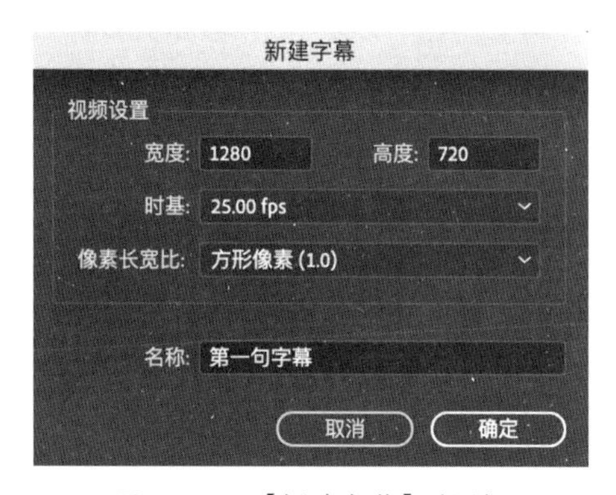

图 3.168 【新建字幕】对话框

更改名字后，单击确定即可进入编辑框口，在编辑框口中，左边为【工具栏】,【工具栏】从上至下可以分为选择区域、文字编辑区域、钢笔编辑区域、形状编辑区域、排列区域。

选择区域中有选择工具和旋转工具，如图 3.169 所示，它们可以对文字或形状进行选择或旋转。

图 3.169 选择工具和旋转工具

文字编辑区域中有三排共六个工具，如图 3.170 所示，从上至下，第一排为文字工具和垂直文字工具，可以输入横排的文字与竖排的文字；第二排为区域文字工具和垂直区域文字工具，用鼠标选中后在中间的预览框中按下鼠标不要松开并移动鼠标可以绘制出来一个框，输入的文字都会在这个框内，通过选择工具调节框的大小可以调节文本的行数和每排的字数；第三排为路径文字工具和垂直路径文字工具，选中后将鼠标放置在预览框中会发现鼠标变成了一个钢笔，通过这个钢笔可以绘制出路径，将鼠标放在绘制好的路径上时，鼠标会变成箭头和一个 I 的标志，即可单击输入文字，输入的文字会根据绘制的路径进行摆放。

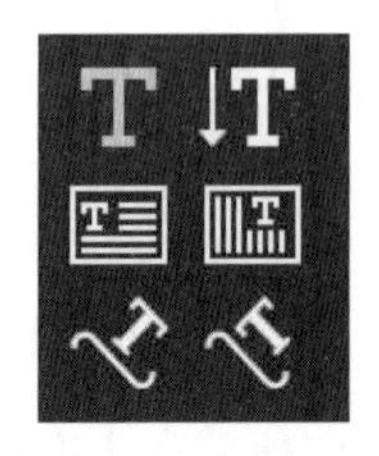

图 3.170　文字编辑区域

文字编辑区域下方为钢笔编辑区域，如图 3.171 所示，通过钢笔可以对路径文字工具绘制出的形状进行调节，也可以利用钢笔绘制形状。添加锚点工具和删除锚点工具可以为路径添加或删除锚点，转化锚点工具可以将曲线转化为直线。

图 3.171　钢笔编辑区域

钢笔编辑区域下方为形状编辑区域，如图 3.172 所示，这些工具可以绘制出各种形状，通过钢笔工具对其添加或删减锚点，进而对形状进行修改。

图 3.172　形状编辑区域

对齐、中心、分布板块可以调节文字或形状的位置和分布，如图 3.173 所示，对齐工具内有各种不同的对齐方式，例如顶部对齐、底部对齐，等等，顶部对齐与底部对齐需要选中两个及两个以上的元素进行对齐；中心工具内有水平居中和垂直居中，在制作下方居中的字幕时可以利用垂直居中工具将文本进行居中对齐；分布工具指将文本或形状均匀分布，使每两个素材之间的距离相同，需选中三个及三个以上的素材才能使用。

图 3.173　文字对齐区域

除了左边的工具以外，右边的【旧版标题属性】面板可以对文本或形状的属性进行调节，例如调节字体、字体大小、行距、颜色、描边颜色，等等；在下方还有一个面板叫作【旧版标题样式】，里面有一些预设好的字体样式可以应用在文本或形状上。中间的视图为当前时间【时间轴】上对应的画面内容，单击关闭上方的【显示背景视频】可以将背景画面变为代表透明的灰白色方格，如图 3.174 所示。

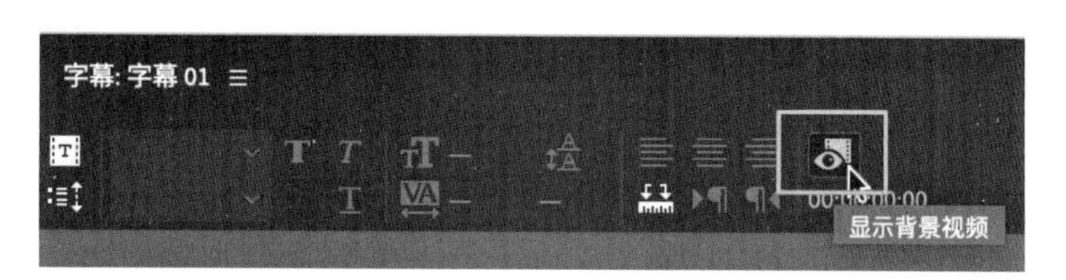

图 3.174　【显示背景视频】按钮

（2）通过旧版标题为视频添加字幕

①开始添加字幕前的准备工作

开始做字幕前最好将所有的字幕文本输入 txt 记事本中，每句话为一行。例如现在需要添加以下五句字幕，可按照如图 3.175 所示输入 txt 记事本内。

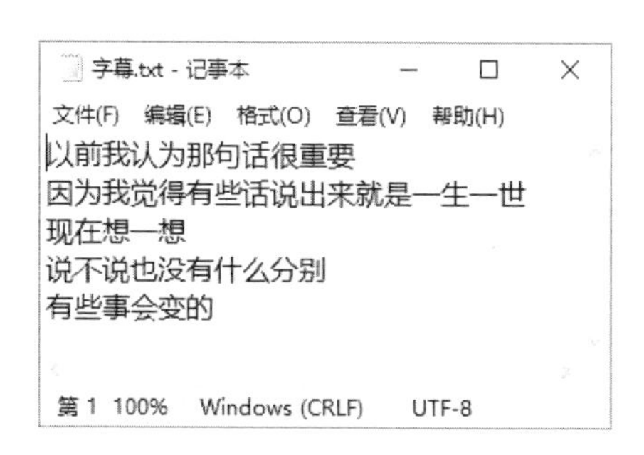

图 3.175　将字幕文本输入 txt 记事本中

②调节字幕的属性

制作字幕时先利用 Ctrl+ C 键（macOS 系统的快捷键为 Command+ C）从 txt 记事本中复制第一句字幕内容，再新建旧版标题，将复制到剪切板的内容用 Ctrl+ V 键（macOS 系统的快捷键为 Command+ V）粘贴至【名称】中，单击确定，如图 3.176 所示。

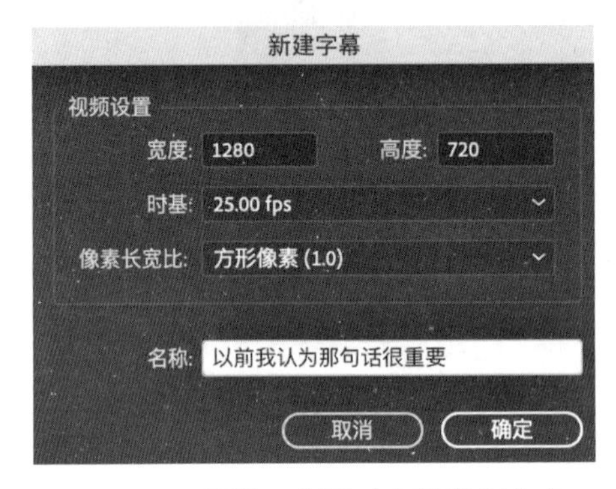

图 3.176　用第一台词对字幕进行命名

单击【文字工具】后，用 Ctrl+ V 键（macOS 系统快捷键为 Command+ V）将第一句字幕内容粘贴至文本内，将【字体大小】调节为 36、【填充】为白色、添加大小为 5 的黑色【外描边】（建议 1280 × 720 尺寸以下的视频用这个字幕尺寸），也可以适当地添加【阴影】效果。用选择工具选中后放置在下方的字幕安全框内，先点击上方的【居中对齐】让字幕在段落内对齐，再利用左边的【垂直中心】工具将字幕居中对齐至整个画面的中间，如图 3.177 所示，图中框起来的参数为需要注意的地方。

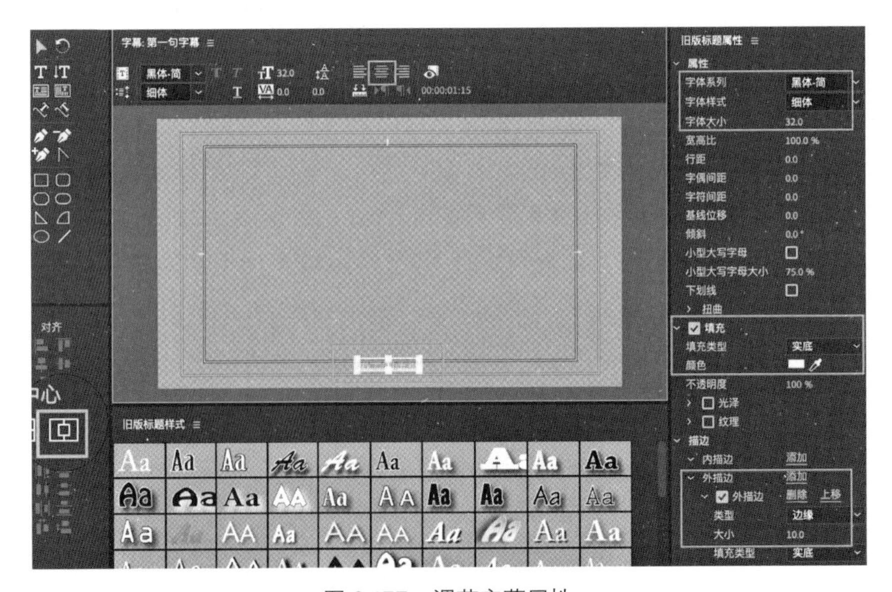

图 3.177　调节字幕属性

做完以上操作后可以得到一个调节好字幕属性的以字幕内容进行命名的字幕，在【项目】面板中可以看到该字幕，如图 3.178 所示。

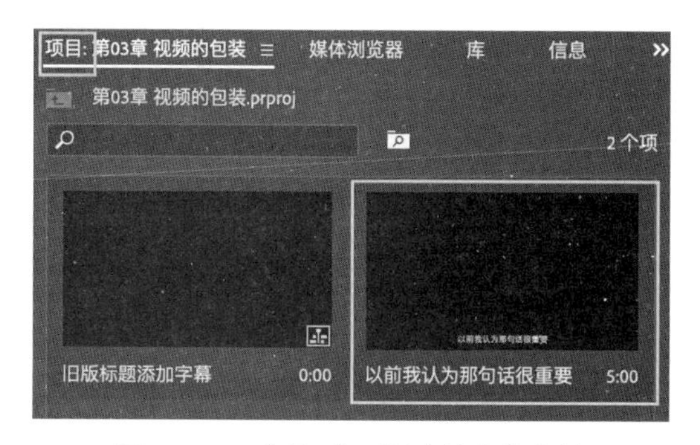

图 3.178　【项目】面板中的字幕文件

③添加多条字幕

制作完第一个字幕以后，单击【基于当前字幕新建字幕】按钮，可以基于前面的字幕属性新建一个字幕，如图 3.179 所示。

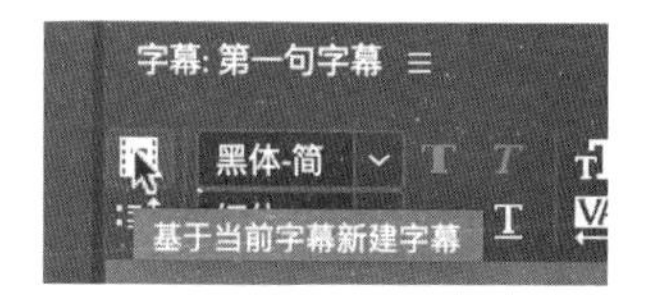

图 3.179　【基于当前字幕新建字幕】按钮

单击【基于当前字幕新建字幕】，会弹出一个新建字幕的窗口，如图 3.180 所示，在 txt 记事本中复制第二句话“因为我觉得有些话说出来就是一生一世”，将复制的第二句话粘贴在【名称】后，点击确定，确定后画面中的字幕即第二个字幕文件。

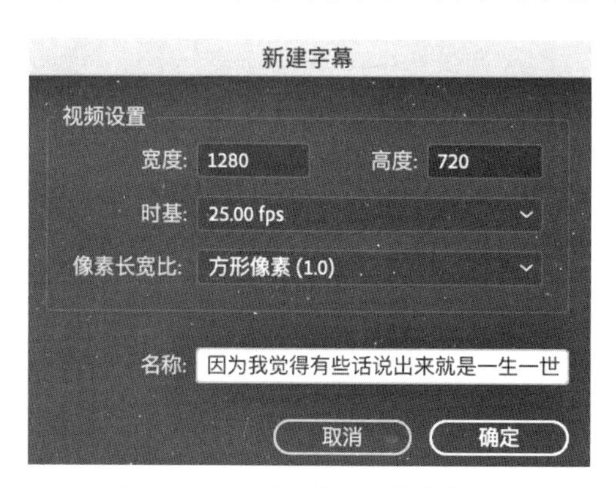

图 3.180　新建第二句字幕文件

因为是复制的，所以内容还是第一条字幕的内容，双击字幕之后将第二条字幕的内容粘贴进去，这样就做好了第二个字幕，如图 3.181 所示。

图 3.181　双击字幕修改字幕内容

修改后可以看到字幕名称与字幕内容是一致的，如图 3.182 所示。

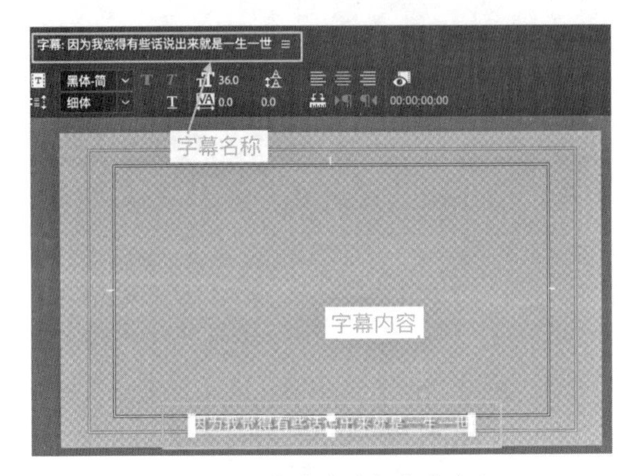

图 3.182　字幕名称与字幕内容

用户也可以在【项目】面板中看到添加的第二句字幕。如果台词太长导致名称显示不完整，可以点击右下角的【列表视图】按钮将视图切换为列表视图，这样一来，字幕的名称便可以显示完整，如图 3.183 所示。

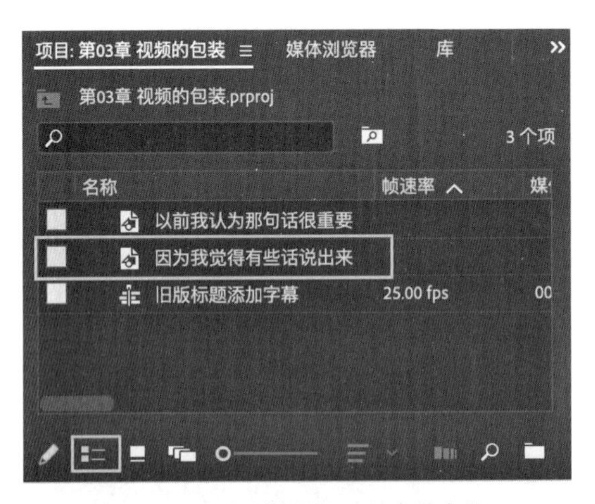

图 3.183　在列表视图下的字幕文件

通过以上的操作便得到了第一条和第二条字幕，按照上述的操作，再从 txt 记事本中复制第三句话，将其粘贴给【基于当前字幕新建字幕】后的字幕名称和字幕内容，便可做好第三个字幕，重复操作即可得到所有的字幕文件。在整个过程中不用关闭【旧版标题】面板，只需要重复地复制粘贴以及调整文字居中即可。

在【旧版标题】中将所有的字幕添加完成后便可将其关闭，这时所有添加完的字幕都会在【项目】面板中显示，在列表视图中可以看到每个字幕的标题，同样也是每个字幕的内容。如字幕较多可以在【项目】面板中建一个文件夹，将所有的字幕都放置在文件夹内。

（3）将字幕添加给视频

将字幕建立完成后，再一条条地选中字幕，拖至【时间轴】，通过音频来将字幕时长与视频进行对齐，如图 3.184 所示，如是比较安静的环境下录制的视频，可以通过观看音频波形图来对齐字幕，将所有字幕进行对齐之后便完成了字幕的添加，如后期需要更改字幕内容，也只需重新打开要更改的字幕即可修改。

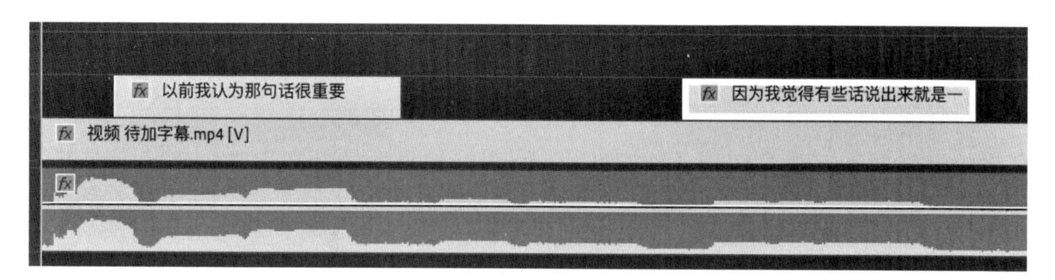

图 3.184　将字幕按照说话时间进行对齐

以上为用【旧版标题】添加字幕的方法，优点在于添加字幕的步骤简单、重复，更改方便，学会后不容易忘记，缺点在于由于每一步都需要手动操作，因此不太适用于字幕非常多需要大批量添加字幕的场景。

提　示

因为该小节中的部分篇幅用来对旧版标题的基础内容进行介绍，所以篇幅较长，实际有关添加字幕的方法的篇幅并不长也不难。

2. 利用 Premiere 中的字幕工具添加字幕

（1）新建字幕

在【项目】面板中、单击鼠标右键通过【新建项目】—【字幕】可以新建一个【字幕】文件，如图 3.185 所示，在弹出的【新建字幕】窗口中选择【开放式字幕】，按照序列的参数设置字幕的其他参数，设置完后单击确定即可为视频建立【字幕】文件。

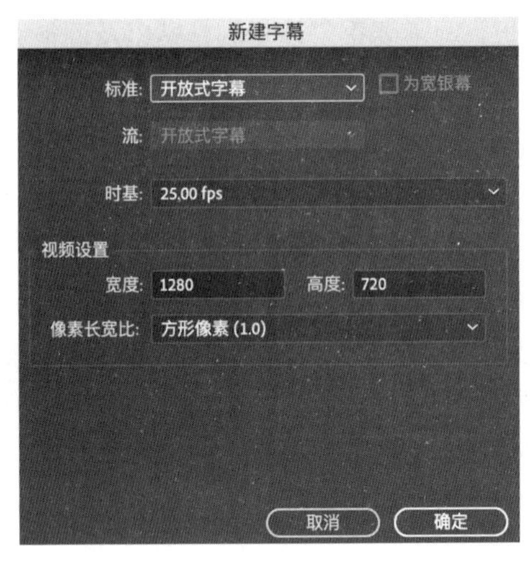

图 3.185 【新建字幕】弹窗

新建的字幕文件会出现在【项目】面板中，将其拖拽至【时间轴】上，双击字幕文件会出现【字幕】面板，如图 3.186 所示，如双击后没有出现【字幕】面板，在顶部菜单窗口中找到后勾选即可。

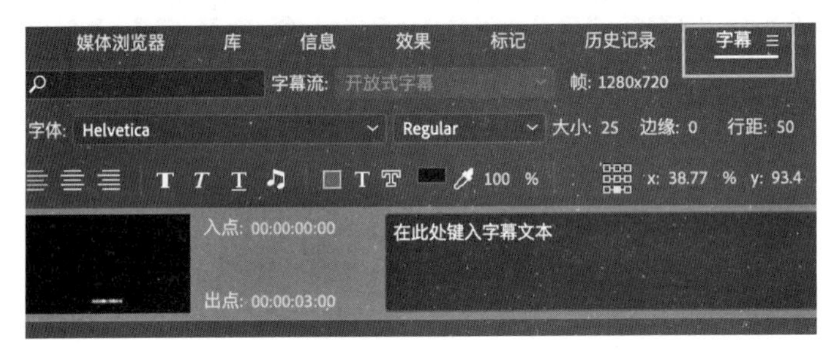

图 3.186 【字幕】面板

在【字幕】面板中可以看到一个写着“在此处键入字幕文本”的框，将 txt 文本里的第一句字幕复制粘贴至此处，替换完后可以看到【时间轴】上的字幕中显示了输入的字幕，如图 3.187 所示。

图 3.187 在【字幕】面板输入内容

（2）调节字幕外观属性及位置

在字幕面板内可以对字幕的字体、大小、位置、描边等基本参数进行调节，如图3.188所示。【背景颜色】【文本颜色】【描边颜色】这三个参数共用一个【拾色器】和【吸管】工具。

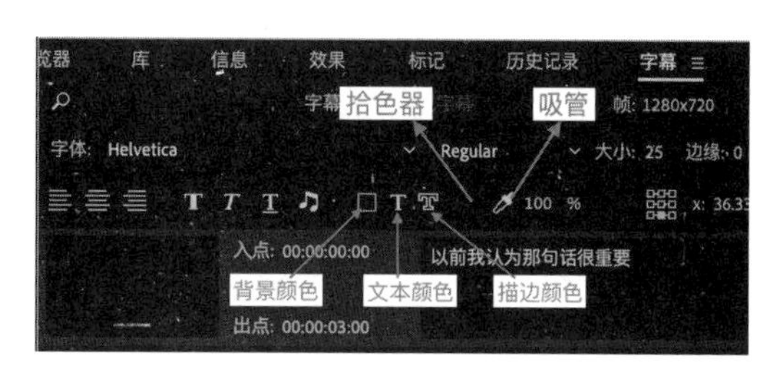

图3.188 【字幕】面板内的参数

选中【背景颜色】后，单击【拾色器】可以更改颜色，【拾色器】内选取的颜色便是背景颜色，吸管右边的数值为透明度百分比，可以调节背景颜色的透明度；选中【文本颜色】后，【拾色器】内选取的颜色便是文本颜色，如需利用吸管选取颜色可以单击吸管，当吸管变成蓝色时为激活状态，再用鼠标点击哪里便会吸取哪里的颜色；选中【描边颜色】后，拾色器内选取的颜色便是描边的颜色，通过边缘可以对描边的粗细进行调节。

在【字幕】面板右侧有一个工具叫【打开位置字幕块】，如图3.189所示，通过这个工具可以将字幕放置在画面中对应的十个位置，这十个位置都在字幕安全框中，不用手动进行调节。如果对【打开位置字幕块】默认的位置不满意，可以通过调节【打开位置字幕块】按钮右边的x轴、y轴的参数对字幕位置进行微调。

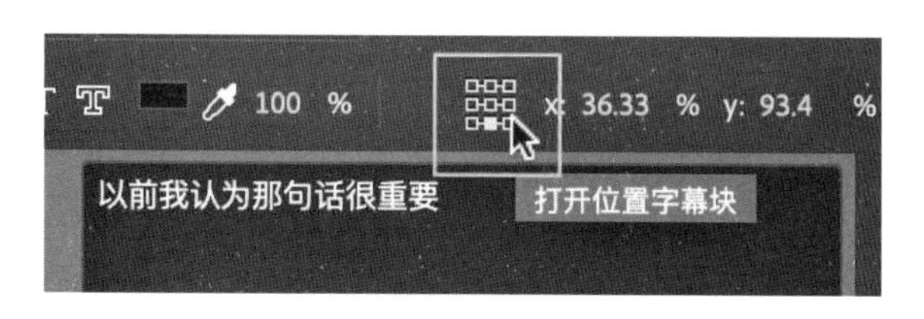

图3.189 【打开位置字幕块】工具

（3）将文本内容对齐至音频

对文本的基本属性调节完后便可以让文本与音频进行对齐，在【时间轴】上可以看到字幕上添加的第一条字幕，字幕左右两边有两个滑块，如图3.190所示，这两个滑块可以调节当前字幕文本的持续时间，将【时间轴】放大，能够更方便地调节滑块，用鼠标点击两个滑块的中间部分可以对其进行移动，【字幕】面板中的【入点】和【出点】可以更精确地把握字幕的持续时间，可通过这样的方式将字幕与视频进行对齐。

图 3.190　通过滑块调节每条字幕的持续时间

输入完第一条字幕后，单击字幕面板下方的【+】（添加字幕）按钮，可以添加第二条字幕，如图 3.191 所示，添加第二条字幕时不需要再次调节字幕的属性例如颜色、描边等，所添加的字幕与之前设置的属性是一致的，仅需在框内输入字幕文本后再在【时间轴】中调节字幕持续时间即可。多次添加即可添加完所有字幕。

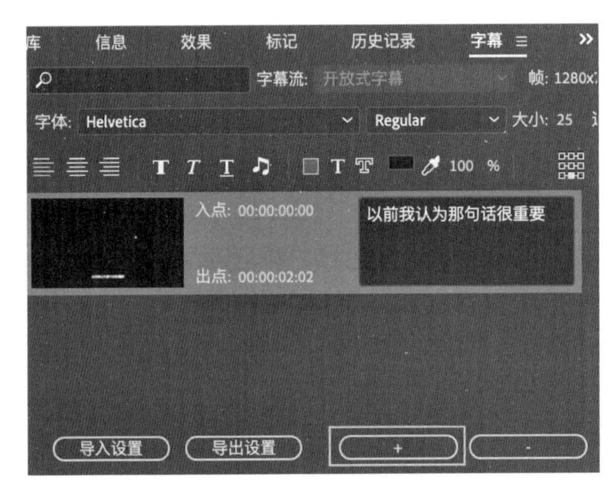

图 3.191　【+】（添加字幕）按钮

◎ 知识扩展：调节面板

如果有些工具或参数看不见是因为界面范围有限导致面板内有些工具会被折叠起来没有显示，当有工具或参数被隐藏时，可以用鼠标放在两个面板之间，当鼠标变成两头是箭头符号时，按下鼠标，左右移动调节面板的显示范围，从而能让面板的内容显示完整，如图 3.192 所示。

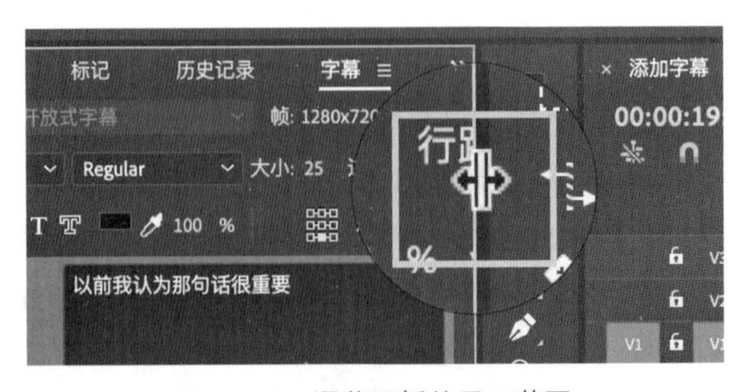

图 3.192　调节面板的显示范围

3. 利用 Premiere 中的文字工具添加字幕

提　示

在 Premiere 界面上方可以看到一排选项是 Premiere 中预设好的界面布局方式，如图 3.193 所示，例如剪辑视频可以选择【编辑】、给视频调色可以选择【颜色】，等等。在 Premiere 中给视频使用文字工具可以选择【图形】的布局方式。

图 3.193　Premiere 界面顶部可以切换不同的界面布局方式

（1）文字工具的基本介绍

在 Premiere pro cc 2017 及以上的版本中可以直接利用【工具栏】中的【文字】工具在节目面板中输入文字，如图 3.194 所示。

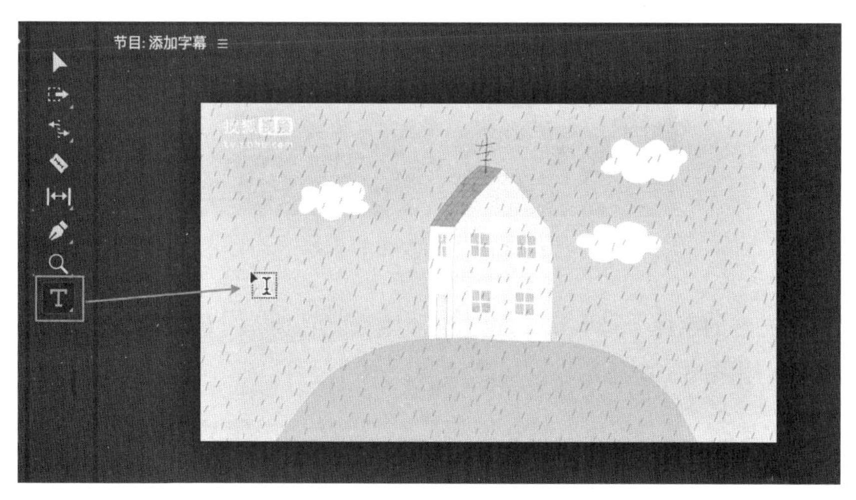

图 3.194　选中【文字】工具后，鼠标会呈现如图所示的样子

选中【文字】工具后，在【节目】面板中单击空白处，会出现一个红色的框，出现红色的框后即可输入文字，通过右边【基本图形】面板可以对输入文本的基本参数进行修改，例如使用对齐、透明度、字体、大小、颜色、描边，等等，修改过的效果会直接在节目面板中的文字上体现出来。通过这样的方式所建的文本在【项目】面板中并不会显示，只在【节目】面板中显示。

（2）利用文字工具添加字幕

在【节目】面板中输入第一条字幕，选中字幕后在【基本图形】面板中找到【文本】板块，单击【文本】板块内的【居中对齐文本】按钮将文本进行对齐，如图 3.195 所示，这样的操作能避免后续文字的位置偏移。

图 3.195 【居中对齐文本】按钮

文本居中对齐后可以继续在【文本】板块内调节文本的字体、大小等文本基础参数，如图 3.196 所示。

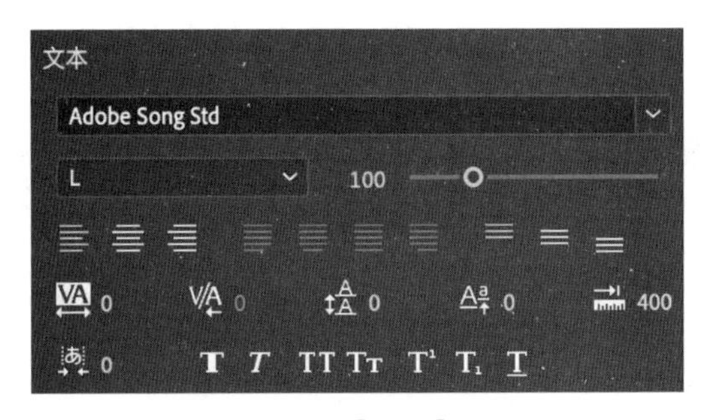

图 3.196 【文本】板块

调节完文本的字体、大小等参数后，可以继续在【外观】板块内修改颜色、描边、阴影等参数，如图 3.197 所示。

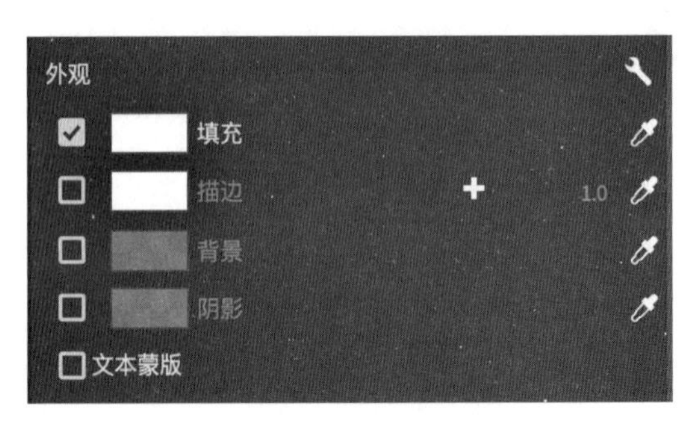

图 3.197 【外观】板块

调节完这些基本参数后可以利用【对齐并变换】内的【垂直居中对齐】将字幕放置在下方居中的位置，如图 3.198 所示。

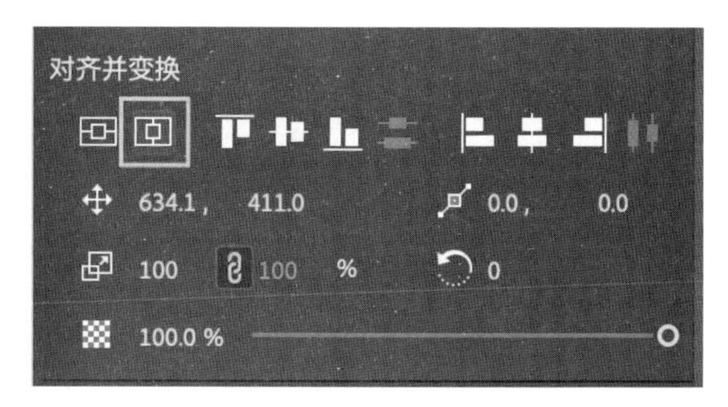

图 3.198　【垂直居中对齐】按钮

调节完第一句话的内容和基础参数后，打开【效果控件】面板，文本下有一个参数叫【源文本】，通过为【源文本】添加关键帧可以改变字幕的文本。在第一句台词的地方激活【源文本】前的时间秒表为该属性添加第一个关键帧，在第二句台词出现时，在【节目】面板中更改文本框内的内容，更改完后【源文本】会自动添加第二个关键帧，这时便已经添加了两句台词，重复制作即可获得多条字幕，如图 3.199 有四个关键帧，则为四句不一样的台词。

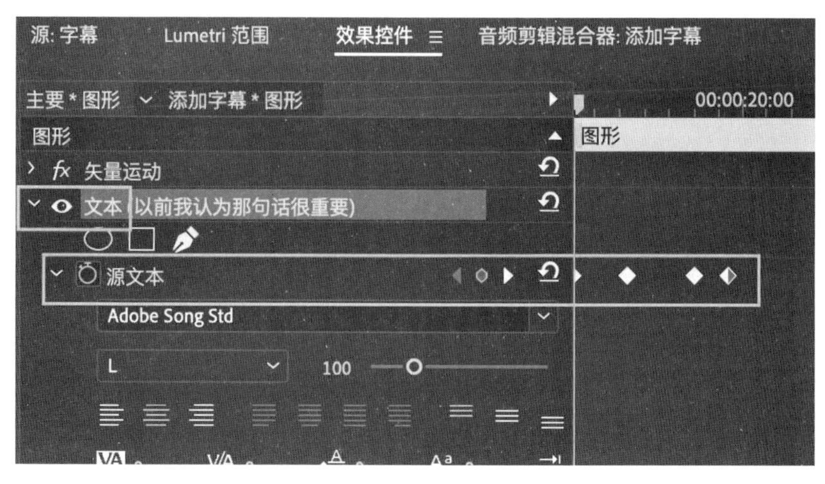

图 3.199　为【源文本】添加关键帧

总结一下，这种添加字幕的方法为：先添加一条字幕，调节字幕的字号、颜色等基本参数，最后通过为【源文本】添加关键帧来改变字幕的内容从而获得多条字幕。

提　示

【文本】内的【居中对齐文本】是将文本内部进行居中对齐，【对齐并变换】内的【垂直居中对齐】是让文本在整个【节目】面板的画面居中对齐。两种对齐方式是不一样的，在最开始一定要利用【文本】内的【居中对齐文本】进行内部居中，以免后期出现不必要的麻烦。

4. Photoshop 结合 Premiere 添加字幕

（1）制作 txt 记事本

将视频的文本字幕记录在 txt 记事本上，让每句都单独为一行，在顶部单独用一行写上一排英文字符，后面需要将其替换掉，建议使用“abcd”来命名，如图 3.200 所示。

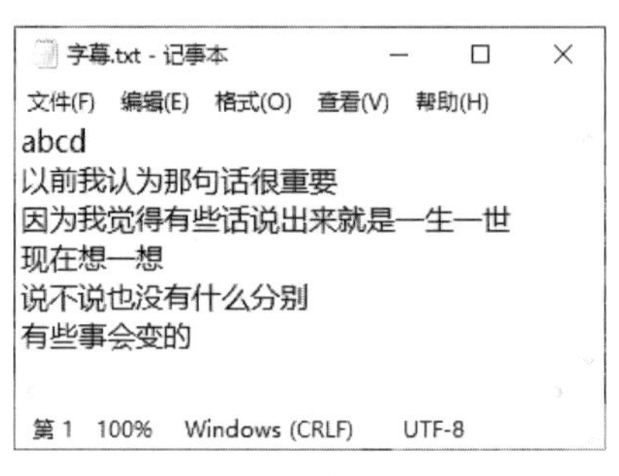

图 3.200　制作 txt 记事本

（2）新建 Photoshop 文件

打开 Photoshop，建一个尺寸与序列一致的画布，在【背景内容】中选择【透明】，如图 3.201 所示。

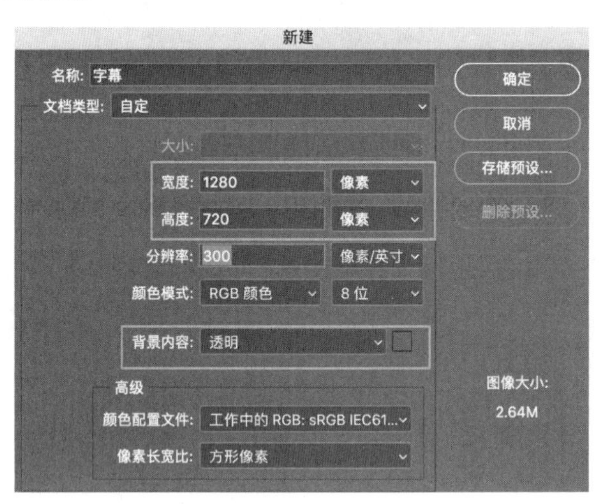

图 3.201　新建 Photoshop 文件

（3）设置文字外观属性

通过 Photoshop 的【文字工具】输入“要被替换的字幕”或其他任意文字，这里输入的文字内容不重要，在后期会被替换掉，输入完后点击 Photoshop 工具栏顶部的【居中对齐文本】按钮，如图 3.202 所示，这一步是为了将文字在段落中进行对齐。

图 3.202　设置文本参数为【居中对齐文本】

设置完【居中对齐文本】后，通过【字符】面板将文本调节至合适尺寸，在 1280 × 720 的画幅中建议将文本尺寸设置为“8 点”，如图 3.203 所示，其他尺寸的画面可以适当放大或缩小。字体建议用黑体，或根据影片风格内容选用其他字体。如没有在界面中看到【字符】面板，可以通过界面顶部的【工具】菜单将【字符】面板调节出来。

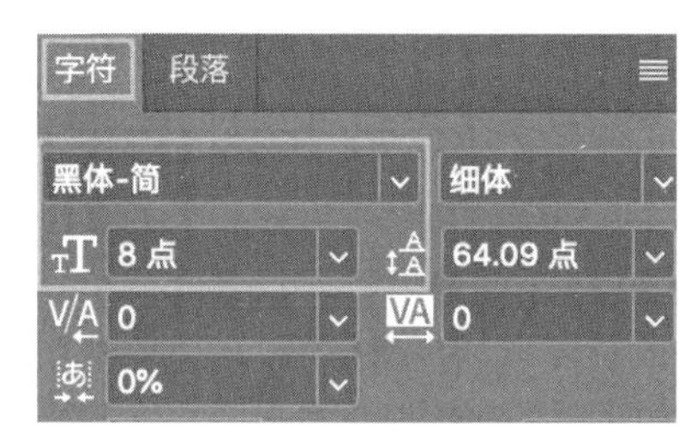

图 3.203　在【字符】面板调节字符参数

设置完字符的字号和字体后，通过图层样式为字幕添加填充、描边、投影等效果。具体制作方法为：选中图层之后，单击下方的【添加图层样式】（显示为 fx 图标）按钮，如图 3.204 所示。

图 3.204　利用【添加图层样式】按钮添加图层样式效果

利用【添加图层样式】—【描边】，为字幕添加描边效果，选择【描边】后会出现描边的参数，将【大小】调节至 2 个像素，【位置】选为外部，【颜色】调节为黑色，如图 3.205 所示。

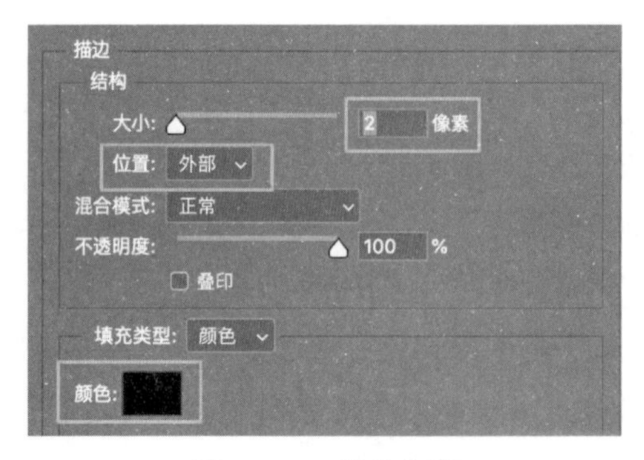

图 3.205　描边参数

调节完【描边】参数后，可以直接通过【图层样式】中左边的菜单切换为其他参数进行调节。可以按照图 3.206、图 3.207 分别调节【颜色叠加】【投影】参数。调节完后的效果如图 3.208 所示。

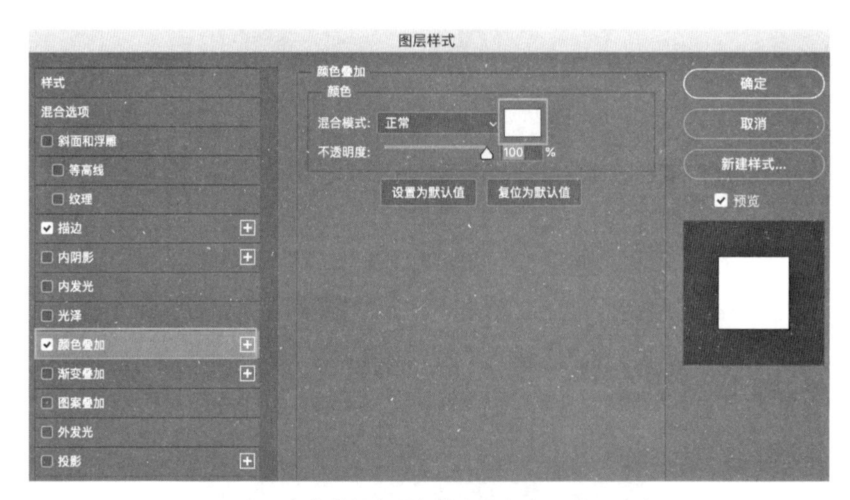

图 3.206　将【颜色叠加】中的颜色调节至白色

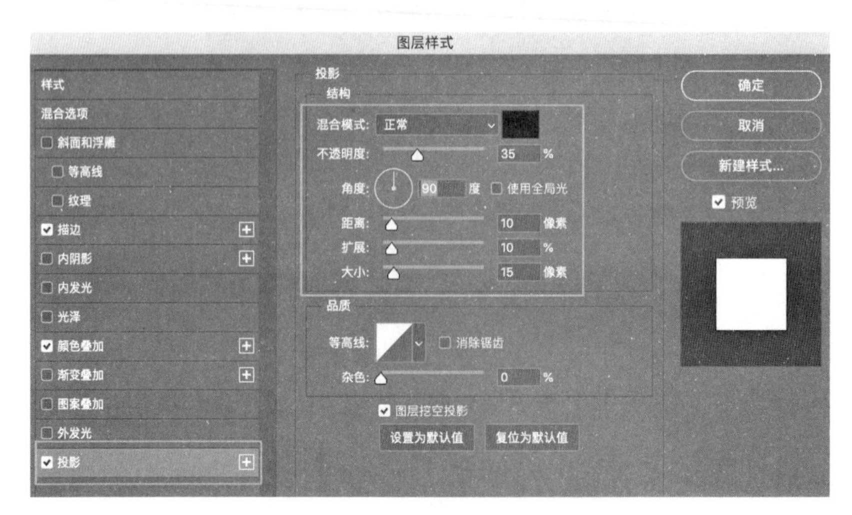

图 3.207　将【投影】调节至合适参数

图 3.208　调节完外观参数的字幕文本

（4）调节字幕位置

将该文字放在画布靠下居中或靠下左侧的位置，这个文本的外观属性及位置与后面所有文本的外观属性及位置一致，所以一定要调节至合适的外观样式并摆放至合适的位置，可以将需要添加字幕的视频截图放置进 Photoshop，方便调节字幕位置。

（5）批量导出字幕

调节文本外观和位置后，选择顶部菜单中的【图像】—【变量】—【定义】，【定义】窗口如图 3.209 所示，【定义】窗口中的【图层】选项会显示之前输入的文本"需要被替换的字幕"，勾选【文本替换】，在【名称】后输入 txt 记事本顶部的那排英文字符，如使用的"abcd"，则输入"abcd"即可，输入完后单击【下一个】。

图 3.209　设置【定义】窗口

点击【下一个】后，在【变量】对话框中单击【导入】，如图 3.210 所示。

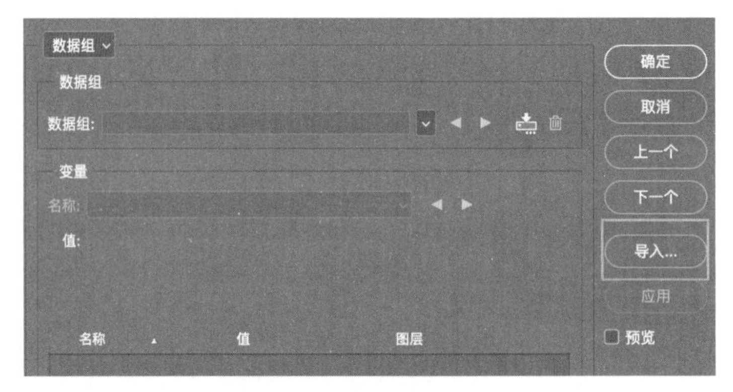

图 3.210　单击【导入】

点击【导入】后会出现【导出数据组】窗口，在【导入选项】中通过【选择文件】选择记录字幕内容的 txt 记事本，选择后右边会出现记事本的路径和名称，再将【编码】调节为“Unicode（UTF-8）”，勾选【替换现有的数据组】，调节完后单击【确定】，如图 3.211 所示。

图 3.211　【导入数据组】窗口

点击【确定】后会出现如图 3.212 所示的弹框，【值】内显示的应该是第一句字幕文本，如显示正确，单击【确定】即可。如显示的不是第一句字幕文本，可能 txt 中输入的文本有误或前面的操作没有正确替换，返回检查更正即可。

图 3.212　点击【确定】后的【定量】窗口

完成上面的操作后，我们需要将文本批量导出。点击菜单【文件】—【导出】—【将数据组作为文件导出】可将字幕批量导出，弹出的【将数据组作为文件导出】窗口如图 3.213 所示。在该窗口中，通过【存储选项】中的【选择文件夹】可以为批量导出的字幕指定一个文件夹，导出的字幕便会导出在这个文件夹中。在【文件命名】中可以对导出的字幕进行命名，命名完成后，单击确定即可。所有的字幕都会以 psd 的格式导出至指定文件夹。

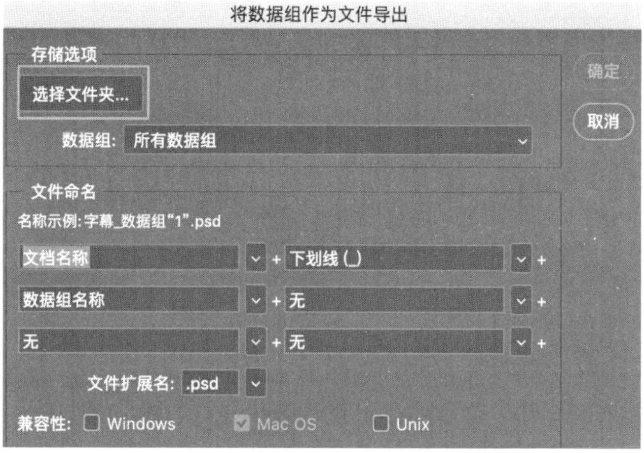

图 3.213　【将数据组作为文件导出】面板

（6）将导出的字幕添加至 Premiere 中

字幕全部导出完毕后即可导入 Premiere 对字幕进行添加，同样需要通过音频来将字幕时长进行对齐。如后期字幕需要修改，只需要找到放置字幕的文件夹中的对应字幕，利用 Photoshop 重新进行修改即可，对 Photoshop 中修改过的字幕文件进行保存后，Premiere 会同步修改。

以上为利用 Photoshop 添加字幕的方法，优点在于能够一次性批量导出大量的字幕，后期修改也较为方便，缺点在于步骤较多，操作较为烦琐，可能需要多次操作才能记住所有的步骤。

注　意

在 Photoshop 中编辑文本时，文本在段落中居中和文本在画布中居中是两个不同的、独立分开的操作，如将文本在段落中居中这一步漏掉，则可能会导致后面添加的字幕位置有所偏移。

提　示

不同的画面尺寸应添加不同尺寸的文本和描边。

5. After Effects 结合 Premiere 添加字幕

因为相同版本的 Premiere 与 After Effects 能够进行动态连接，所以利用 After Effects 制作的字幕导入 Premiere 后修改和导出都非常方便。利用 After Effects 制作字幕后导入 Premiere 也是一种非常方便的添加字幕的方法。

（1）在 After Effects 中新建文件

打开 After Effects 后选择【项目】面板下方的【新建合成】为项目新建一个合成文件，如图 3.214 所示。

图 3.214 【新建合成】按钮

点击【新建合成】后会弹出【合成设置】窗口，如图 3.215 所示，可以对合成的属性进行设置，将尺寸设置为与 Premiere 中的序列尺寸一致。After Effects 中的合成是有时间长度限制的，因为一句台词的持续时间不会太长，所以可以将它暂时设置为 6 秒钟至 10 秒钟，如后续时间长度不够，可以再通过【合成】—【合成设置】重新进行更改。

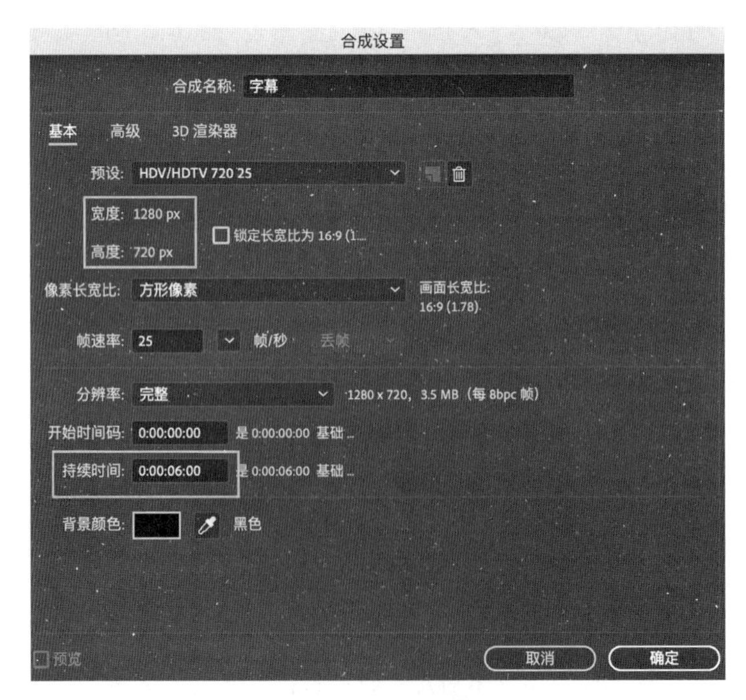

图 3.215 【合成设置】窗口

（2）输入文本与设置文本外观

新建合成后，在工具栏中选择【横排文字工具】，如图 3.216 所示，再将鼠标移至【合成】面板，在【合成】面板任意空白处单击，当出现一根红色的竖线时即可输入文本内容。

图 3.216　【横排文字工具】

输入内容后可以在【字符】面板对文本外观参数进行调节，1280 × 720 尺寸的画面可以参考图 3.217 中所示的参数。如没有在界面中看到【字符】面板，可以通过界面顶部【工具】菜单将【字符】面板调节出来。

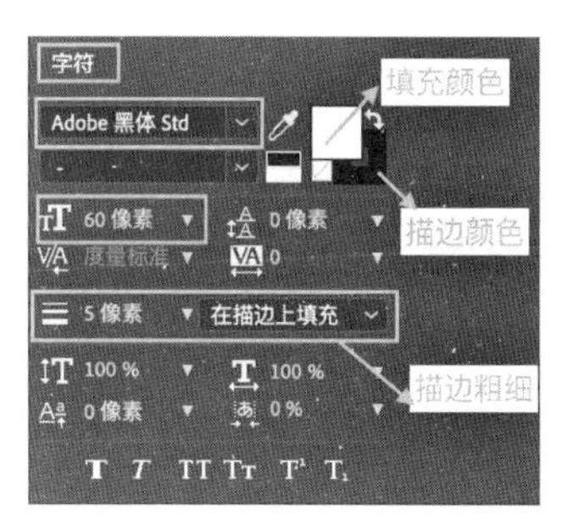

图 3.217　【字符】面板

调节完文本的颜色、描边、字号等外观参数后将文本进行对齐，先通过【段落】中的【居中对齐文本】将文本对齐至段落，如图 3.218 所示，然后再利用【对齐】中的【水平对齐】将文本对齐至整个合成画面的中间，如图 3.219 所示。通过这两个步骤的对齐后，文本再进行复制或修改时便不会在画面中有所偏移。如没有在界面中看到【段落】面板或【对齐】面板，可以通过界面顶部的【工具】菜单将【段落】面板或【对齐】面板调节出来。

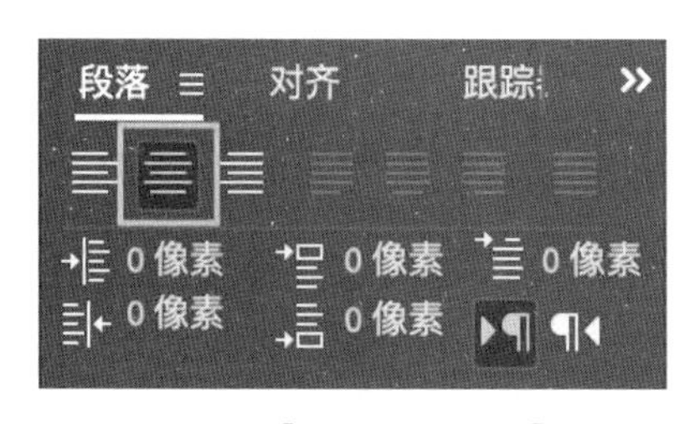

图 3.218　【居中对齐文本】按钮

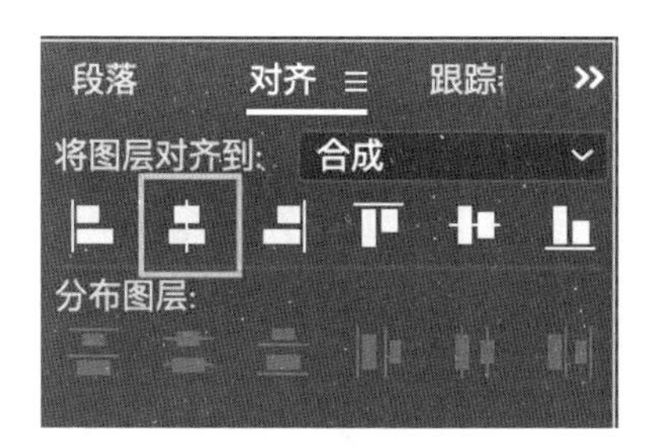

图 3.219　【水平对齐】按钮

在【合成】面板可以看到设置完成的字幕，背景的颜色是【合成】的背景颜色，可以通过【切换透明网格】工具将背景以灰白格的透明状态显示，如图 3.220 所示。

图 3.220 【切换透明网格】工具

（3）将 After Effects 文件导入 Premiere 制作字幕

在 After Effects 中将一条字幕制作完成后保存为后缀为 .aep 的工程文件，如图 3.221 所示。

图 3.221 After Effects 文件的工程文件

将此工程文件导入 Premiere 后拖拽至【时间轴】，由图 3.222 可见 After Effects 的工程文件导入 Premiere 后显示为红色，根据视频调整字幕的持续时间即可完成第一条字幕的制作。

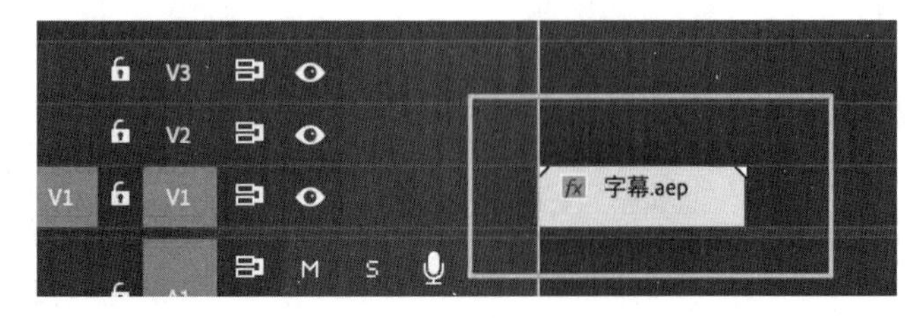

图 3.222 After Effects 的工程文件导入 Premiere 后显示为红色

按照以上的步骤制作完成了第一条字幕，将第一条字幕复制后更改字幕的内容即可制作第二条字幕，复制的具体操作方法为：在【时间轴】上选中第一条字幕后，按住键盘上的 Alt 键进行拖动即可复制一条字幕，由图 3.223 可见。

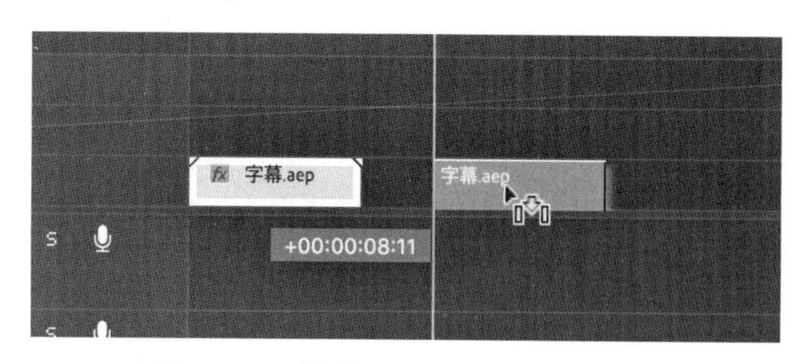

图 3.223　按住 Alt 键后拖拽即可复制

复制完成后，通过【效果控件】面板可以对字幕的内容进行修改，如图 3.224 所示。通过复制可以得到多条字幕，再分别对内容进行修改，即可得到多条内容不同的字幕，按照视频内容调节字幕的持续时间即可完成字幕的添加。

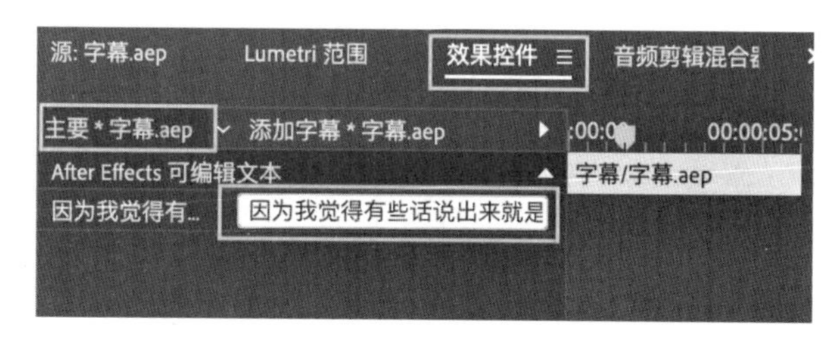

图 3.224　在【效果控件】面板中修改字幕文本内容

如是制作 MV、宣传片、片头等类型的字幕，可以通过 After Effects 为字幕添加一定的动画效果（具体操作步骤可以参考"After Effects 与 Premiere 中的预设文字动画"章节中的"After Effects 中的预设文字动画"章节）。

该制作方法的优势在于能利用 After Effects 添加各种动画效果，后期修改也极为方便，如果需要对字幕的颜色、尺寸、字体等参数进行修改只需要打开文本的 After Effects 文件，在 After Effects 中修改并保存，所做的修改便会反馈至 Premiere。

6. 利用 Arctime 添加字幕

Arctime 是一个可视化字幕创作软件，利用音频波形图和便捷的添加字幕的方式，可以快速添加字幕，还可以自由地更改字幕的相关基本属性。字幕编辑完成后可以输出 SRT、ASS 外挂字幕格式，也可以直接压制成视频成片。

（1）向 Arctime 中导入素材

打开界面后可以看到三个面板，如图 3.225 所示，左上方的面板用于预览视频，右上方的字幕编辑面板用于放置字幕，下方为时间轴。

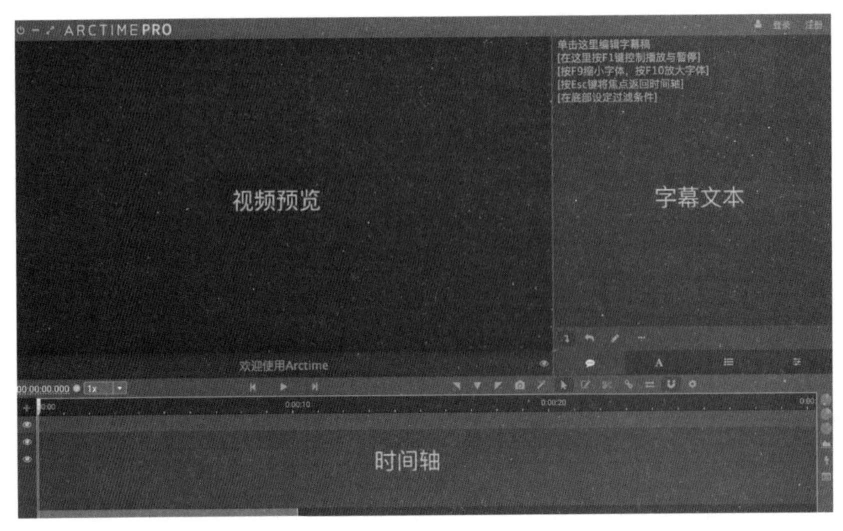

图 3.225　Arctime 的界面布局

导入素材有两种方法，第一种方法为，选中需要添加字幕的视频拖拽至【视频预览】面板可导入视频，第二种方法为，通过顶部菜单栏中的【文件】—【导入音视频文件】导入视频。

导入视频后下一步为导入字幕内容，同样也有两种方法，第一种方法为，将 txt 文本中的字幕文本内容复制后粘贴至右上方的【字幕文本】面板中，第二种方法为，通过顶部菜单栏中的【文件】—【导入纯文本】导入字幕文本，通常情况下，Arctime 会自动检测字幕编码，如无法正常检测，则可以手动进行选择尝试，当下方没有乱码时即可点击继续。

（2）利用 Arctime 添加字幕

导入视频和文本后，单击【快速拖拽创建工具 /JK 拍打工具】，单击后鼠标会预览即将添加的字幕内容，如图 3.226 所示。

图 3.226　【快速拖拽创建工具 /JK 拍打工具】

将鼠标放置在【时间轴】的音频波形图上，利用鼠标拖拽选区可以为视频添加预览文字对应的内容，添加后会显示在【时间轴】和【视频预览】界面的下方，鼠标前会显示下一句台词字幕，如图 3.227 所示，利用鼠标拖拽选区即可添加，反复进行拖拽即可为视频完成添加所有的字幕。

图 3.227　字幕在【时间轴】和【视频预览】界面的显示

除了上述方法以外，还可以利通过 JK 拍打工具来添加字幕，JK 拍打方法为交替按下键盘上的 J、K 键来添加字幕，交替按下 J、K 键获得字幕的入点，松开获得字幕的出点，交替按下 J、K 键的持续时间为当前预览字幕持续的时间。

通过以上的两种方法都能方便快速地添加字幕，添加完成后还可以调节一些细节，比如听到视频声音与添加字幕的操作之间的时间可能有一定的延误，所以将所有字幕添加完成之后可以通过调节顶部菜单的【功能】—【时间轴整体平移、缩放工具】中的【时间整体平移】或【时间整体伸缩滚轮】来纠正按下拍打时造成的偏差，如图 3.228 所示。例如如果字幕呈现时间较音频稍微晚一点，则可以利用第一个滚轮【时间整体平移】将字幕整体向前移动一点，调整完成后还可预览一遍，在时间轴内将没有对齐的内容再进一步进行调整。

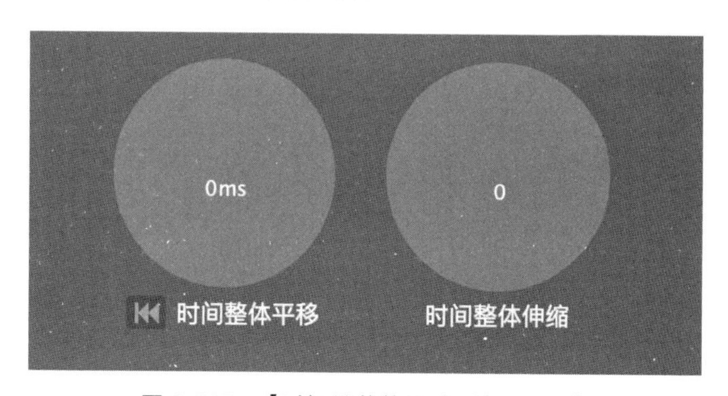

图 3.228　【时间轴整体平移、缩放工具】

制作完成后，我们可以将其保存为字幕文件和工程文件。操作步骤为选择顶部菜单【文件】—【保存工程文件并生成 ASS 字幕】，快捷键为 Ctrl+S（macOS 系统快捷键为 Command+S），这时在原视频的文件夹中会出现两个新的文件，一个是 ASS 字幕文件，ASS 字幕文件是 Arctime 默认生成的外挂字幕文件；另一个为 Arctime 的工程文件，后缀为 atpj，后续如需要对字幕进行修改即可通过工程文件进行修改。

（3）修改字幕外观样式

保存后即可在预览窗口画面中看到添加的字幕了，如果对字幕的样式不满意可以通过【字幕样式管理】对字幕的基本属性进行调整，如图 3.229 所示。根据需要更改字幕的尺寸、颜色、位置、字体等参数，调节完后单击【将它应用到全部字幕】，再用 Ctrl+S（macOS 系统快捷键为 Command+S）进行保存，预览窗口画面内的字幕样式已变化为新的样式。

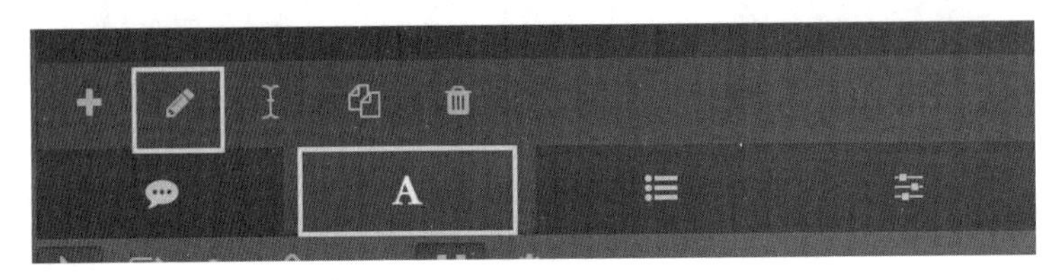

图 3.229　选中 “A” 后单击 “小笔” 的图标可以对字幕外观进行修改

（4）压制视频或导出字幕

制作完成后点击【文件】—【视频转码输出 / 压制】可以导出添加完字幕的视频，【编码方式】推荐选择 H.264，【视频流推荐】选择 CRF 方式控制画质。如需要导出的文件体积更小一些，则可以选择 H.265 的编码方式，输出的视频与 H.264 相同为 mp4 格式。

除了直接输出带有字幕的视频以外，也可以单独将字幕导出成 SRT 格式的字幕文件，再放入 Premiere 中进行后续编辑。通过菜单【导出】—【字幕文件】勾选【SRT】导出 SRT 格式的字幕文件，在导出字幕文件窗口中将帧速率设置为与视频相同即可。字幕文件会保存至原视频文件中的【视频文件名 _Subtitle_Export】文件夹中。

Arctime 导出的 SRT 文件可以直接导入 Premiere 中，在 Premiere 的【项目】面板中通过【媒体开始】观察字幕的开始时间，如图 3.230 所示，字幕开始时间为 00：00：00：19，表示字幕是从 0 秒 19 帧开始的。在 Premiere【时间轴】左上角的时间码输入字幕的起始时间 0019，再按键盘的回车，时间指针会自动移动到 00：00：00：19。

名称	帧速率	媒体开始	媒体结束	媒体持续时间
字幕.srt	25.00 fps	00:00:00:19	00:00:09:20	00:00:09:01
添加字幕	25.00 fps	00:00:00:00	00:00:09:00	00:00:09:01

图 3.230　字幕的开始时间

将【项目】面板中的字幕文件拖拽至【时间轴】与时间指针对齐，如图 3.231 所示，如图便可以看到制作好的字幕了，字幕会以 Premiere 中字幕的形式显示。（字幕工具的讲解可参考“利用字幕工具添加字幕”章节）

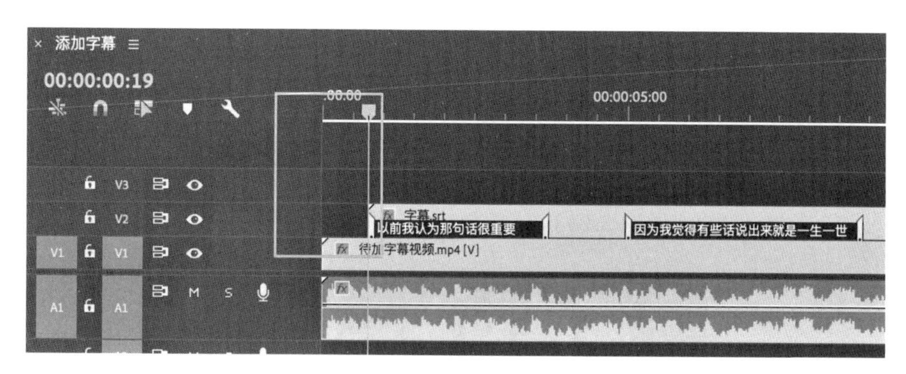

图 3.231　让字幕与时间指针进行对齐

以上讲解了六种添加字幕的方法，每种方法所使用的工具和特点均不同，在实践操作中本书更推荐第二种、第五种、第六种方法。这三种方法操作便捷，后期如果遇到需要修改文本的基本属性如颜色、字号等，利用这三种方法可以轻易地批量修改，而其他方法则相对麻烦一些。另外，利用 After Effects 结合 Premiere 添加字幕还有一个较大的优势是可以为文本添加 After Effects 中的预设动画；利用 ARCTIME 添加字幕的优势在于制作时添加字幕与声音对齐是同时进行的，相对高效很多，并且可以导出单独的字幕文件。

3.14.2 制作综艺花字动画

在很多综艺节目或 Vlog 的制作中会为一些文本添加动画，使整个视频的风格看起来更加活泼生动。这一小节主要介绍如何利用 Premiere 制作这种综艺花字的动画效果。

1. 新建字幕

利用【文件】—【新建】—【旧版标题】新建文本，输入需要的文本，选一种综艺风格的字体，调节颜色和描边，如图 3.232 所示。

图 3.232　调节字体、颜色、描边

2. 制作动画

该动画如果希望文本能从底部向上弹出，则需要先将本文的锚点（中心点）调节至文本底端，这样文本在进行缩放时便会以底端为起始点形成动画。在【时间轴】中选中文本后打开【效果控件】，调节【锚点】在 Y 轴的参数，如图 3.233 所示，将锚点调节至文本的底端，如图 3.234 所示。

图 3.233　右边的参数为 Y 轴的参数

图 3.234　将锚点放置在文本底端

调节完锚点位置后为字幕制作动画，让字幕先变扁再弹起再变扁再恢复为原状态。因为只需要文本在高度上发生变化，所以将【等比缩放】前面的勾取消，使高度和宽度可以分开调节，如图 3.235 所示。

图 3.235　取消【等比缩放】

在字幕的【缩放高度】属性上添加关键帧。在动画开始时激活关键帧，调节高度为“0”；用键盘上的向右键前进 5 帧，高度输入“110”为第二个关键帧；再前进 3 帧输入“100”为第三个关键帧，如图 3.236 所示。

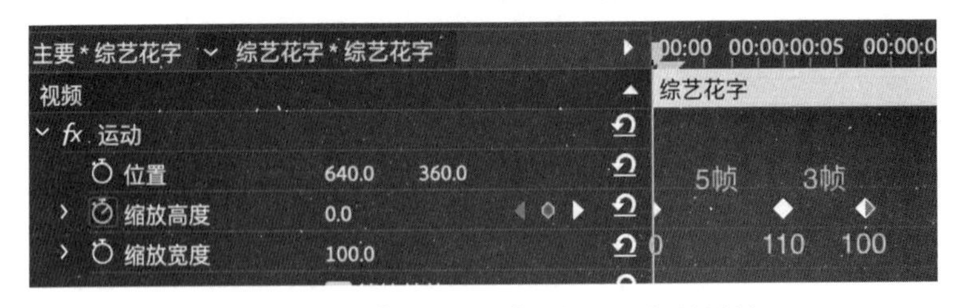

图 3.236　在【缩放高度】属性上添加关键帧

这样就做好了一个简单的综艺花字动画，还可以为动画添加音效，使动画看起来更加生动。

提　示

根据锚点（中心点）的不同位置和不同的缩放方式还可以做出不同的效果，例如：将中心点放置在文本的中心向垂直的两端缩放、向水平的两端缩放，等等。除了缩放动画以外，还可以制作移动的动画，大家可以多观察综艺节目花字的动效，在实践中多多练习。

3.14.3 After Effects 与 Premiere 中的预设文字动画

在 After Effects 与 Premiere 中有很多内置的文字动画效果可以直接使用，也可以根据自己的需要调节文字的颜色、大小、字体、运动速度等参数。

1. After Effects 中的预设文字动画

（1）对效果进行预览

在工具栏中选择文字工具，单击【合成】面板，当出现一根红色的竖线时即可输入文本内容。输入完后打开【效果和预设】—【动画预设】—【Text】（文本），【Text】的下拉菜单中为分类的各种字体动画，例如【3D Text】（3D 文本）、【Animate in】（文字进入动画）、【Animate out】（文字退场动画），等等，展开各个分类文件夹后可以看到每个动画的名称，如图 3.237 所示。

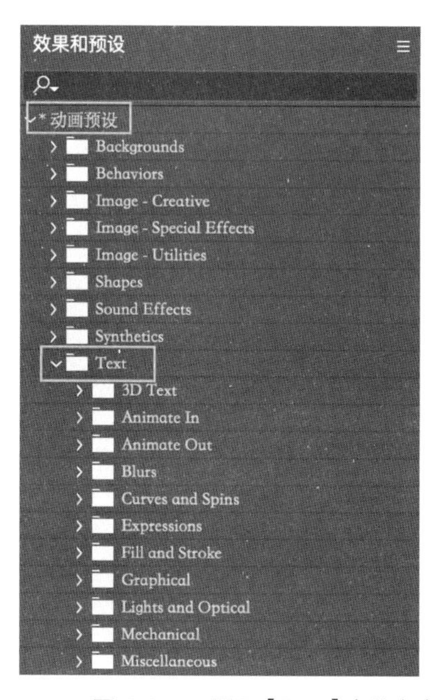

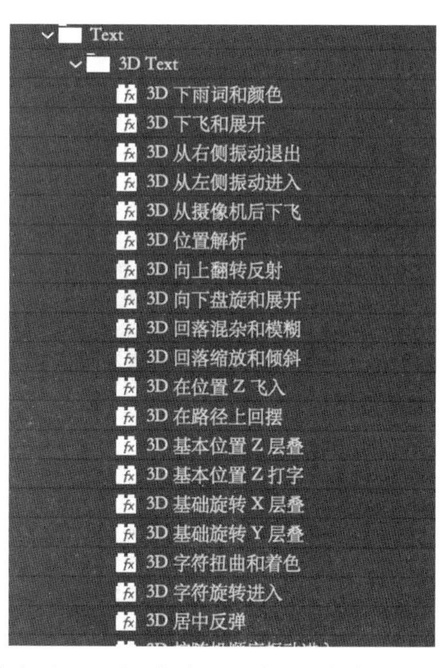

图 3.237　展开【Text】中的各文件夹后可以看到每个预设动画的名称

用鼠标选中效果后拖动到之前输入的文本上即可添加该动画效果，如图 3.238 所示。添加的预设动画会以添加动画时【时间轴】上时间指针的位置为动画的起点。在【时间轴】上按空格或用鼠标拖动可以对效果进行预览，如满意即可进行进下一步调节，如不满意则可以按键盘上的 Ctrl+Z 键（macOS 系统快捷键为 Command+Z）对上一步操作进行撤回，再选择别的预设效果进行添加。

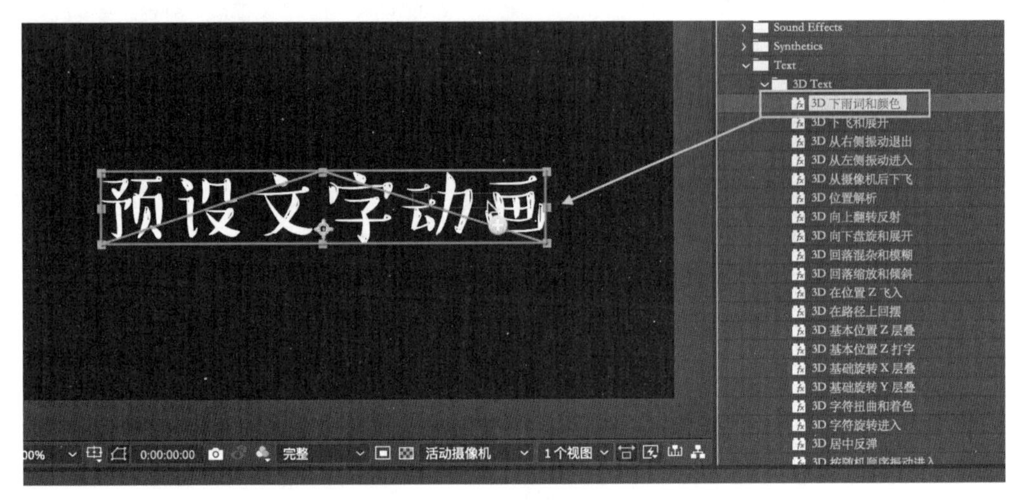

图 3.238　为文字添加预设动画效果

因为 After Effects 的【效果与预设】无法直接对效果进行预览，所以只能通过将效果反复添加至文字进行预览，若不满意效果可以撤回直到挑选出喜欢的预设效果，这样的操作过程较为烦琐，效率也很低。推荐利用 Adobe Bridge 对效果进行预览，单击【效果和预设】右边的三条横杆，如图 3.239 所示，选择【浏览预设】可以打开 Adobe Bridge。如果单击【浏览预设】后提示“After Effects 警告：Adobe Bridge 未安装。请下载后进行安装，以使用此功能”，则需要单独安装下载这款软件。

图 3.239　点击此按钮后在下拉菜单中选择【浏览预设】

打开 Adobe Bridge 后，双击打开【Text】的文件夹，如图 3.240 所示，打开每个分类文件夹即可看到各种各样的预设效果以及效果的名称，单击效果后可以在右边的【预览】窗口看到动画预设的动画效果，如图 3.241 所示。

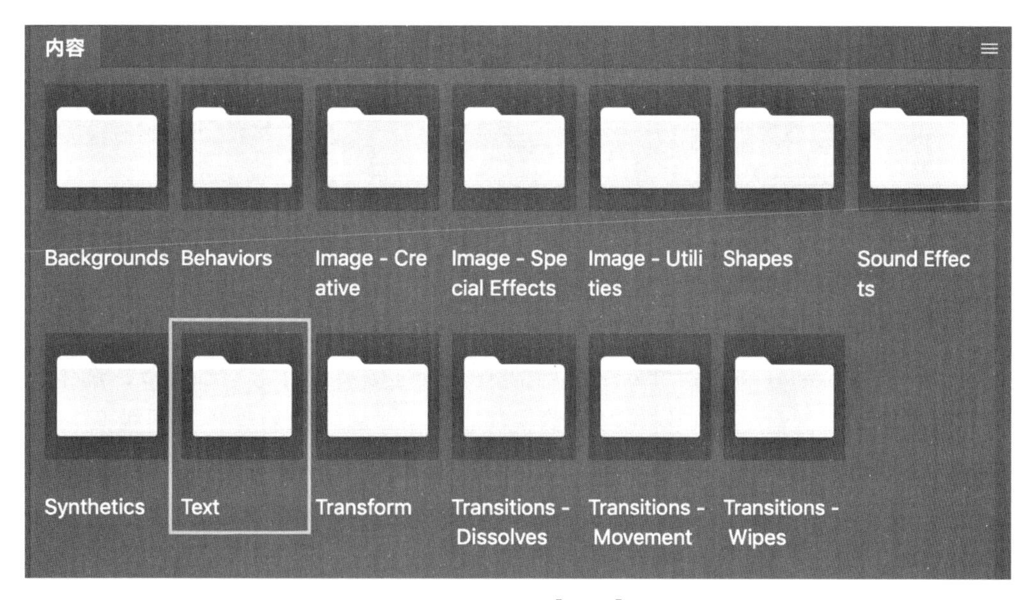

图 3.240　双击打开【Text】文件夹

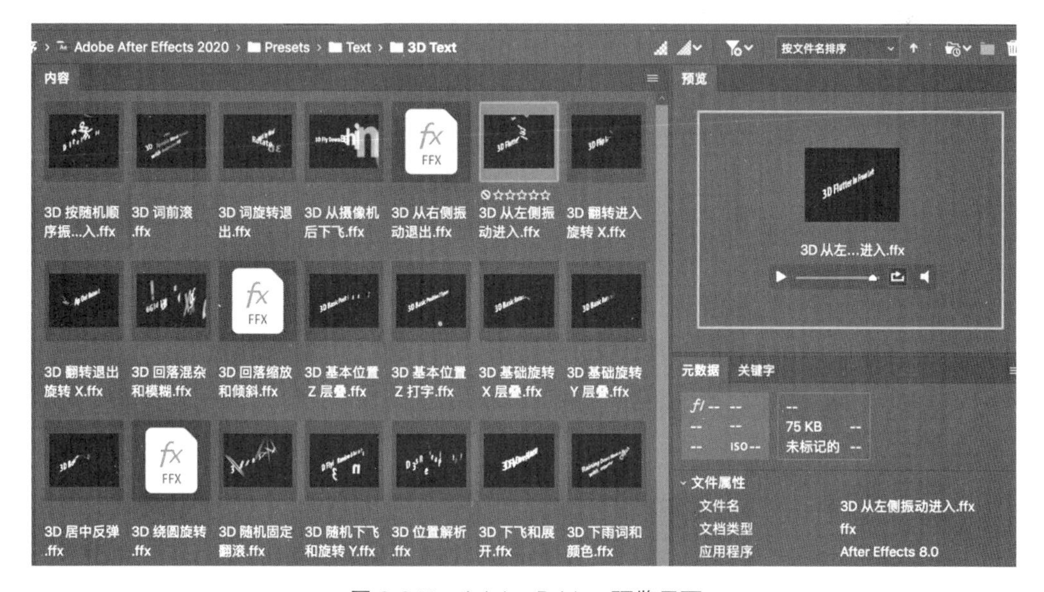

图 3.241　Adobe Bridge 预览界面

选中合适的效果后双击该效果，双击后，Adobe Bridge 会自动最小化且重新打开 After Effects 界面，如果打开 Adobe Bridge 之前有在 After Effect 新建文本层并选中文本层，那么在 Adobe Bridge 中双击特效名称后，该效果会直接作用至该文本层。如之前没有在 After Effect 中新建文本层或没有选中文本层，那么在 Adobe Bridge 中双击特效名称后，会发现【时间轴】上有一个空文本图层，双击“空文本图层”这个名字后即可在【项目】面板中输入文本内容，如图 3.242 所示。

图 3.242　双击“空文本图层”可输入文本内容

（2）对效果进一步调节

预设效果添加好后，还可以通过调节关键帧对动画进行进一步调节，选中文字图层之后，按键盘上的 U 键（英文输入法状态下），可以看到该图层在【Range Selector 1】(范围选择器）中的【偏移】属性上被标记了两个关键帧，如图 3.243 所示，通过调节这两个关键帧的位置和距离可以调节动画的起始时间和持续时间，第一个关键帧所处的时间点为动画开始的时间，第二个关键帧所处的时间点为动画结束的时间，两个关键帧之间的时间为动画持续的时间，两个关键帧离得越近，动画的速度越快，两个关键帧离得越远，动画的速度越慢。

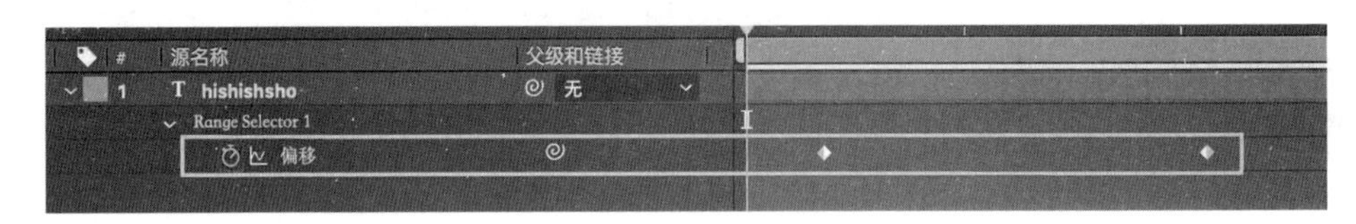

图 3.243　预设动画的关键帧

（3）如何删除效果

单击文字图层前的图标，展开文字图层的文本属性，可以看到添加的动画名称，如图 3.244 所示。如后期需要进行删除，可以用鼠标选中动画的名字并按键盘上的 Delete 键进行删除。

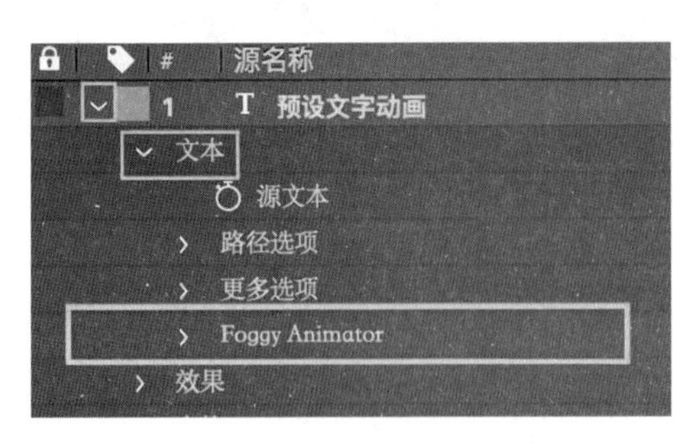

图 3.244　找到所添加的预设动画的名称

◎ **知识扩展：在 Premiere 中使用 After Effects 中处理的素材**

我们在剪辑视频时通常会选择 Premiere 对视频进行剪辑，如果选择在 After Effects 中处理文本则需要后期将 After Effects 中处理好的文本导入 Premiere，下面介绍两种不同的方法将 After Effects 中处理好的内容导入 Premiere。

第一种方法为利用 Adobe 软件之间的动态链接将 After Effects 的工程文件直接导入 Premiere。在 After Effects 中制作完效果后将其保存为后缀为 .aep 的工程文件，打开 Premiere 后将此工程文件导入，After Effects 的文件在 Premiere 的【时间轴】上显示为红色，利用 Premiere 可以对其进行进一步编辑。如后期需要修改文本内容，在【时间轴】上选中文件后打开【效果控件】，单击【主要*文件名称】可以看到在 After Effects 可编辑文本下列出了 After Effects 中所有的文本图层内容，单击需要更改的文本后面的方块即可进行修改，修改后单击附近空白处即可完成修改（在“After Effects 结合 Premiere 添加字幕”章节有详细的步骤介绍）。Adobe 软件之间的动态链接功能是非常强大且好用的，除了文本图层的 After Effects 文件以外，其他的 After Effects 文件也可以直接导入 Premiere 进行编辑，如果导入 Premiere 的 After Effects 文件不是文本图层后续需要修改的，可以重新打开 After Effects 的工程文件对内容进行修改并保存，修改的内容在 Premiere 中会实现同步，极大程度地减少了后续修改的难度和节约了修改的时间。但是值得注意的是，只有当 Premiere 与 After Effects 的版本相同时才能进行同步。

第二种方法为将 After Effects 中制作完成的效果导出为带有透明通道的视频。在 After Effects 中制作完效果后选择上方菜单中的【文件】—【导出】—【添加到渲染队列】，选择之后下方会出现【渲染队列】面板，如图 3.245 所示。

图 3.245　【渲染队列】面板

单击【输入模块】后蓝色的【无损】二字会弹出【输出模块设置】窗口，将【格式】选为 QuickTime（如使用 Windows 电脑需要单独安装 QuickTime 播放器），【通道选择】为 RGB+Alpha，如图 3.246 所示，选择好后单击右下角的【确定】。

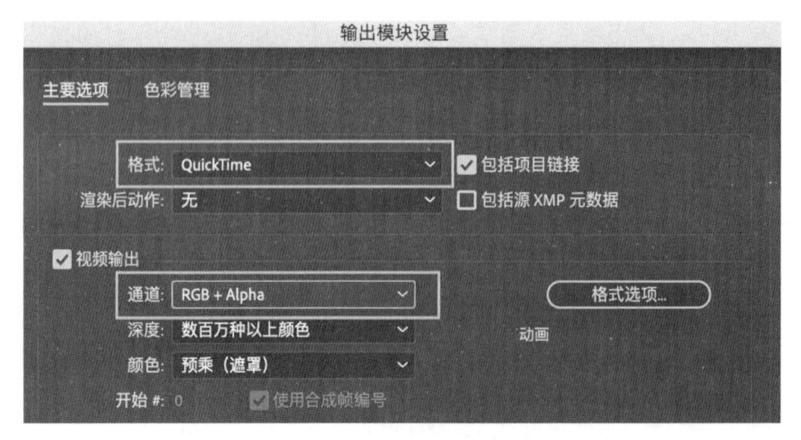

图 3.246 【输出模块设置】窗口

点击【确定】后，会回到【渲染队列】面板，点击【输出到】后面蓝色的字可以为即将输出的视频指定一个输出路径，如图 3.247 所示。

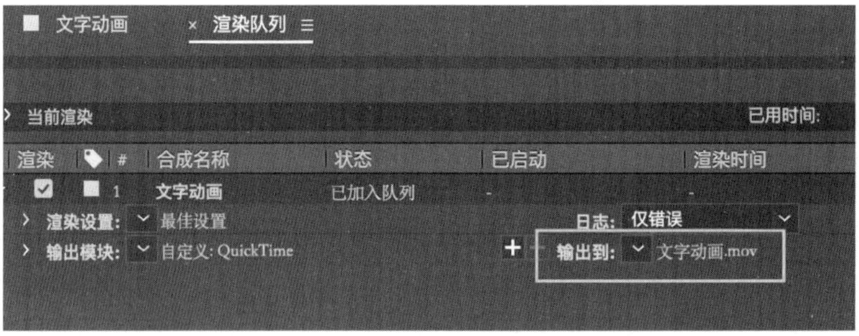

图 3.247 点击蓝色的“文字动画 .mov”可以为输出的视频指定路径

全部设置好后单击【渲染队列】面板右上角的【渲染】即可对视频进行输出。视频输出后可以在设定好的路径位置找到该视频，将视频导入 Premiere 即可使用。因为该视频是带有透明通道的视频，所以放置在任何视频之上都不会产生遮挡，导入 Premiere 之后可以对其进行进一步编辑。

但是这种方法的缺点是显而易见的，后期如果需要反复修改会比较麻烦，每次修改完都需要将视频进行重新导出。所以此方法一般在第一种方法无法使用时才会使用，比如因为 Premiere 与 After Effects 的版本不同无法进行同步，或是使用的 After Effects 模版过大在素材导入 Premiere 后会导致电脑无法负荷等。

2. Premiere 中的预设文字动画

如图 3.248 所示，在 Premiere 中将界面布局切换至【图形】。

图 3.248　将 Premiere 中将界面布局切换至【图形】

在右边的【基本图形】窗口中可以看到一个个的小窗口，这些小窗口内的内容为 Premiere 中的预设文字动画，相对于 After Effects 来说，Premiere 中的效果要少很多。

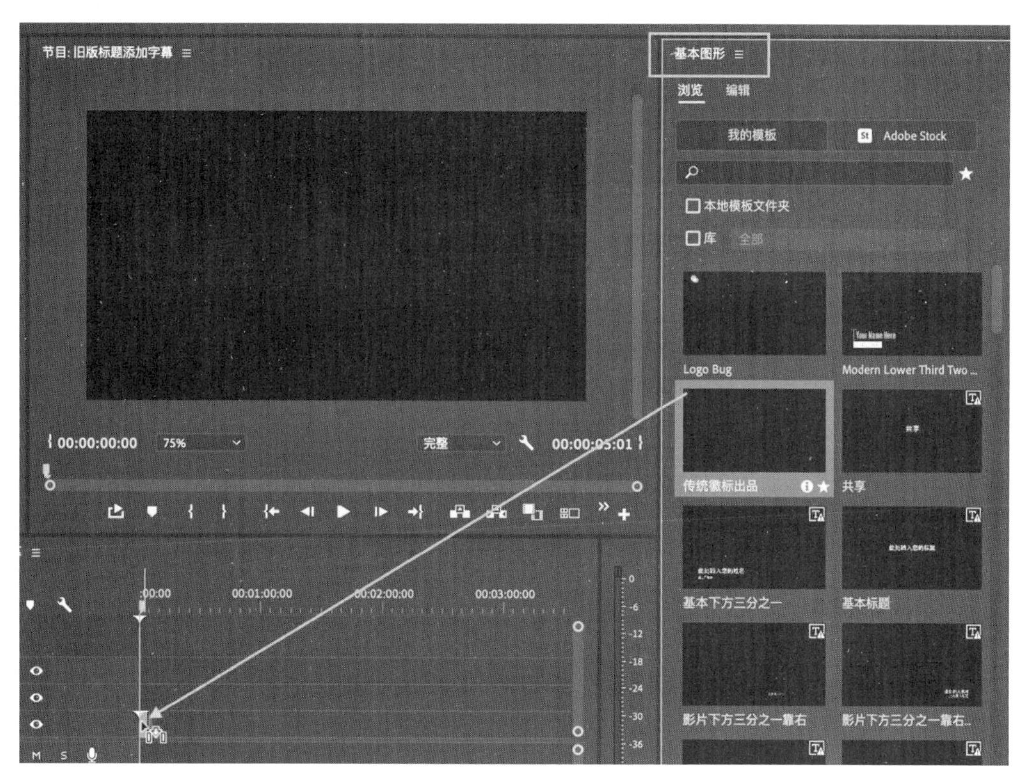

图 3.249　将预设文字动画拖拽至【时间轴】

如图 3.249 所示，选中小窗口拖拽至【时间轴】后可以对效果进行预览，在【节目】面板中选中需要更改的文字双击即可更改文字的内容，如文字摆放较密无法很好选中文字时，可以双击【基本图形】下的文本进行选择，如图 3.250 所示，然后再在【节目】面板对文本内容进行修改。

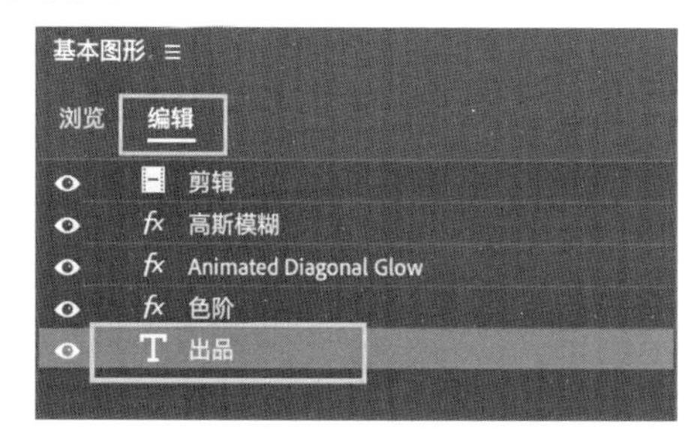

图 3.250　双击【编辑】下的文本可以对文本进行修改

除了修改文本内容外，在【基本图形】下的【编辑】选项中，还可以对很多基本参数进行修改，例如修改颜色、字体、字号、位置，等等。

另外，除了添加单独的文字以外，还有一些节目的包装预设模版效果，如图 3.251 所示，同样可以选中后拖动至【时间轴】进行预览，通过在【基本图形】的【编辑】窗口中的选项可以给基本参数进行修改，例如修改颜色、文本字体、文本内容等。

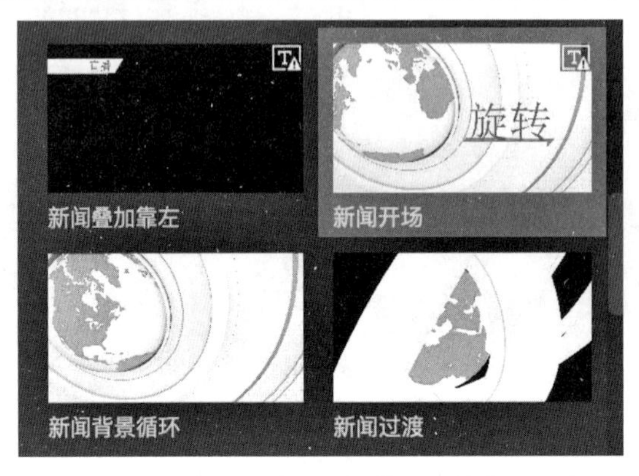

图 3.251　节目的包装预设模版

3.14.4 制作打字机效果

1. 利用 Premiere 制作打字机效果

在 Premiere 中可以直接利用【不透明度】中的蒙版制作打字效果。通过旧版标题建立文字层，输入需要的文字，输入大段文字时可以用【文字工具】拖拽出一个【文本框】，如图 3.252 所示，将文字输入在文本框中，这样能更方便地调节文本的长度与换行。

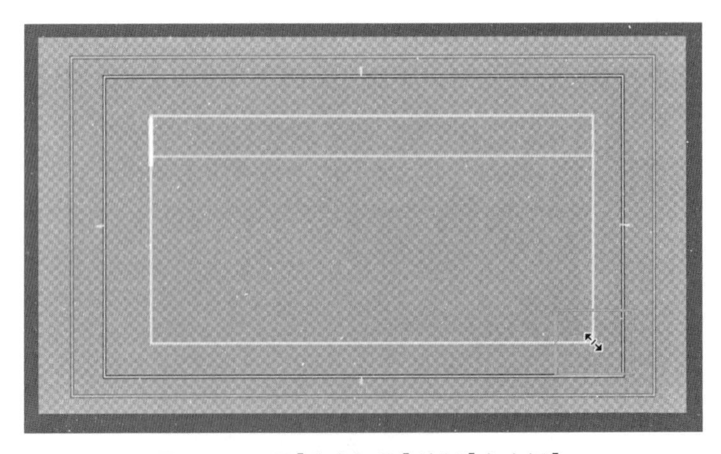

图 3.252　用【文字工具】绘制【文本框】

在文字输入完成后，将文字层放置在【时间轴】上。在【时间轴】上选中文字图层后，单击【效果控件】中【不透明度】下方的【蒙版】工具，如图 3.253 所示。

图 3.253　【蒙版】工具

建立的矩形【蒙版】会出现在【节目】面板的画面中间，将鼠标放置在矩形中，移动矩形至文本开头的左边，如图 3.254 所示，使矩形【蒙版】中没有文字出现。

图 3.254　将矩形【蒙版】放置在最左边

在需要文字出现的时间点，点击【蒙版（1）】中【蒙版路径】前面的时间秒表，激活【蒙版路径】的关键帧，激活关键帧之后【时间轴】上会自动生成一个关键帧，将时间指针往后拖动 3 秒左右后，用鼠标框选矩形【蒙版】右边的两个锚点并拖动至文字结束的地方，【时间轴】上会再次自动生成一个关键帧，如图 3.255 所示，这两个关键帧代表【蒙版路径】的变化，动画效果为通过蒙版路径的变化让文字慢慢出现，文字完全出现时，【蒙版（1）】的状态如图 3.256 所示。

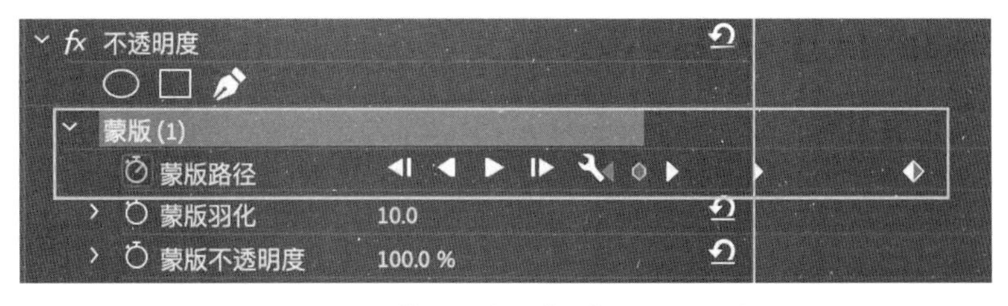

图 3.255　【蒙版路径】属性上的关键帧

图 3.256　文字完全出现时【蒙版（1）】的状态

如果只有一排文字则动画已经制作完成，如果是一个段落的文本，即可在第一行文字动画完成之后再建立一个【蒙版（2）】，如图 3.257 所示，利用上述的方法制作第二行的文字动画，如图 3.258 所示，通过调节关键帧的时间让第二行的文字在第一行文字出现之后出现即可。段落文本在制作【蒙版】时要注意蒙版的高度，让行与行之间不要相互影响。

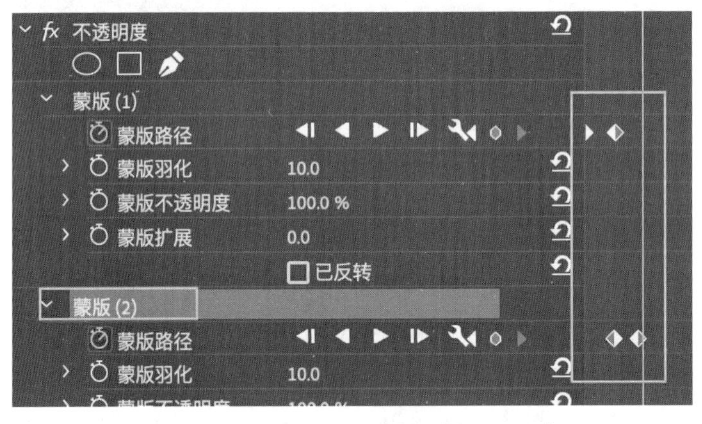

图 3.257　为第二行文字添加【蒙版（2）】

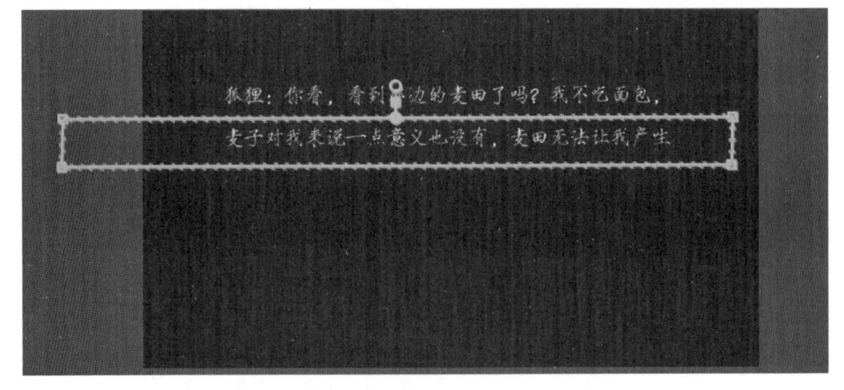

图 3.258　文本完全出现时【蒙版（2）】的状态

这种制作方式虽简单方便但是有一个明显的缺点，即文字不是以字符为单位出现的，在【蒙版】的移动过程中，每个字符都会有只出现一半的时刻，如图 3.259 所示，所以这种方法适合用在对打字效果不是很严谨的场景里，或是打字速度非常快不足以让观众发现这个穿帮的部分。

图 3.259　【蒙版】在移动过程中字会只出现一半

提 示 1

有关锚点的选择与移动有以下方面需要注意。用鼠标框选锚点时，有两个方法：第一种方法为，直接用鼠标将所有需要的锚点一次性框选住。有时由于需要选择的锚点之间距离过远或者没有相邻，不方便一次性框选，便可以使用第二种方法，第二种方法为，选中一个锚点后按住 Shift 键再选另外一个锚点，这样便可以自由地选中多个锚点。选中的锚点为实心，没有选中的为空心。移动锚点的过程中按下 Shift 键可以保持水平或垂直方向的移动。通过键盘的上下左右键也可以对锚点的位置进行调节。

对于 Premiere 中的蒙版在“3.1 运动的望远镜”小节中也有详细讲解，在制作该案例时可作参考。

提 示 2

激活关键帧之后【蒙版】的路径有时会在【节目】面板中消失，这时只需要单击一下【蒙版】的名称，例如：【蒙版（1）】，如图 3.260 所示，【蒙版】的路径便会在节目面板中再次出现。

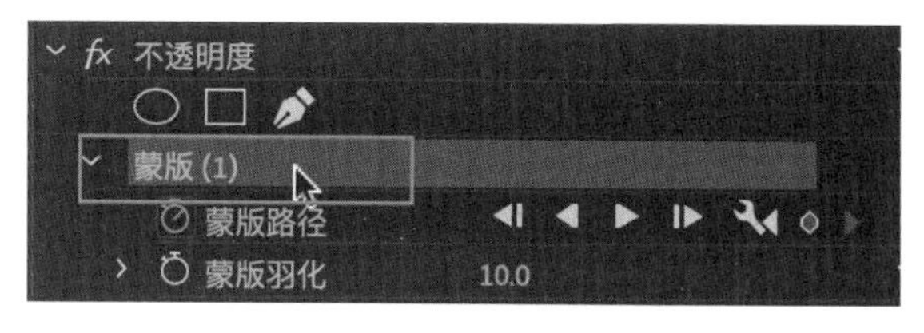

图 3.260　单击一下【蒙版(1)】

2. 利用 After Effects 制作打字效果

在 After Effects 中有内置的【打字机】效果可以直接作用于文本，制作出打字的效果。在 After Effects 上方的工具栏中选中文字工具，选中之后在【合成】面板的画面中绘制出文本框输入需要的文字，如图 3.261 所示，绘制文本框的方法与在 Premiere 中绘制文本框的方法一致。输入完成后可以利用【对齐】面板中的【水平对齐】和【垂直对齐】将文本框放置在整个画面的中心位置。有关对齐的具体方法可以参考 3.14 章节“为视频添加文本”中 3.14.1 小节“为视频添加字幕”中第 5 部分“After Effects 结合 Premiere 添加字幕”。

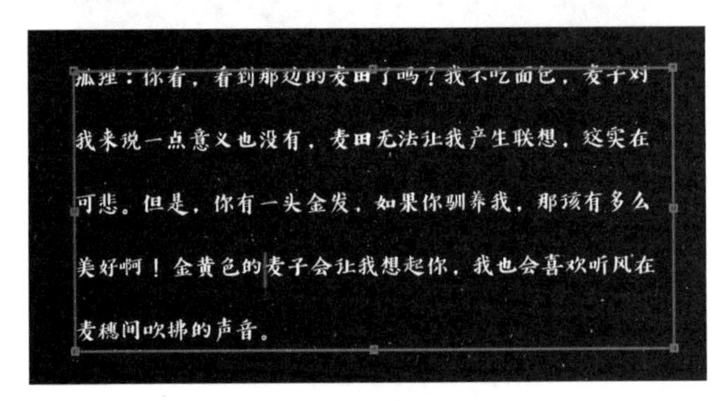

图 3.261　在文本框中输入内容

文本输入完成后，在【效果和预设】面板中搜索【打字机】即可找到【打字机】效果，如图 3.262 所示，添加后可以用鼠标向后拖动时间指针对效果进行预览。根据视频内容和风格的需求对文本出现的时间和速度进行调节后便可完成该效果。

图 3.262　【打字机】效果

添加预设动画的方法和对速度时间的具体调节方法可以参考“After Effects 中预设的文字”章节。在 After Effects 中制作的文本动画是以单个字符为单位的，因此不会出现在 Premiere 中所出现的“出现半个字”的穿帮现象。

提　示

在 After Effects 中输入的文字默认为横排文字，如需要输入竖排文字可以用鼠标长按工具栏中的文本工具，在出现的下拉菜单中选择【直排文字】工具，同样可以利用上述的方法为竖排文字添加打字机效果。

3.14.5 让文字沿着制订的路径运动

有时在一些文字动画效果中需要为文字指定运动路径，让文字沿着规定的路径进行运动，例如在一些综艺节目中，经常让文字沿着人物的边缘运动，本小节会利用 After Effects 中为文字添加运动路径的方法来模拟文字沿着人物的边缘运动的效果。

1. 输入文本与绘制路径

先通过【文本】工具在【合成】面板里输入文本内容，输入完成后将时间跳转至 15 秒，小熊完全出现时，用鼠标选中文本图层后绘制蒙版。利用形状工具或钢笔工具在合成面板中绘制该图层的蒙版（钢笔的使用方法可以参考“对人物进行抠像”章节），如图 3.263 所示。

图 3.263 粉红色的线为绘制的蒙版

绘制完成蒙版后，单击文字图层前的图标展开文字图层的文本属性，在【路径】选项中选择绘制好的蒙版名称，这样便可将绘制的蒙版指定给文本路径，如图 3.264 所示。

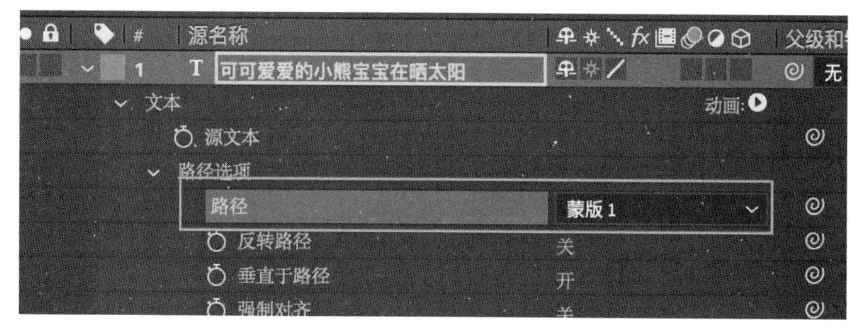

图 3.264 将绘制的蒙版指定给文本的路径

完成上述的操作后文本的字符便会沿着绘制好的路径排列开来，如图 3.265 所示。

图 3.265　文本沿着路径排列

在【路径选项】下有一些相关的参数，如图 3.266 所示。

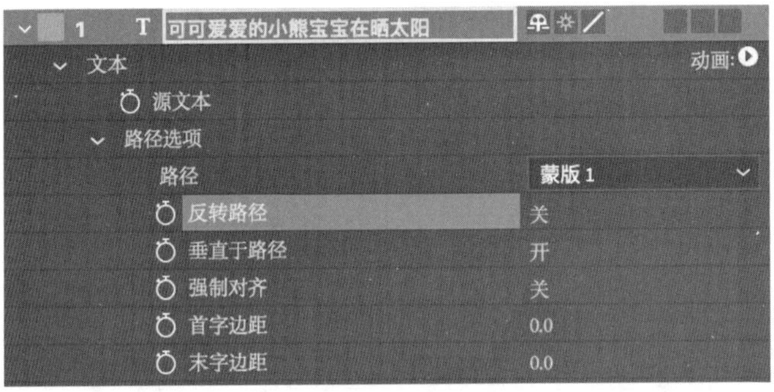

1 T 可可爱爱的小熊宝宝在晒太阳	
文本	动画:
源文本	
路径选项	
路径	蒙版 1
反转路径	关
垂直于路径	开
强制对齐	关
首字边距	0.0
末字边距	0.0

图 3.266　【路径选项】下的参数

第一个为【反转路径】，如图 3.267 所示，打开这个效果之后字符会倒着摆放。

图 3.267　【反转路径】效果

第二个参数为【垂直于路径】，打开这个效果之后每个字符都会与路径呈 90 度垂直，就像摆放在路径上一样，关闭这个效果之后，字符会全部呈 90 度垂直于画面，如图 3.268 所示。

图 3.268　【垂直于路径】效果

第三个参数为【强制对齐】，有时在字符较少、字符间距较近的情况下，字符会明显短于路径的长度，打开这个效果之后字符会均匀分布在整个路径之上，如图 3.269 所示。

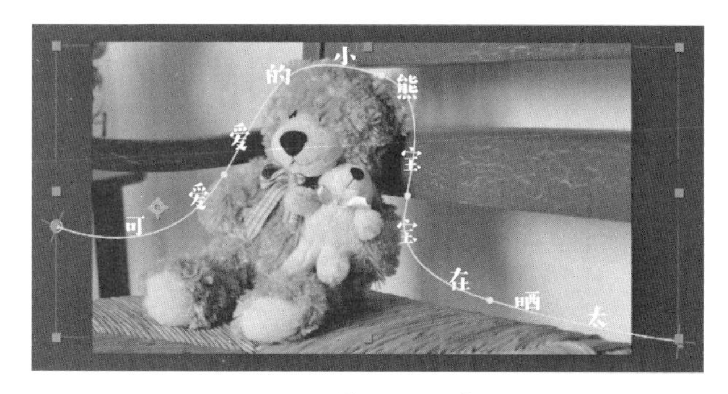

图 3.269　【强制对齐】效果

第四个参数为【首字边距】，【首字边距】可以调节第一个字符与路径起始点的距离，该参数的默认值为 0，指第一个字符与路径起始点一开始是对齐的，后续经过数值的调节会有所偏移，利用文本的起始部分的一段红色竖线可以调节偏移的强度，如图 3.270 所示。

图 3.270　文本的起始部分的红色竖线

第四个参数为【末字边距】，【末字边距】只有在【强制对齐】功能打开时才起作用，打开【强制对齐】功能后可以在文本的末端也看到一段红色竖线，这个竖线即可调节【末字边距】的数值。数值变小，文本会向左缩紧；数值变大，文本会向右散开，调节【首字边距】【末字边距】，可以制作文本动画。

2. 添加动画效果

了解相关参数后可以为文本添加动画效果。利用路径给文本添加动画效果主要有两个途径，一种途径是在【首字边距】【末字边距】上设置关键帧，另一种途径为调节蒙版路径的形状。在下文案例中，将利用在【首字边距】属性上添加关键帧，使文本沿着小熊进行运动。

在素材的 15 秒处激活【首字边距】属性前的时间秒表，将值调为“–1300”，添加第一个关键帧，这时文字会完全从左边退出画面；在 18 秒处，将【首字边距】属性将值调节为“3015”，这时文字会从右边移出画面，软件会自动添加第二个关键帧，如图 3.271 所示。预览视频可以发现文字沿着路径进行移动的动画已经完成，如果觉得运动的速度有点快，可以将第一个关键帧移动至 11 秒左右，动画运动的时间延长后，速度便会变慢。

图 3.271　预览效果与所添加的关键帧

注 意

在 After Effects 中选中图层之后利用形状或钢笔绘制形状即可为图层建

立蒙版，如没有选中直接进行绘制出来的为形状图层，因此在为文字图层绘制蒙版之前一定要在时间轴内先选中该文字图层再绘制蒙版。

提　示

在 Premiere 的旧版标题中也可以为字幕指定路径，详见“为视频添加字幕”中“利用旧版标题添加字幕”章节。但是，在 Premiere 中只能为字幕指定路径，无法添加相关动画。

3.14.6 模拟直播弹幕

如今，随着直播和视频弹幕网站的兴起，人们越来越习惯利用弹幕这种方式来进行吐槽或表达想法，常常将其运用到自己拍摄的小短剧或者 Vlog 里。在 Premiere 中，可以利用【旧版标题】中的【游动字幕】工具制作弹幕效果。

1. 制作一条弹幕

打开【文件】—【新建】—【旧版标题】，在【旧版标题】面板输入文本，输入文本后单击【滚动 / 游动选项】，如图 3.272 所示。

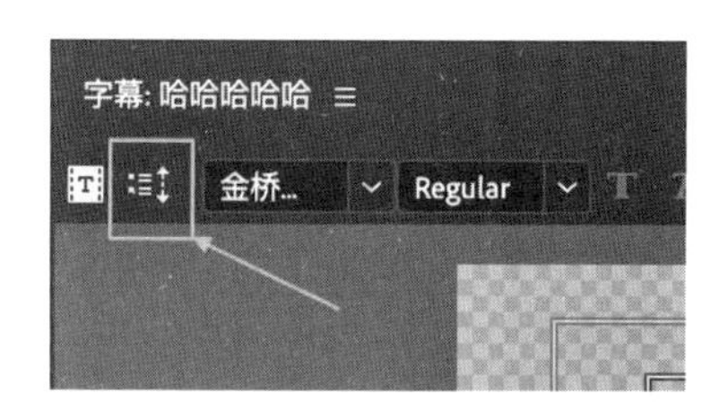

图 3.272　【滚动 / 游动选项】工具

在【滚动 / 游动选项】窗口的字幕类型中选择【向左游动】，在定时（帧）中勾选【开始于屏幕外】【结束于屏幕外】，如图 3.273 所示。

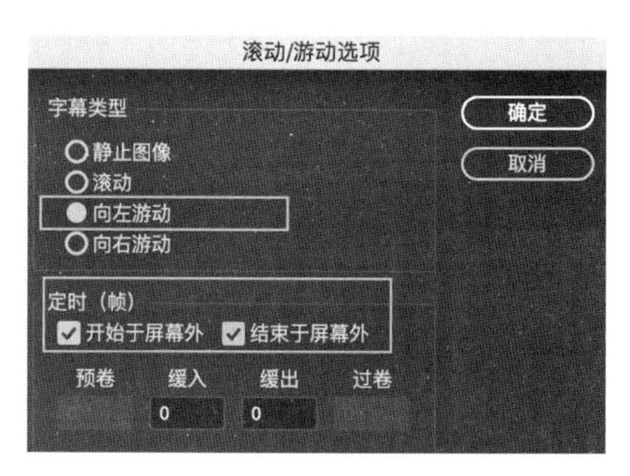

图 3.273　调节【滚动 / 游动选项】参数

单击确定后，可以在【项目】面板中看见新建的字幕文件。注意看这个字幕文件的图标与普通字幕文件的图标是有一定区别的，普通字幕文件的图标前面是静态图片的图标，而游动字幕（命名为“哈哈哈哈哈”的为游动字幕文件）的图标是视频图标并且还有【帧速率】【媒体开始】【媒体结束】【媒体持续时间】等参数，如图 3.274 所示，因此游动字幕文件实际上是一个视频文件。

第03章 视频的包装.prproj

名称	帧速率	媒体开始	媒体结束	媒体持续时间
图片				
普通字幕				
哈哈哈哈哈	25.00 fps	00:00:00:00	11:59:59:24	12:00:00:00
模拟直播弹幕	25.00 fps	00:00:00:00	23:00:00:01	00:00:00:00

图 3.274　【项目】面板中不同字幕的显示

将其拖动至【时间轴】进行预览可以看到字幕从右边向左边进行运动，通过调节游动字幕视频条的长度可以更改其运动的速度，持续时间越长，运动速度越慢，持续时间越短，运动速度越快。

2. 制作多条文本格式相同的弹幕

建立多条弹幕时不需要重复上述的步骤单个进行制作，只需要基于第一条弹幕的属性进行新建即可。打开第一条弹幕的【旧版标题】面板，单击【基于当前字幕新建字幕】，单击之后会弹出来一个对话框【新建字幕】，这个新建的字幕是基于当前的文本大小、颜色、字体、类型等各方面来新建一个一样的字幕，对【名称】进行修改后单击确定。确定之后，通过项目面板可以看到，在【旧版标题】面板中编辑的为新建的字幕，这时只需更改字幕文本内容即可，更改完内容后再次选择【基于当前字幕新建字幕】会新建第三个字幕，同样只需更改字幕文本内容，按照这样的方式能够制作完所有的字幕内容。有关“基于当前字幕新建字幕”的内容在 3.14 章节“为视频添加文本”中 3.14.1 小节“为视频添加字幕”中的第 1 部分“利用 Premiere 中旧版标题添加字幕”有详细讲解，可以参考。

在【项目】面板可以看到所有制作完成的字幕文件，将它们依次拖动到【时间轴】上调整它们的位置、出入顺序、持续时间后即可完成多条弹幕效果，如图 3.275 所示。该效果制作出的多条弹幕的文本格式都是一样的，如果需要让每条弹幕的颜色有区别需要手动进行调节。

图 3.275　制作多条弹幕的效果

提 示 1

为了方便后期编辑不会出错，建议在【新建字幕】对话框输入【名称】时直接输入字幕的内容，即利用字幕的内容直接对字幕的名称进行命名，这样在后期编辑时可以很直观地通过字幕素材的名字了解该字幕的文本内容，避免一条条地重新打开看，有效地节约了时间，也不会出错。

提 示 2

除了以上介绍的方法以外还有一种方法也可以为视频添加弹幕效果，即在建立字幕之后，为字幕在运动属性上添加关键帧，但该方法制作起来较为复杂，不如上述的方法简单方便。

3.14.7 影片后滚动的演职员表

在影片播完之后经常会出现由下至上滚动的演职员表。在 Premiere 中，可以利用【旧版标题】中的滚动字幕工具制作滚动的演职员表。

通过【文件】—【新建】—【旧版标题】新建字幕文件，在【旧版标题】面板绘制【文本框】后输入文本，写完一行后可以利用键盘的回车键进行换行，字幕行数没有限制。输入完文本后可以对其属性进行调整，在右边的【旧版标题属性】中可以对文本的大小、字体、行距等属性进行调节。为了观众能够更好地阅读字幕的文本内容，滚动字幕的行间距不宜过近。对文本外观设置完后，单击【居中对齐】工具可以将字幕在文本段落内居中对齐，如图 3.276 所示。左边工具栏中【对齐】分类内的【垂直中心】工具可以将整个字幕对齐至屏幕的正中间，如图 3.277 所示。

图 3.276 【居中对齐】工具

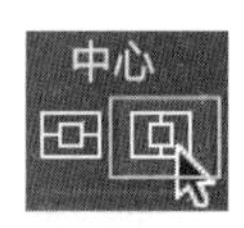

图 3.277 【垂直中心】工具

单击【滚动 / 游动选项】工具，工具图标如图 3.278 所示。

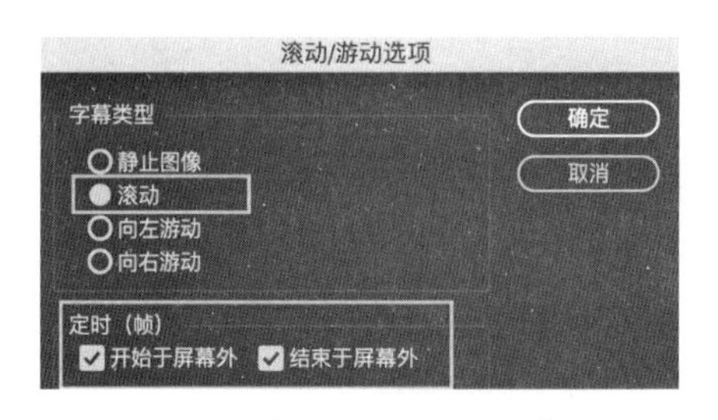

图 3.278 【滚动 / 游动选项】工具

在【滚动 / 游动选项】窗口的字幕类型中选择【滚动】，在定时（帧）中勾选【开始于屏幕外】【结束于屏幕外】，如图 3.279 所示。

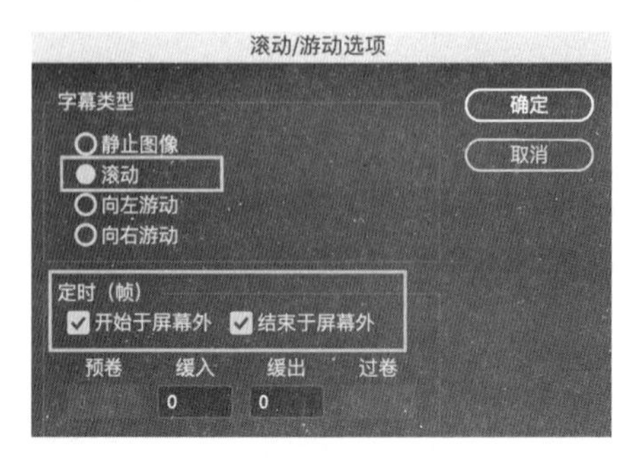

图 3.279 【滚动 / 游动选项】窗口

单击确定后，可以在【项目】面板看见新建的字幕文件，将其拖拽至【时间轴】上即可在【节目】面板中看到制作好的字幕文件，如图 3.280 所示。与上一小节中讲解的【游动字幕】相同，滚动字幕也是以视频格式存在的，将其拖动至【时间轴】进行预览可以看到字幕从下至上进行运动，通过调节滚动字幕视频条的长度可以更改其滚动速度。

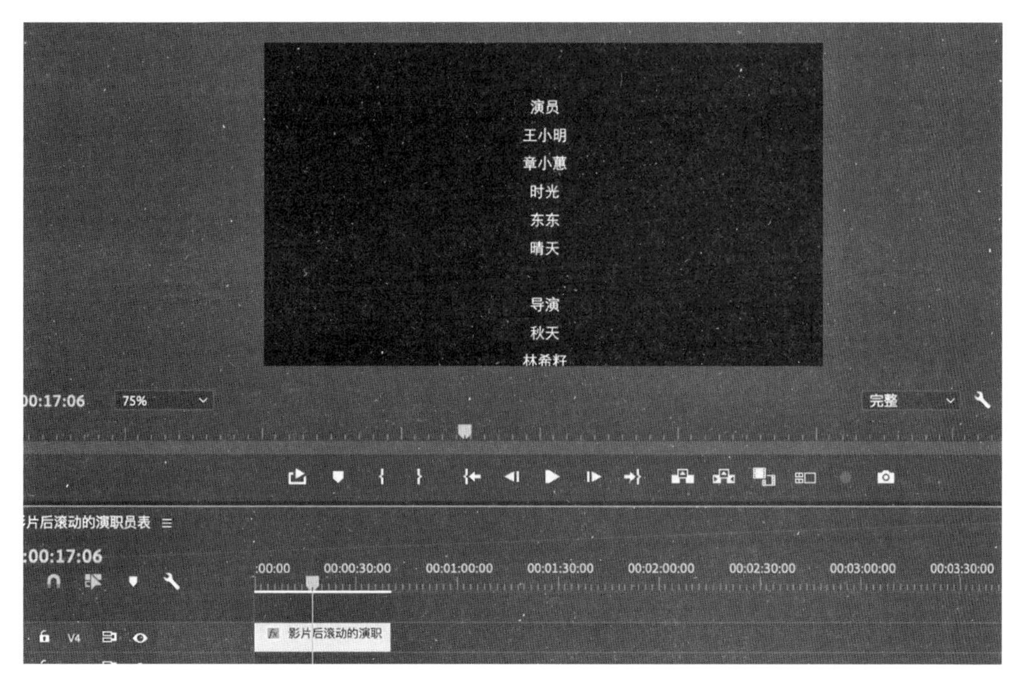

图 3.280　滚动的演职员表

3.15　对视频进行调色

视频可能会受到设备、天气、光照、环境等各方面的影响出现画面饱和度过低、曝光不足、色彩偏色等问题。利用 Premiere 可以对视频画面进行色彩校正以达到需要的画面效果。在本小节中，将介绍利用 Premiere 对画面进行色彩校正与调节的方法。

3.15.1　利用 RGB 分量图分析画面色彩

如图 3.281 所示，将 Premiere 的窗口布局调节为【颜色】。

图 3.281　调节布局为【颜色】

调节后可以在界面中看到【Lumetri 范围】窗口，如图 3.282 所示，该窗口一般在【效果控件】窗口的左侧。如没有看到，可以通过【窗口】—【Lumetri 范围】调出【Lumetri 范围】窗口。在【Lumetri 范围】窗口内任意位置单击鼠标右键选择【预设】—【分量 RGB】，可以将【Lumetri 范围】窗口的显示调节为 RGB 分量图显示。

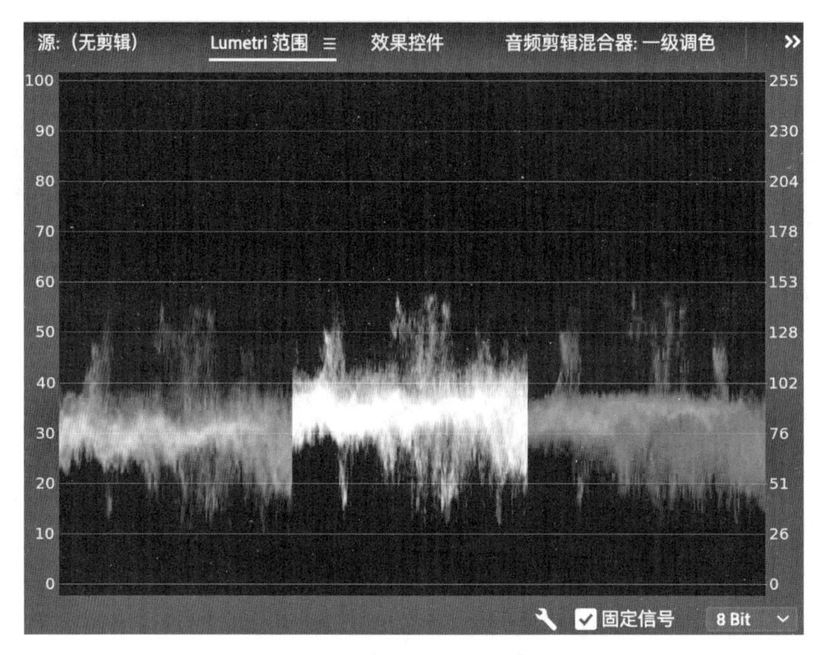

图 3.282 【Lumetri 范围】窗口

由图 3.282 可以看出 RGB 分量图显示为 RGB 三个色彩通道的波形图，RGB 三个色彩通道分别为 Red（红色）、Green（绿色）、Blue（蓝色）。在波形图中，刻度从下到上递增，底部的 0 代表绝对暗与黑，顶部的 100/255 代表绝对亮与白。RGB 分量图中的波形也称为光迹，平衡镜头中光迹超过 100 标线或者低于 0 标线就会发生裁切而导致细节丢失。一般来说，光迹底部应该落在波形图的 0—20 之间的某个位置，如果镜头中有绝对黑的元素，那么光迹应该接近 0 标线。如果图像中最暗的部分是深灰色，那么波形在图上可能更接近 10 标线。在波形图中，从左到右的显示是按照画面本身从左到右的画面来进行显示的。

通过 RGB 分量图可以清晰地看到画面中的每个部分的颜色分布，例如在图 3.283 的 RGB 分量图中可以看出该画面的颜色都集中在中间色调，画面中没有较深的颜色，也没有较亮的颜色，整体画面应该是对比度较低的“偏灰”的画面。在图 3.284 的 RGB 分量图中可以看出画面中亮部较多并且偏红，画面中间与暗部颜色较少，画面亮度可能过曝。

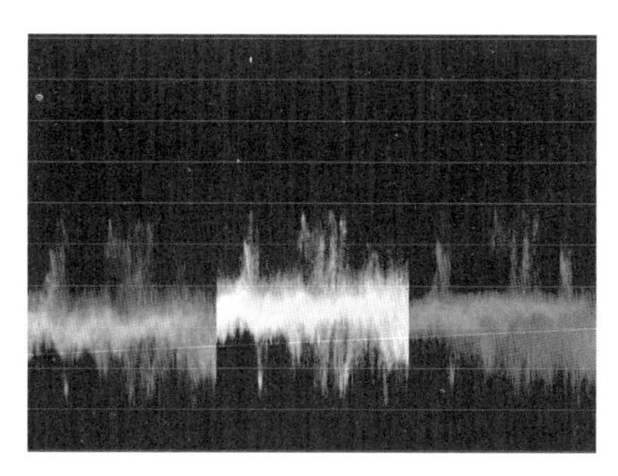

图 3.283 RGB 分量图及对应的图像

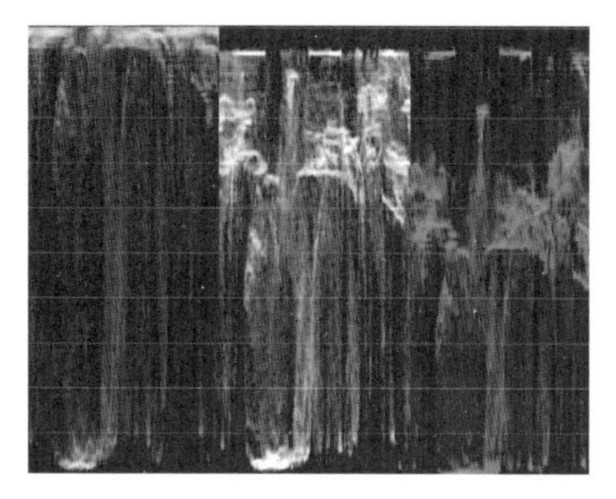

图 3.284 RGB 分量图及对应的图像

在无色偏的情况下，RGB 中的三个波形应该是上下齐平的，并且整体画面的高光、中间调、阴影均有颜色分布。通过 RGB 分量图，我们能更直观地了解画面的颜色分布，更好地进行画面色彩分析。

3.15.2 一级调色

一级调色是指对画面进行初级调色，包括调节画面的整体曝光、对比度、色彩平衡、色调冷暖，等等。一级调色时只需要将画面中的白色和黑色调节为纯白和纯黑色，也就是让暗部与亮部没有明显的偏色，将画面的曝光、色彩校正至一个正常水准即可。在 Premiere 中，可以通过【Lumetri 颜色】窗口中的【基本校正】【曲线】【色轮与匹配】等功能来进行一级调色。将 Premiere 的窗口布局调节为【颜色】，可以在整个 Premiere 界面的右边看到【Lumetri 颜色】窗口，如没有看到，可以通过【窗口】—【Lumetri 颜色】调出【Lumetri 颜色】窗口。

在 Premiere 中调色经常会新建一个【调整图层】，将调色的效果添加至【调整图层】，【调整图层】是一个透明的图层，将它放置在视频上方的轨道后，添加至它的效果会作用于下方的视频，通过【调整图层】来调节颜色能够方便地调节整段视频需要调色的区间，以及能快速地对调色效果进行删除或调节。

建立【调整图层】的方法为：在【项目】面板单击鼠标右键选择【新建项目】—【调整图层】，建立好【调整图层】后将它放置在需要调色的视频的上方轨道，如图 3.285 所示，后续在通过【Lumetri 颜色】窗口调色时，只需要选中【时间轴】上的【调整图层】进行更改即可，在后面与调色相关的案例中没有特殊说明的情况下，所有的颜色效果都添加至【调整图层】，在后文中不再多做赘述。

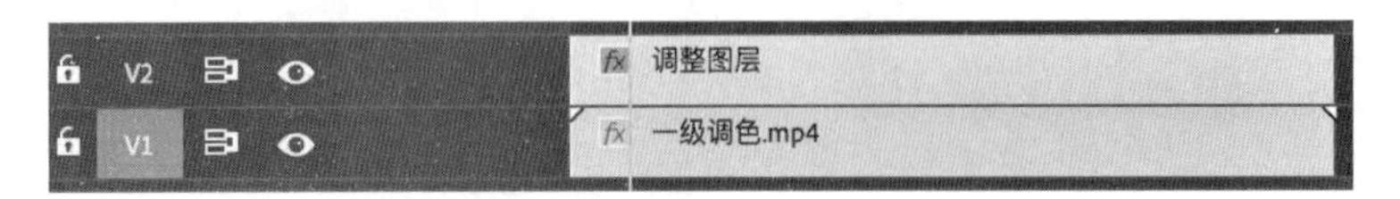

图 3.285 【调整图层】需要放置在需调色图层的上方

在这一小节中我们将对如图 3.286 所示的视频进行调色，该视频的 RGB 分量图如图 3.287 所示，通过观察待调色视频画面的 RGB 分量图，可以发现画面中中间调的颜色较多，缺少亮部的颜色。在本小节中，我们将通过 Premiere 中的【基本校正】【曲线】【色轮与匹配】等功能为这段视频进行一级调色。

图 3.286 待调色的视频画面

图 3.287 待调色视频画面的 RGB 分量图

1. 基本校正

单击【Lumetri 颜色】窗口中的【基本校正】可以展开【基本校正】的参数，如图 3.288 所示，如参数为灰色则不可选，可以点击【基本校正】右侧的“小勾”。

图 3.288　展开【基本校正】的参数

（1）输入 LUT

如图 3.289 所示，展开【基本校正】的参数后会看到一个选项叫【输入 LUT】，LUT 是 Look Up Table 的简称，可以将它翻译为“颜色查找表”“色彩对应表”等。在图像处理中，“颜色查找表”将索引号与输出值创建联系，将每一组 RGB 的输入值转化成输出值，对颜色进行重新映射、运算，用来确定特定图像中每一像素所要显示的颜色和强度。从某种程度上来说，LUT 与平时所说的滤镜效果类似。

图 3.289　【输入 LUT】选项

如今很多视频采用 LOG 模式进行拍摄，LOG 图像虽然看起来很灰、很平，但却记录了非常丰富的亮部和暗部细节，给予后期制作者较大的发挥空间。通过 LUT 可以将 LOG 模式下的画面色彩进行还原，例如利用索尼拍摄的影片，可以在索尼官方渠道下载对应的 LUT 对画面进行色彩调节，LOG 素材加载对应的 LUT 之后能够更好地显示色彩。

在【输入 LUT】中有一些 Premiere 的默认选项，除了内置的默认选项外，还可以通过【浏览】选择网络上下载的与影片对应的 LUT 文件，常用的格式有 3dl、cube、look，等等。通过 LUT 可以将画面的对比度、饱和度、曝光度等还原至一个更好的状态，如果没有合适的 LUT 或者输入 LUT 后通过 RGB 分量图观察画面，发现画面还是存在偏色、曝光不足等问题，可用【白平衡】【色调】内的更多参数对画面的整体色彩进行调节。

（2）白平衡

白平衡的基本概念是“不管在任何光源下，都能将白色物体还原为白色”。白色的物体在不同的光源、环境下拍摄时会出现偏色现象，变得看上去不是白色。在软件中可以对画面进行调节，让白色依然成像为白色，那样一来，画面中的其他景物的颜色就会接近人眼的色彩视觉习惯。

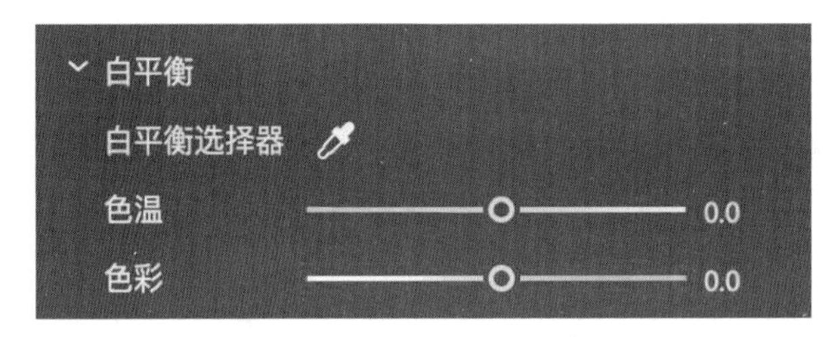

图 3.290　调节白平衡参数

如图 3.290 所示，在使用【白平衡选择器】时，可以用吸管去吸取你认为画面中是“白色”的物体的颜色，然后软件会进行分析，将吸管吸取的颜色设定为“白色”，从而调节整体画面的颜色倾向。除了【白平衡选择器】以外，还可以用【色温】和【色彩】对画面的冷暖与颜色倾向进行调节。

（3）色调

在该案例中，画面中中间调的颜色较多，缺少亮部的颜色，我们可以通过提高【曝光】的值来增加亮部的颜色，选中【曝光】后面的小滑块按住不要松开，然后拖动滑块，可以在【节目】面板中看到调节的实时效果。

如图 3.291 所示，除了【曝光】以外，还可以对【对比度】【高光】【阴影】等参数进行调节。通过图 3.292 的 RGB 分量图可以看出，调节后的 RGB 分量图上下齐平，高光、中间调、阴影均有颜色分布，在图 3.293 的对比图中也可以看出，调节画面在曝光、明暗对比等方面的参数后，使画面达到了更好的效果。

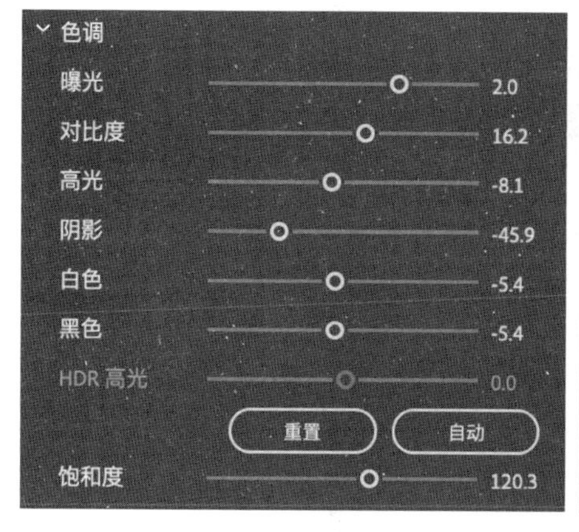

图 3.291 调节色调中的参数

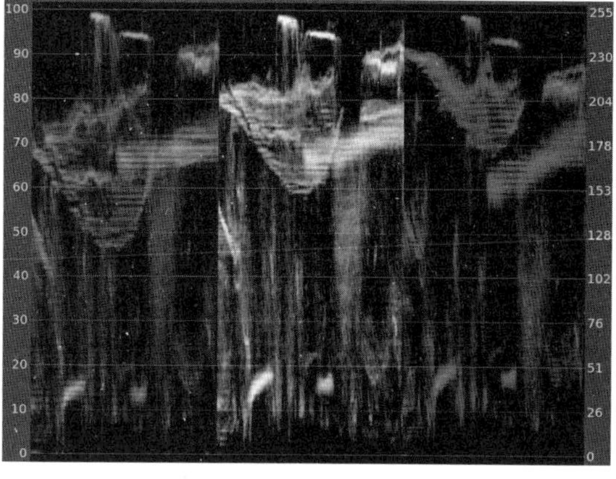

图 3.292 调节后的 RGB 分量图

图 3.293 调节的前后对比

2. 创意

如图 3.294 所示，在【创意】面板内有一个【Look】选项，如果说【基本矫正】中的【输入 LUT】是对画面色彩进行基本的修正，让颜色信息准确地转换为原始捕获的真实色彩，那【创意】中的【Look】则是让画面更加风格化，更加富有创造性。

点开【Look】旁边的下拉菜单会发现里面有很多 Premiere 内置的预设，可以直接选择来使用，但是更便捷的方法是通过下面预览框左右两边的箭头来切换效果，这种方法能非常直观地看到画面在作用不同的效果下所呈现的色彩是否满足自己的需要，下方的【强度】滑块可以调节当前效果作用于画面的强度，确定需要的效果后，单击预览窗口的任意处即可，效果会作用于画面并出现在【节目】面板。如果想更换效果，只需在预览窗口重新选择后单击即可。

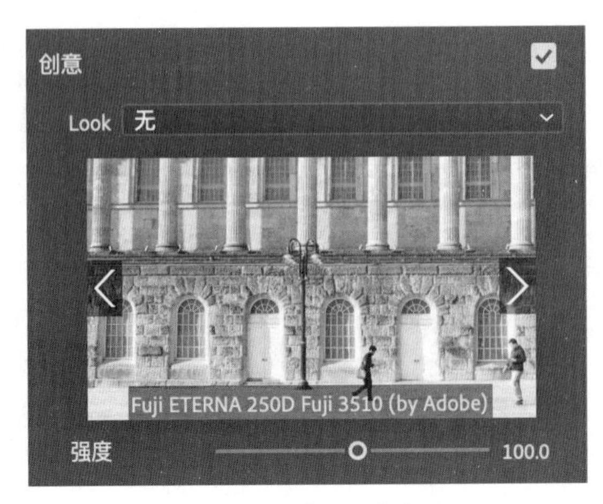

图 3.294 【Look】选项

如图 3.295 所示，在【Look】下方为【调整】面板，【调整】面板内有多个不同的参数可以调节。增加【淡化胶片】的值可以模仿胶片相机的成像效果，使画面有一种雾蒙蒙的感觉，在一些表达特殊情绪的场景画面中可以用到。增加【锐化】可以强化画面的细节，让很多画面细节表现得更加清楚，降低【锐化】则会弱化画面细节。【自然饱和度】和【饱和度】都是为调节画面的饱和度而服务的，【自然饱和度】能够智能地提升画面中饱和度比较低的颜色，而使饱和度本身较高的颜色保持原状，【饱和度】则会直接调整整个画面的饱和度。最下方的【阴影色彩】【高光色彩】可以分别调节画面中暗部与亮部的颜色倾向，调节时直接用鼠标在色轮上点击即可。

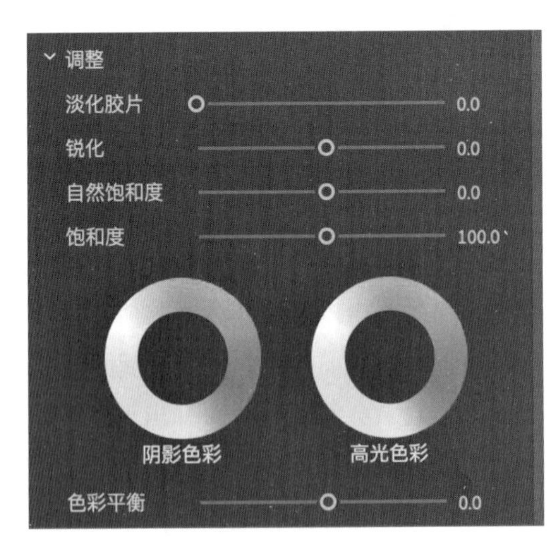

图 3.295 【调整】面板

3. 曲线

曲线是一个非常出色的色彩调整工具，它操作方便且自由度高，能调节出各种效果，很多人将它称为“调色之神”， 曲线编辑器不只存在于 Premiere 中，在 Photoshop、Lightroom、After Effects 甚至很多手机修图软件中都有一席之地。

（1）RGB 曲线

RGB 曲线由 Red（红色）、Green（绿色）、Blue（蓝色）三个通道的曲线叠加而成，RGB 曲线调整的核心其实就是对原图亮度的变换。曲线的横轴是原图的亮度，从左到右是由黑至白。曲线的纵轴是目标图（调整后）的亮度，从下到上仍然由黑至白，如图 3.296 所示。

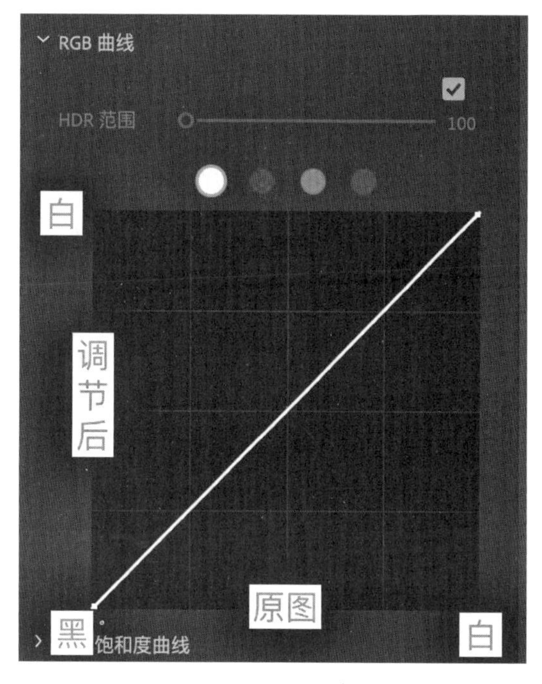

图 3.296　RGB 曲线

在曲线上任意处单击可以得到一个锚点，这个锚点的“输入值”就是它横轴对应的值，即原图中的亮度，它的“输出值”就是纵轴中的数值，也就是调整后它的亮度值。未调整的情况下，曲线默认为呈 45 度的一条对角线，如图 3.297 所示，这时横轴（原图）和纵轴（目标图）的亮度值相等，所以画面没有变化。试想一下，如果在曲线上任意处单击到一个锚点后将这个锚点向上移动，如图 3.298 所示，那么这个锚点所对应的原图的亮度值在调节后对应到纵轴（目标图）的亮度值会升高，画面中对应的区域也会因此变得更亮。

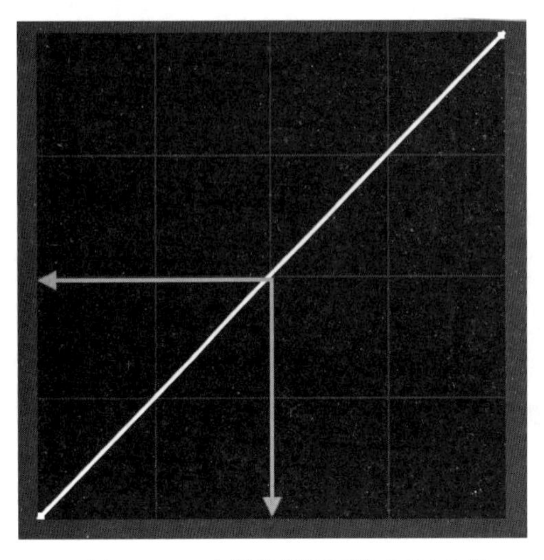

图 3.297　未调整情况下的 RGB 曲线

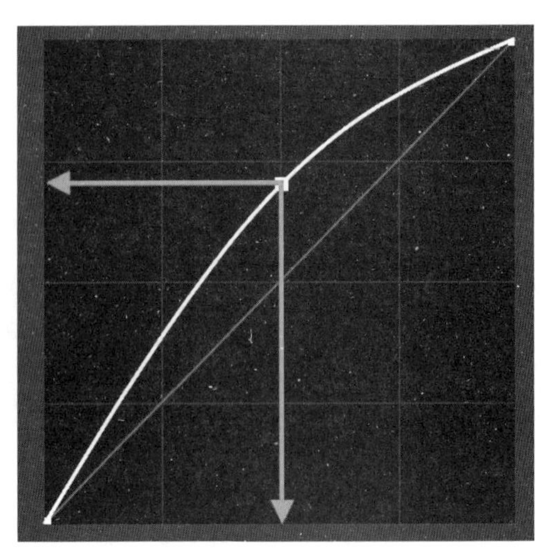

图 3.298　调节后的 RGB 曲线

将锚点向上移动后可以通过图 3.299 的 RGB 分量图看到 RGB 三个色彩通道中的颜色都集中在顶部较亮的部分，也可以通过【节目】面板看到整体画面都有明显的提亮效果，如图 3.300 所示。

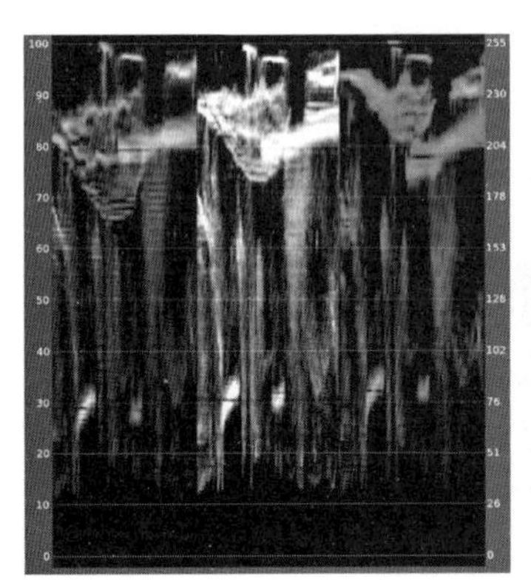

图 3.299　RGB 分量图

图 3.300　将锚点向上移动后的画面整体变亮

与之相反，如果将该锚点向下移动，那么这个锚点所对应的原图的亮度值在调节后对应到纵轴（目标图）的亮度值会降低，画面中对应的区域也会因此变得更暗。在曲线的实际运用中，较多的一种使用方法为将曲线调整为“S”型，让画面中的亮部变得更亮，暗部变得更暗，从而增加画面的明暗对比度。

在图 3.301、3.302、3.303、3.304 中将分别展示在不同曲线状态下画面的不同状态，曲线状态在每张图的右下角。

图 3.301　画面原始状态

图 3.302　画面提亮

图 3.303　画面压暗

图 3.304　通过“S”型曲线提高画面对比度

提　示

在曲线上可以添加多个锚点，根据画面需求可对多个锚点进行细微调节，锚点越多，曲线被控制得越精细，从而实现对画面细节的调节。如果需要将曲线还原至初始状态，只需双击曲线的任意部分即可。

除了自己添加的锚点以外，曲线两端的锚点也可以移动，调节画面中最暗或最亮的地方。通过前文中 RGB 曲线示意图可以看出，将左下角的锚点向右移动可以使原图中的暗部变得更暗，如图 3.305 所示，向上移动可以使原图中的暗部变亮。将右上角的锚点向左移动可以使原图中的亮部变得更亮，如图 3.306 所示，向下移动可以使原图中的亮部变暗。曲线的原理直接理解起来较为复杂，结合实践可以帮助用户更好地进行理解和记忆。

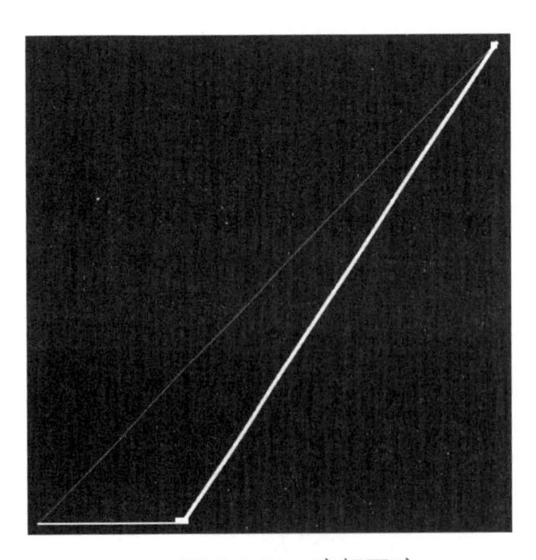

图 3.305　暗部更暗

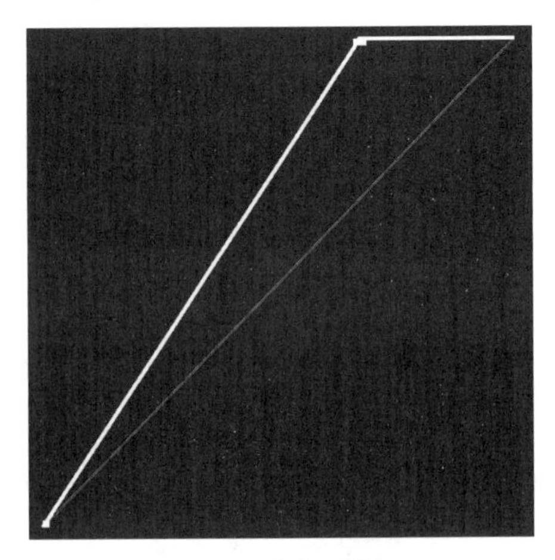

图 3.306　亮部更亮

（2）Red、Green、Blue 曲线

除了由 Red（红色）、Green（绿色）、Blue（蓝色）三个通道组成的 RGB 通道曲线以外，曲线工具还能够单独对每个通道的颜色进行调节。在【RGB 曲线】窗口的上方，有四个不同颜色的圆形分别对应 RGB 通道、Red（红色）通道、Green（绿色）通道、Blue（蓝色）通道。当选中不同通道的按钮时，曲线编辑器中的线条会变成对应的颜色，如图 3.307、图 3.308、图 3.309 所示。

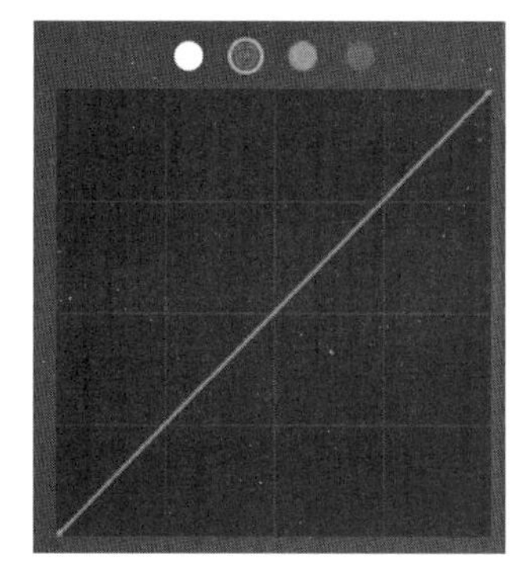

图 3.307　Red（红色）通道

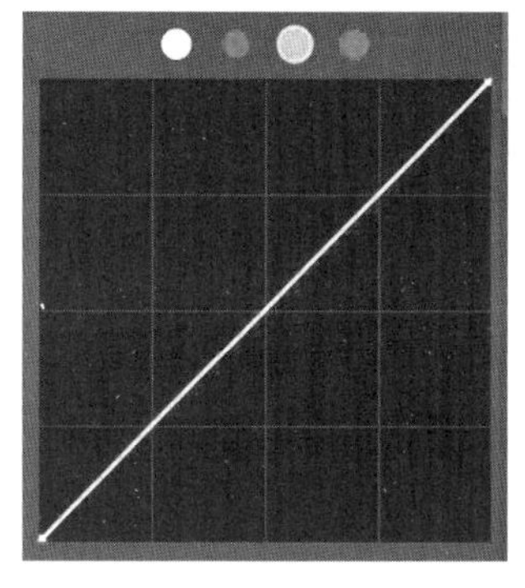

图 3.308　Green（绿色）通

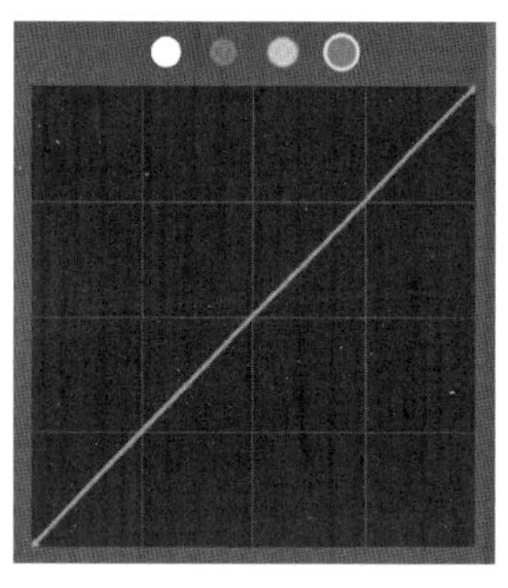

图 3.309　Blue（蓝色）通道

通过调节不同通道的曲线可以调节画面中不同亮度所含该种颜色的比例，比如在红色通道的曲线上建立一个锚点向上移动会增加画面中的红色，使画面色彩偏红，如图 3.310 所示，如果向下移动这个锚点则会减少画面中的红色，使画面倾向于红色的补色：青色，如图 3.311 所示。

图 3.310　通过 Red（红色）通道增加画面中的红色

图 3.311　通过 Red（红色）通道减少画面中的红色，从而增加青色

这里涉及一个色彩的理论知识，即补色。在色彩互补色中，红色与青色互补，蓝色与黄色互补，绿色与洋红色互补，青绿色与品红色互补。在通道曲线的调节中，如果增加某一种颜色的强度，那么在图像中该颜色的所含比例就越高，该颜色的显示就越明显。如果减少某一种颜色的强度，那么在图中显示的该种颜色的补色也就越明显。

提　示

在各个通道中添加锚点时与在 RGB 通道中一样，可以在曲线上添加多个锚点，根据画面需求对多个锚点进行细微调节。

通过以上的方法可以将画面的整体曝光、对比度、色彩平衡、色调冷暖校正至正常水准，也就完成了一级调色，接下来便可以开始对画面进行细微调节，也就是二级调色。

3.15.3 二级调色

二级调色主要是在一级调色的基础上对画面进行风格化处理以及细节处理，有针对性地对画面的局部色彩进行调节，例如调节人物的面部肤色、服装饰品、场景，等等。以下将介绍在 Premiere 中进行二级调色的常用工具【HSL 辅助】。

1. 确定调节选区

【HSL 辅助】是 Premiere 内的分区调整工具，可以对画面进行精细化调整。当用该工具进行调整时，调整只会应用于选中的色彩，而画面其他色彩不受影响。接下来我们尝试利用【HSL 辅助】工具来调节图 3.312 的画面。

图 3.312　待调节画面

展开【HSL 辅助】内的参数后，第一个分类为【键】，在【键】中可以控制调色的区间范围。如图 3.313 所示，在【设置颜色】后面有三个吸管工具，分别为【吸取颜色】【添加吸取】【减去吸取】，通过【吸取颜色】吸管工具可以确定需要调节颜色的主要范围，通过【添加吸取】【减去吸取】吸管工具可以对颜色范围进行细微调节。例如图中小朋友的手臂与手的颜色偏黄，可以用【吸取颜色】吸管工具吸取手臂的颜色确定区间范围，如图 3.314 所示，从而仅针对手臂与手的颜色进行调节，操作完成后并不能直接看到选择区域的范围，勾选选项【彩色 / 灰色】后即可看到选区范围，如图 3.313 所示。

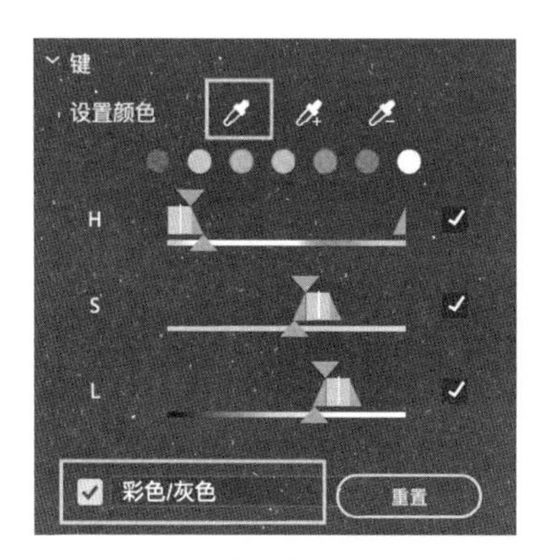

图 3.313　【键】内的参数

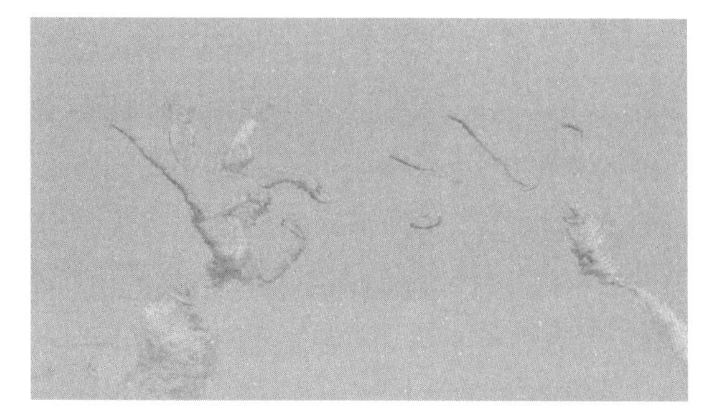

图 3.314　利用【吸取颜色】吸管工具确定主要范围

利用【吸取颜色】吸管工具对手臂进行“吸取”后，会发现人物的手臂还有很多地方并没有被选中，于是可以利用【添加吸取】吸管工具扩大选区范围，在此过程中有一些其他的类似颜色区域可能会被选中，例如左手臂左边的黄色由于与手臂的颜色比较类似，可能被选中，这时便可以用【减去吸取】吸管工具对被选中而不需要选中的区域进行删减。在调节过程中，由于色彩和亮度的原因，可能有些手臂区域不能完整地被选中，这是正常的情况，部分没有被选中的区域可以根据最终调节的效果再次进行调节，最后调节完成的状态如图 3.315 所示。

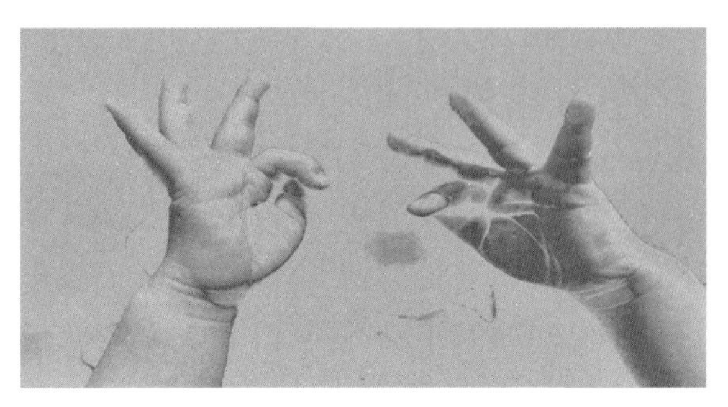

图 3.315　调节完成的状态

除了利用吸管工具对选区进行吸取与删除外，还可以利用下方的【H】【S】【L】三个部分的上下滑块对区域进行细微调节，图 3.316 中以【S】为例标记出了上下滑块的位置。【H】【S】【L】分别为色相（Hue）、饱和度（Saturation）、亮度（Lightness）。色相是指颜色的色彩，比如：黄色、红色，等等；饱和度指色彩的鲜艳程度，饱和度越高色彩越鲜艳、饱和度越低色彩越暗；亮度是指色彩的明亮程度，色彩的明度越高，色彩越亮，色彩的明度越暗，色彩越暗。

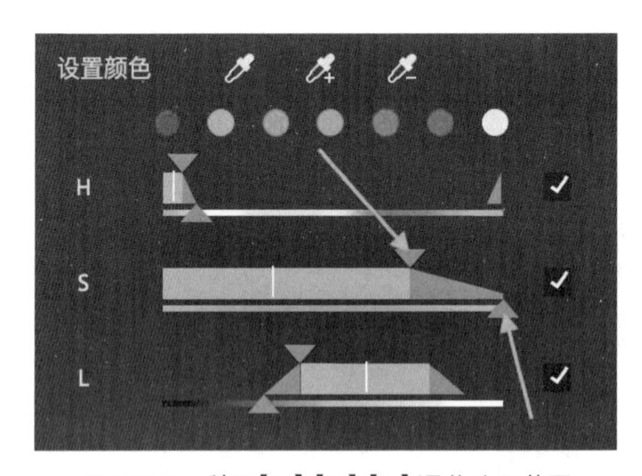

图 3.316　利用【H】【S】【L】调节选区范围

在【HSL 辅助】—【优化】中有两个选项分别为【降噪】【模糊】。调节【降噪】的值能使图像选区边缘的噪点减少，看起来更加平滑。调节【模糊】的值能使图像选区边缘有模糊与羽化的效果，让选区与非选区之间的过渡更加自然，如图 3.317 所示。

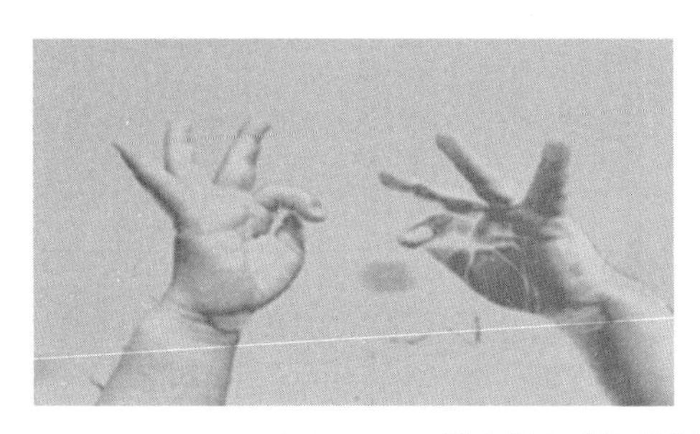
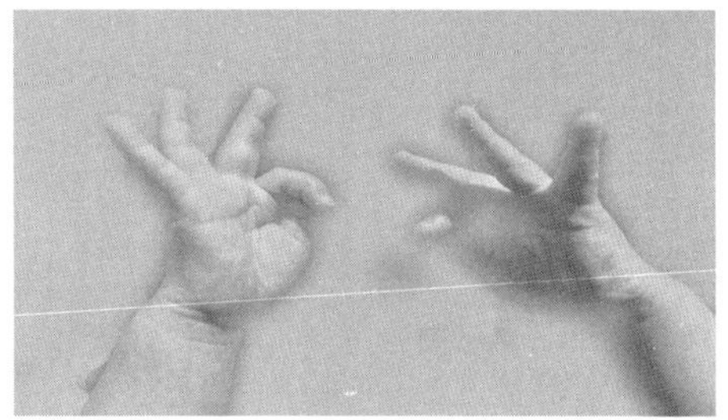

图 3.317 没有添加【降噪】【模糊】效果与添加后的对比

2. 调节颜色

以上的步骤能够帮我们确定选区，确定选区之后便可以进行色彩调节了，调节的参数只对选区内的色彩起作用。

在【HSL 辅助】—【更正】选项中有一个可以上下移动的滑块和一个色环，如图 3.318 所示。

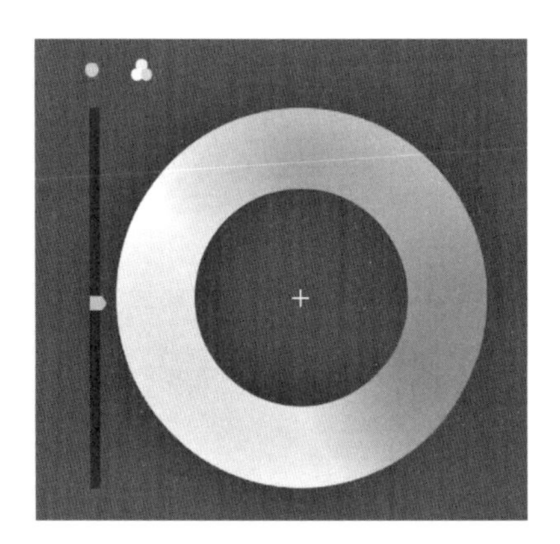

图 3.318 【更正】选项内的色环

左边的滑块可以控制选区内颜色的明亮程度，将滑块向上推，选区内的颜色会变亮，将滑块向下拉，选区内的颜色会变暗。右边的色环可以调节选区内的颜色倾向，利用鼠标单击色环上的颜色会使选区内的颜色倾向偏向点击的颜色，比如用鼠标在色环上点击橘红色区域，那么选区的颜色便会偏向于橘红色。

除了调节选区画面整体颜色的滑块与色环外，还可以单独对选区画面的高光、中间调、阴影进行调节。如图 3.319 所示，通过【更正】下方的按钮，可以将单个控制整体的色环切换为分别控制高光、中间调、阴影的三个色环，每个色环旁边有一个对应的调节明暗的滑块，通过这三个色环可以对画面内的内容进行更加精细化的调节。

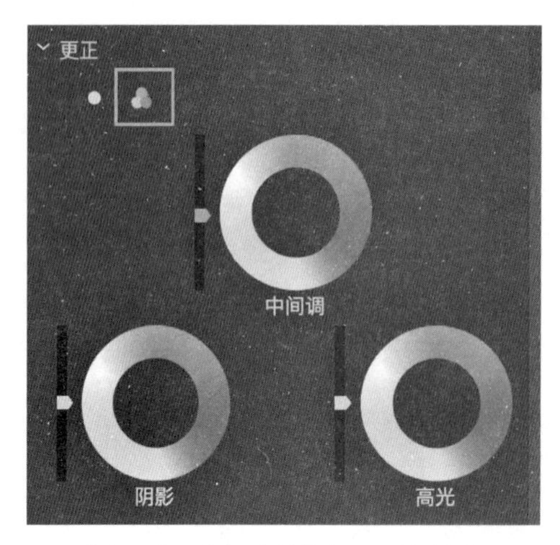

图 3.319 【更正】下方框中的按钮可以切换色环显示方式

【HSL 辅助】—【更正】下方的【色温】【色彩】【对比度】【锐化】【饱和度】等参数可以对选区画面颜色进行进一步调节，如图 3.320 所示，在调节过程中可以关掉前面打开过的【彩色 / 灰色】开关，实时观察调节效果。

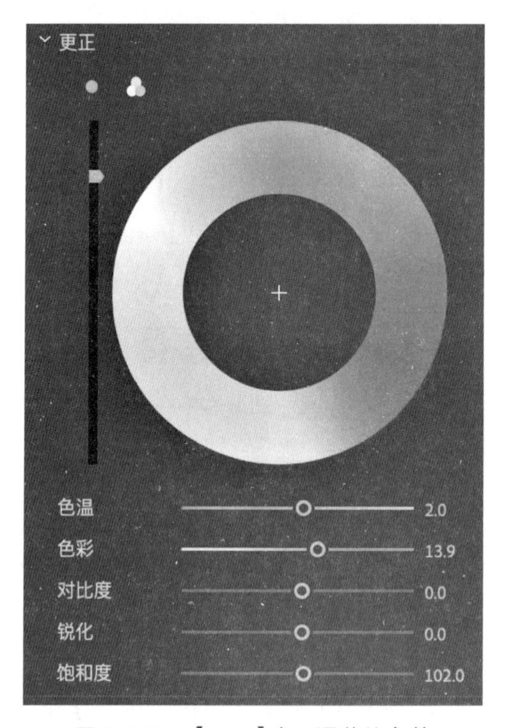

图 3.320 【更正】中可调节的参数

在这个案例中，可以提高选区画面的明度，调节颜色倾向为红色方向，适当地降低色温，以除去皮肤中的黄色，使画面看起来更加通透，如图 3.321 所示。

图 3.321　调节前后对比

通过图 3.321 的对比可以看出，画面中只有小朋友的手臂和手的部分的颜色有变化，所以通过这种方法可以很方便地针对画面的细节进行调色，不会影响到整体画面色彩。如果需要单独调节服装的颜色，可以新建一个【调节图层】，利用吸管工具确定服装的范围，再对其颜色进行调节，如图 3.322 所示，调节的方法与上述步骤一致。

图 3.322　调节服装的颜色

在实际的操作中，一级调色和二级调色可以交替进行，直到将画面色彩风格调节至满意的效果。

提　示

在 Premiere 中，除了【HSL 辅助】工具以外，【曲线】—【色相饱和度曲线】也可以针对画面中的部分颜色进行调节，在【曲线】—【色相饱和度曲线】中有很多选项和窗口，每个窗口的功能都不同，但使用方式非常类似，下面以【色相与饱和度】【色相与色相】为例来讲解如何使用【色相饱和度曲线】对画面中的部分颜色进行调节。

利用【曲线】—【色相饱和度曲线】—【色相与饱和度】的左边的吸管工具在画面中吸取颜色，可以通过色相确定调节的画面范围，再调节该色相范围内的饱和度，例如用吸管吸取帽子部分的蓝紫色，那么在窗口的色条中便会出现两个锚点将蓝紫色的色相区间确定，利用鼠标上下移动中间的锚点即可调节该区间内颜色的饱和度，向上移动，饱和度增加，如图 3.323 所示，向下移动，饱和度降低，如图 3.324 所示。用左右两边的锚点可调节颜色的区间范围。双击鼠标即可恢复原状。

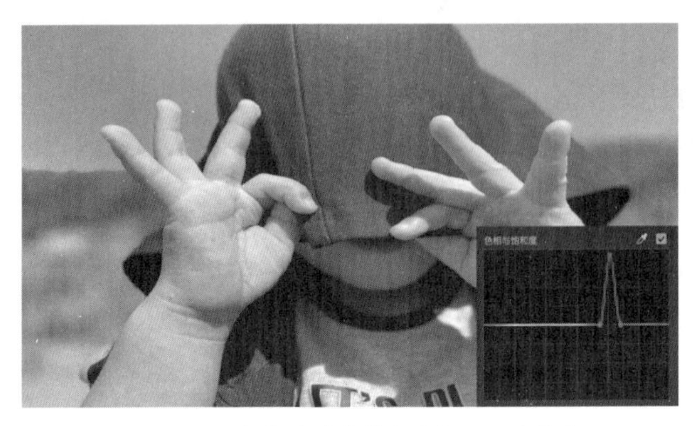

图 3.323　向上移动蓝紫色色相区间内的点

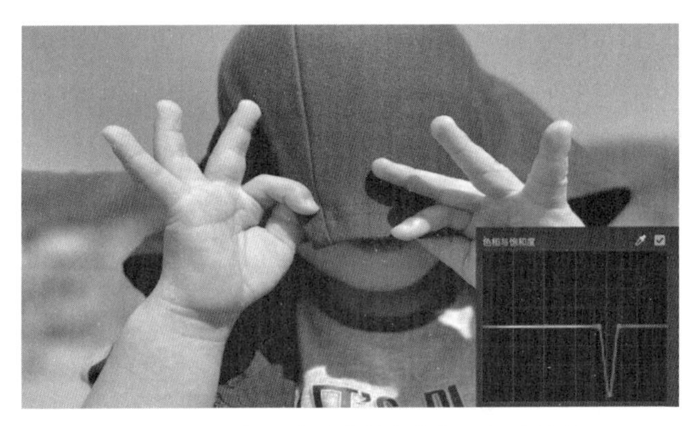

图 3.324　向下移动蓝紫色色相区间内的点

利用【曲线】—【色相饱和度曲线】—【色相与色相】的左边的吸管工具在画面中吸取颜色，可以通过色相确定调节的画面范围，再调节该色相。还是以帽子为例，如图 3.325 用吸管工具吸取帽子部分的颜色，确定蓝紫色的色相范围，如图 3.326 所示，上下拉动锚点即可将蓝紫色更改为其他颜色。

图 3.325　用吸管工具确定色相范围

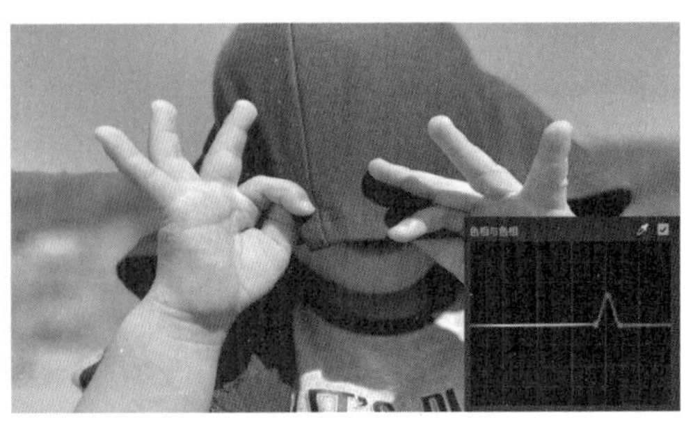

图 3.326　调节选区范围内的色相

除了【色相与饱和度】【色相与色相】以外，还有【色相与亮度】【亮度与饱和度】【饱和度与饱和度】的参数可以调节，调节的方法与上述方法相同，便不再赘述，多多尝试便可熟练掌握各种不同的调色方法。

3.15.4 调节为喜欢的电影风格

利用【Lumetri 颜色】—【色轮和匹配】—【颜色匹配】功能可以一键将影片画面的色彩风格调节为喜欢的电影色彩风格。

在【时间轴】选中需要调节的画面，展开【Lumetri 颜色】—【色轮和匹配】—【颜色匹配】，激活【比较视图】，如图 3.327 所示。

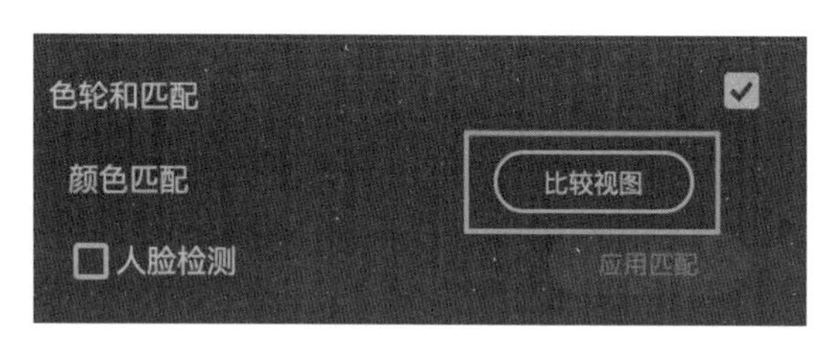

图 3.327　激活【比较视图】

单击【比较视图】后，【节目】面板会出现两个对比画面，如图 3.328 所示，左边为【参考】画面，右边为【当前】画面，左边的【参考】画面下方有一个进度条，将喜欢的电影画面的素材导入 Premiere 并放置在【时间轴】上，将进度条拖拽至喜欢的电影画面。

图 3.328　【参考】画面与【当前】画面

这时，单击【色轮和匹配】—【颜色匹配】—【应用匹配】，如图 3.329 所示，即可将左边画面的色彩风格调整为右边的参考画面的色彩风格，如图 3.330 所示。

图 3.329 【应用匹配】按钮

图 3.330 左边画面的色彩风格调整为右边的参考画面的色彩风格

通过这种方法能够便捷地调节画面的色彩风格，除了调节成自己喜欢的电影风格以外，也能快速地处理一部影片中由于外界原因导致的画面颜色风格不统一的问题。

3.15.5 模仿相机的“暗角”效果

相机在拍摄画面时，会因为镜头的边缘部位曝光不足，产生失光现象，由于这种现象导致拍摄出来的画面四个角较暗，俗称“暗角”。在 Premiere 中，通过【Lumetri 颜色】—【晕影】效果可以根据需求人为地为画面添加这种“暗角”效果。在【晕影】效果中有四个参数为【数量】【中点】【圆度】【羽化】，分别控制“暗角”的颜色、扩散的范围、扩散的形状以及羽化程度。在图 3.331 中可以看到未添加“暗角”效果与添加“暗角”效果的画面区别。

图 3.331 左边为添加“暗角”效果，右边为添加“暗角”效果

通过这一小节我们了解了调色的基本流程和方法，可以先使用【输入LUT】【白平衡】【色调】等方面的调节将颜色校正至合适状态，例如调节画面的曝光度、对比度、饱和度、颜色倾向，等等，还可以根据需求为画面添加一些风格化的内容，比如为画面添加【Look】预设、【淡化胶片】效果，等等，这些都被称为一级调色。在一级调色完成后，可以更加有针对性地为画面进行二级调色，针对画面的局部颜色进行修改和调整，以达到最后的输出要求。值得再次注意的是，在Premiere中调色需要新建一个【调整图层】将调色的效果添加至【调整图层】，这样会更方便后期的修改与删除。

本章小结

通过本章节的学习可以了解一些视频的后期效果以及制作方法。在本章节所介绍的工具中，常用的工具为蒙版工具，利用蒙版可以制作出多种不同有趣的视频效果，较难的小节为调色，讲解到的理论知识点较多，需要配合实际操作以便能更好地理解。通过本章的学习应该能够使用Premiere及After Effects对视频进行相关的后期包装，让剪辑好的视频通过包装后以更完美的效果出现在观众面前。

第4章　音频的处理

学习目标

1. Premiere中音频轨道的使用
2. Audition音频编辑软件的简介与使用
3. 对音频进行降噪
4. 对音频进行特效处理

上一章主要讲解了如何利用Premiere与After Effects这两个软件来对视频进行后期包装，包括对视频特效的处理、添加字幕、调色，等等。这一章主要介绍如何利用Premiere与Audition这两款软件对音频进行处理，除了介绍调节音量、修剪音频、录制声音、降噪等一些基础操作外，还介绍了如何对音频添加一些特效处理，比如倒放、变调、使声音像某个环境内的声音，等等。通过学习这些处理音频的方法，能够帮助我们在制作视频时更自如地编辑音频，得到更令人满意的效果。

4.1 Premiere中的音频轨道

4.1.1 Premiere中的音频轨道介绍

在Premiere中当导入有声音的视频时，可以在音轨中看到该视频的声音波形图，如图4.1所示，波纹高的地方音量较大，波纹低的地方音量较小，在为没有背景音乐的视频添加字幕时，可以通过波形图来判断对话的开始与结束的地方。在Premiere中，默认有三个音频轨道，如果需要添加更多的轨道，与添加视频轨道的方法类似，在主声道单击鼠标右键选择【添加单个轨道】即可添加一个新的轨道。

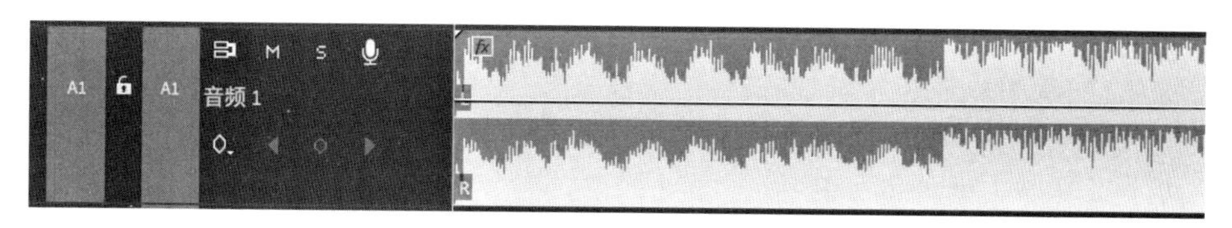

图 4.1　波纹高的地方音量大，波纹低的地方音量小

在播放视频或音频时，三个音频轨道上的音频会同时播放，波形图的左边有两个常用的按钮，可以对每个轨道上的音频播放与否进行控制，“M”按钮为【静音轨道】，“S”按钮为【独奏轨道】，如图 4.2 所示。

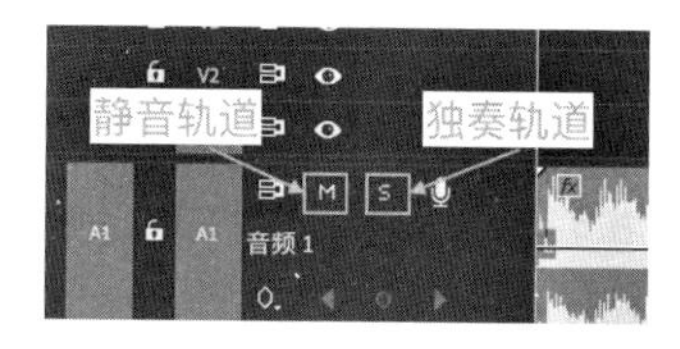

图 4.2　【静音轨道】与【独奏轨道】图标

激活【静音轨道】后，该音轨上的所有音频均不发出声音，但是不影响其他轨道上的音频播放。【独奏轨道】与【静音轨道】相反，激活【独奏轨道】后，其他所有轨道上的音频均不发出声音，只有被激活的【独奏轨道】的音轨上的内容发出声音。

在【编辑】形式的布局中，【时间轴】中右边为 Premiere 中的【音频仪表】，【音频仪表】以 dB 为单位显示音频的信号信息，如图 4.3 所示，0dB 为音频的最大振幅，也是最大音量。如果电平表中的振幅较低，则表示音量较低；如果振幅过高，则声音可能会出现破音。当电平接近或者超过最大电平值 0dB 时，【音频仪表】顶部会出现红色。一般来说，将音量保持在 −18dB 至 −6dB 的值即可。

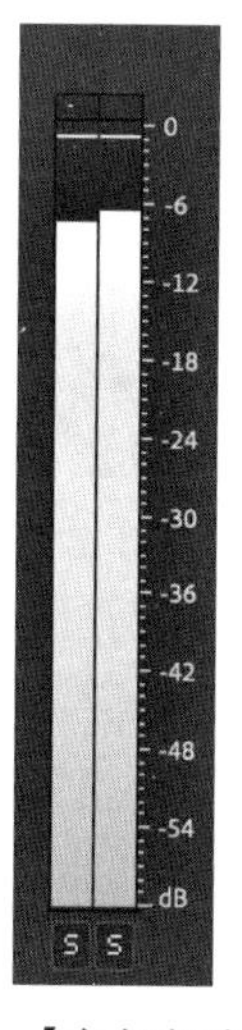

图 4.3　【音频仪表】窗口

提 示

在音频轨道中，剪辑和移动音频的工具与编辑视频一样，也是使用【剃刀】工具和【选择】工具。

◎ **知识扩展：音视频链接**

视频导入 Premiere 后，视频轨道上的内容与音频轨道上的内容是绑定在一起的，如需要单独进行编辑可以在【时间轴】选中该视频后，单击鼠标右键选择【取消链接】，这样视频轨与音频轨上的内容便可以单独移动进行单独编辑。如后期还需要将其链接起来，可以同时框选视频轨与音频轨上的内容后，单击鼠标右键选择【链接】即可，如果是移动后再进行链接，那么视频与音频上会标记它们之间的“时间差”，如图 4.4 所示。

图 4.4 【取消链接】后移动再进行链接的音视频会显示“时间差”

4.1.2 在 Premiere 中录制音频

在【静音轨道】【独奏轨道】按钮的右边有一个小话筒样式的按钮叫作【画外音录制】，如图 4.5 所示，单击这个按钮可以通过计算机的麦克风录制音频。

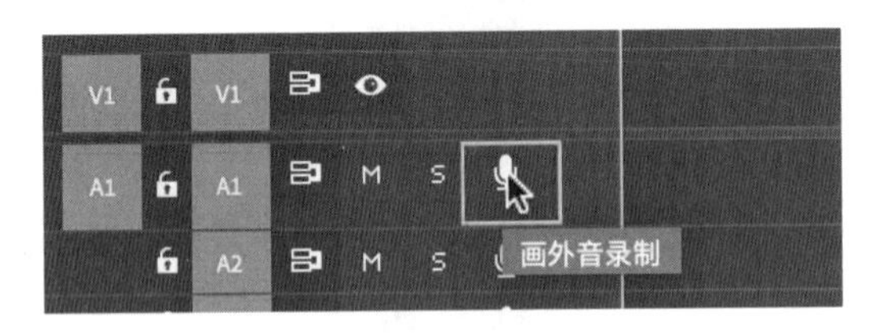

图 4.5 【画外音录制】工具

想将音频录制在哪个音轨上就单击哪个音轨上的小麦克风，激活【画外音录制】工具，按钮被激活后，话筒中间会变成红色，【节目】面板中会有【3、2、1】的倒计时，3 秒倒计时过后，在【节目】面板下方会出现“正在录制”的提示，如图 4.6 所示。

图 4.6　【节目】面板中的“正在录制”提示

当出现“正在录制”的提示后，计算机的麦克风会开始收音，你对着麦克风讲话的内容或发出的声音便会被记录在这个音频轨道上。再次单击【画外音录制】按钮可以结束录制，结束录制后，音频轨道上会出现一段音频，也就是刚刚录制的那段音频，可以对其进行预览，也可以进行编辑。

注　意

录制的音频会覆盖掉原音频轨道上的音频，如果不希望原音频轨道上的音频被覆盖，可以选择一条空的音频轨进行录制，或者找一个没有音频的时间轨道进行录制。

提　示

如果【画外音录制】的按钮为灰色，可能是因为计算机配的麦克风有问题，或者没有给软件指定输入设备。打开顶部菜单【Premiere Pro】—【首选项】—【音频硬件】，在默认输入中选择计算机配置的有效麦克风，单击确定即可。

4.1.3　在 Premiere 中调节音量

1. 调节单个音频音量

在 Premiere 中，调节单个音频的音量有以下几种比较常用的方法：

（1）利用包络线调节音量

音量包络线在数字音频中指音频音量的曲线图，代表着每个时间点对应音频的音量。上下拖动音轨的边缘将其放大，可以看到音频上有一根白色的线，如图 4.7 所示，这条线就是 Premiere 中的音量包络线，用鼠标左键选中该条线后可以上下进行移动，往上推，音量会变大，往下拉，音量会变小，随着上下的推拉，箭头右上角也会出现音频音量变化的数值，例如【+1dB】或【-1dB】等。

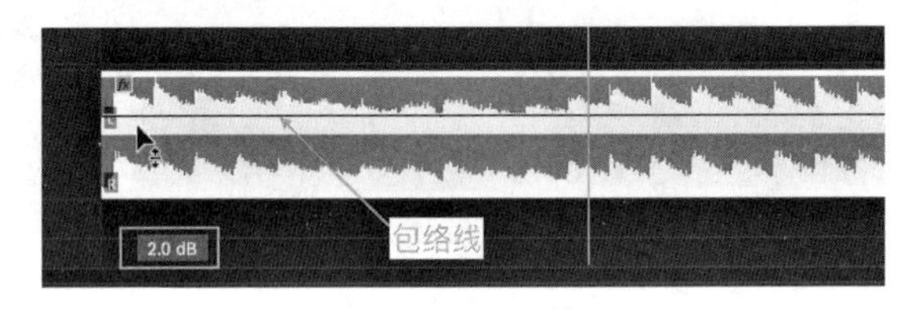

图 4.7　包络线

除了通过包络线调节一个音频的整体音量以外，还可以给包络线添加关键帧，使其在音量上有变化。选中钢笔工具后将鼠标移至包络线上，当鼠标旁边出现加号后，单击包络线，即可添加关键帧，如图 4.8 所示。

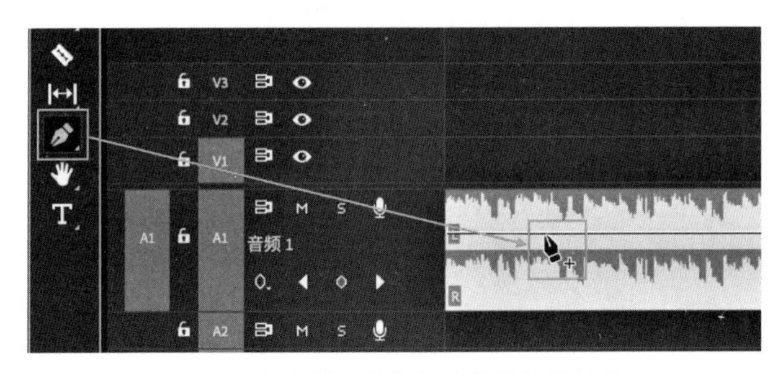

图 4.8　用钢笔工具为包络线添加关键帧

选中该关键帧，上下移动，可以改变该处的音量大小，左右移动可以改变关键帧的位置，音频的音量会随着关键帧的位置的变化而改变。添加关键帧的技巧与制作其他动画时添加关键帧一样。例如：想制作一个音量慢慢降低至静音的效果，可以给包络线添加两个关键帧，第一个关键帧添加后不用移动，将第二个关键帧向下拖动，移至希望完成变成静音的地方即可，如图 4.9 所示。如想删掉某个关键帧，只需选中关键帧后，按键盘上的 Delete 键即可。

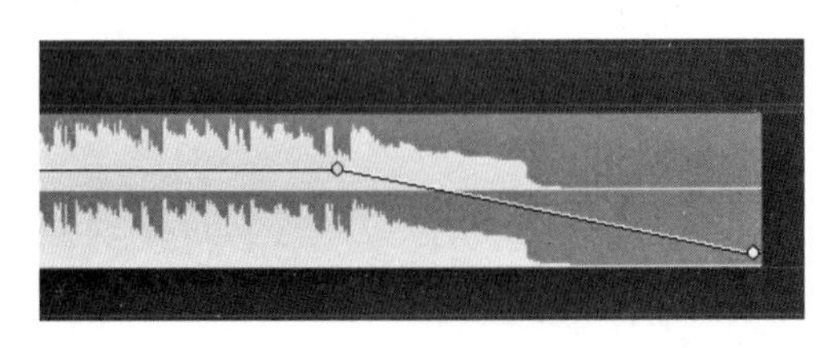

图 4.9　在包络线上添加关键帧使音量慢慢降低

（2）在【效果控件】中调节音量

除了利用包络线来调节音量以外，在【效果控件】—【音量】中也能对音量进行调节。在【时间轴】中选中音频，打开【效果控件】，可以看到有一个选项为【音量】，展开音量之后可以看到单位为 dB 的【级别】参数，如图 4.10 所示，该参数也就是调节音频音量的参数，单击蓝色的文本可以输入精确的音量参数。

图 4.10　【音量】选项中的参数

（3）在基本声音面板中调节音量

在 Premiere 界面顶部将界面布局方式切换为【音频】，如图 4.11 所示，这时 Premiere 会将布局切换成方便对音频进行编辑的样式。

图 4.11　将布局切换为【音频】

切换之后在界面右边可以看到一个面板叫【基本声音】，在【基本声音】—【编辑】中可以看到“为所选项分配标记以启用基于音频类型的编辑选项”下面有四个不同的选项，如图 4.12 所示。

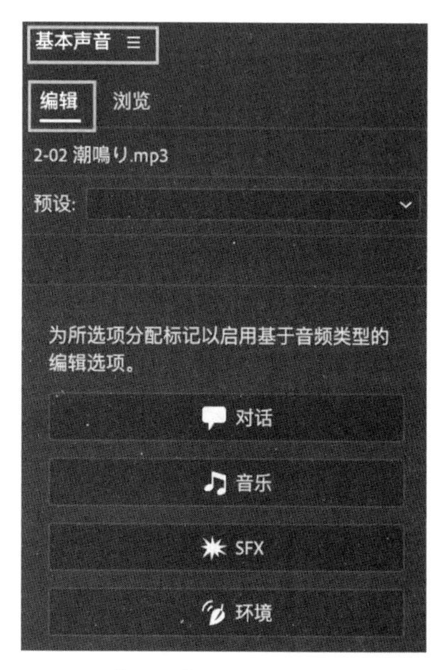

图 4.12　【编辑】窗口下四个不同的选项

我们可以根据音频的内容对四个不同的场景进行选择，每一种不同的选择会对应不同的菜单选项，如选错后想重新选择可以在菜单内单击【清除音频类型】，即可重新回到选择菜单。对场景选择后可以在底部看到一个参数叫作【剪辑音量】，如图 4.13 所示，这个参数即可对音频的音量进行调节。

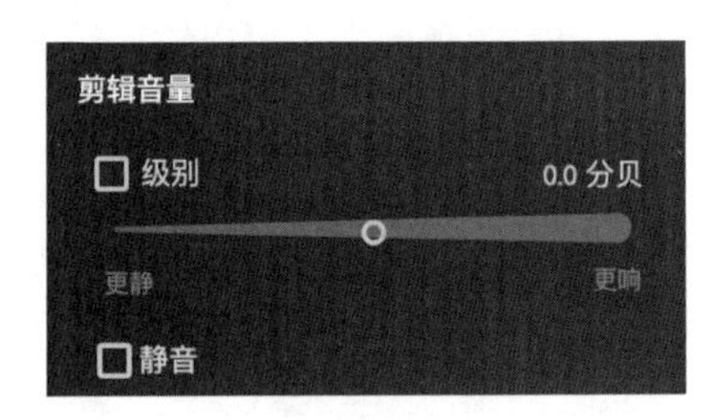

图 4.13 【剪辑音量】窗口

◎ **知识扩展**

在【基本声音】面板中可以通过默认的预设为音频添加一些简单的特效来模拟不同场景的声音，如图 4.14 所示，例如：模拟旧电台、电话中、房间外、大厅、教堂等场景的声音，因为添加的方式较为简单，所以就不多做赘述。在 Audition 中为音频添加特效比 Premiere 中的效果要更好、更多，在后面的章节会讲到。

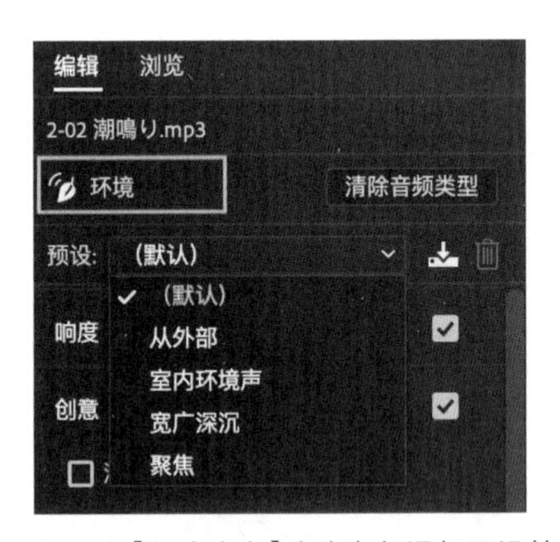

图 4.14 在【基本声音】中为音频添加预设效果

2. 整体调节单个音轨音量

以上所讲的方法针对的都是如何调节单个音频的音量，在这一节中将讲解如何调节单个音轨音量。在将界面布局视图切换为【音频】后，可以在界面中看到一个窗口叫【音轨混合器】，如图 4.15 所示，在【音轨混合器】中有 A1、A2、A3……多个音轨的控制器，分别推拉每个音轨的滑块即可控制不同轨道上的整体音频音量，向上推，音量增大，向下拉，音量降低。这种调节的效果与前面讲述的方法最大的区别为，调节过后，整个音轨的音量都会发生改变，而不是只调节单个音频的音量。

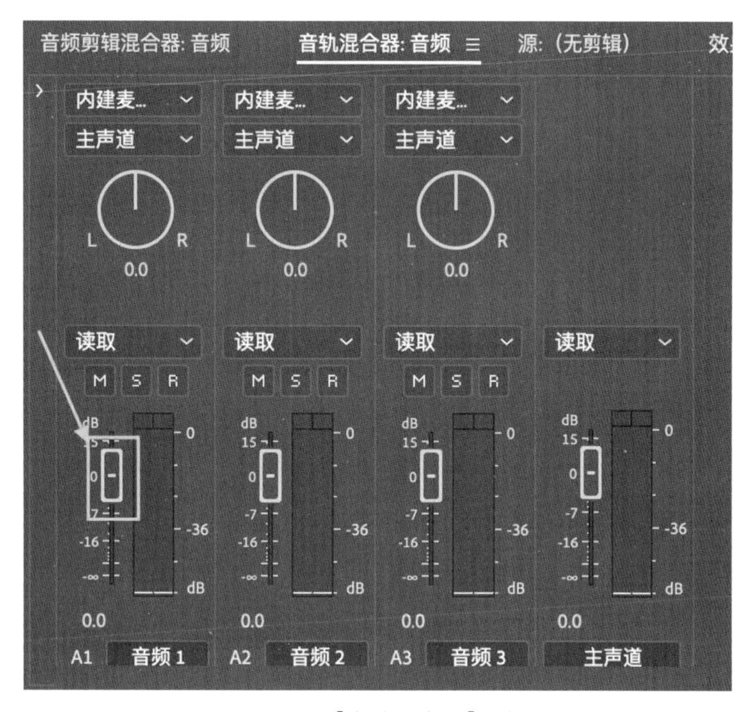

图 4.15 【音轨混合器】面板

注 意

除了【音轨混合器】面板以外，还有一个面板叫作【音频剪辑混合器】，这两个面板经常被折叠在一起摆放，两个面板的界面也很相似，在处理音频时需注意看清面板名称。

3. 整体调节序列内的所有轨道音量

除了调节单个音频或者单个音轨以外，我们有时还需要对整个序列的音量进行整体调节，整体调节音量有两个较常用的方法，分别在【音轨混合器】中和【时间轴】中进行调节。

（1）方法一

在【音轨混合器】中，除了A1、A2、A3……以外，还有一个音轨为【主声道】，如图4.16所示，推拉【主声道】上的滑块可以对整个序列内的音量进行整体调节。

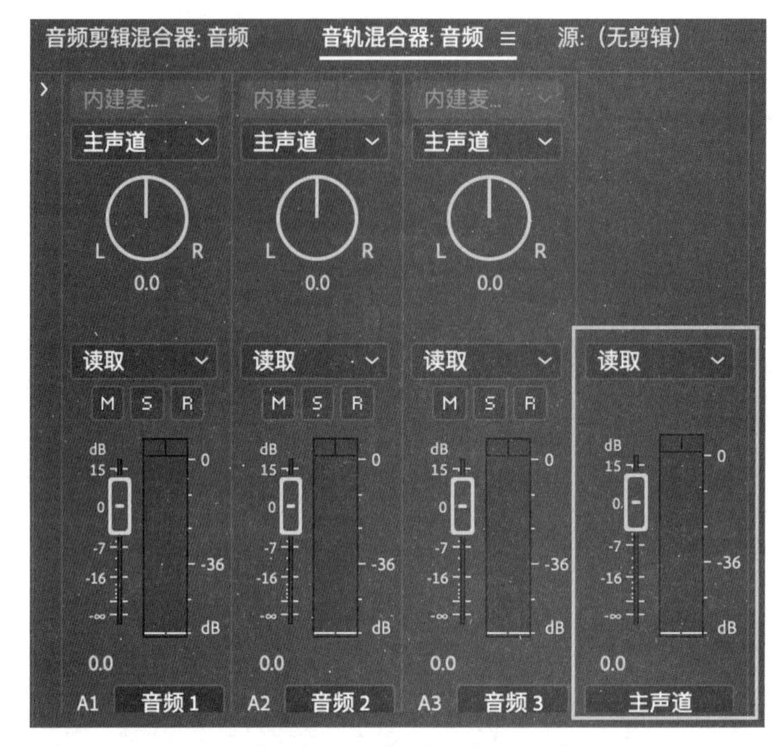

图 4.16 【音轨混合器】面板中【主声道】控制器

（2）方法二

在【时间轴】的最底端可以看到有一个音轨叫作【主声道】，如图 4.17 所示。可以通过调节【主声道】旁的数值进而对整体音量进行调节，也可以通过控制【主声道】的包络线来调节整体音量，同时还可以对【主声道】的包络线添加关键帧来控制序列整体的音量变化。

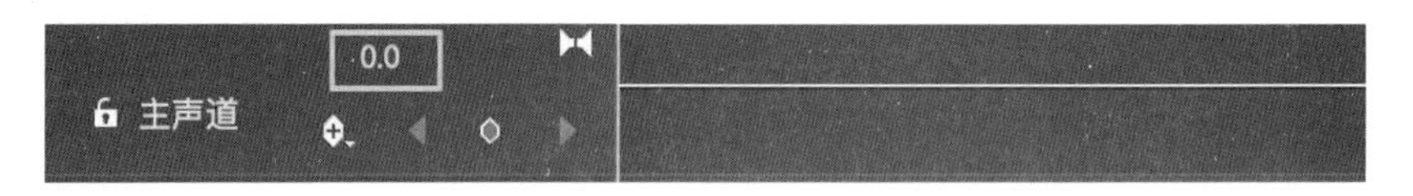

图 4.17 【时间轴】上的【主声道】轨道

4.1.4 让音频自然过渡

在制作视频转场时，可以为视频添加转场特效，使转场更自然，在编辑音频时，同样可以为音频添加过渡效果，使两段音频之间衔接得更加流畅。在【效果】—【音频过渡】中可以看到【交叉淡化】，【交叉淡化】中有三种不同的过渡方式，如图 4.18 所示，选中其中一种将其放置在两段音频之间，即可为两段音频添加音频过渡效果。

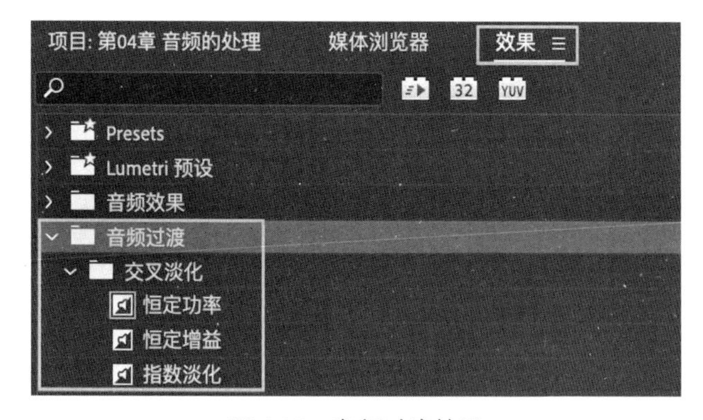

图 4.18　音频过渡效果

三种过渡方式分别为【恒定功率】【恒定增益】【指数淡化】，在实践操作中可以将这三种方式都添加试一下，选择效果最好的那个即可。

4.1.5　将背景音乐调节至合适的时长

在剪辑视频时常常会需要选择一首或多首背景音乐来烘托视频氛围，但是背景音乐的长度却很难刚好与视频的长度相契合，视频结束时背景音乐怎么结尾变成了一个很棘手的问题。很多人在初期剪辑视频的时候会选择直接将背景音乐的长度调节至与视频一样长，当视频结束时，背景音乐会戛然而止，这样简单粗暴地处理影片的结尾会使整个影片的质量都大打折扣，对于观众来讲也是很差的体验。

有人会在此基础上做得稍微精致一些，即在背景音乐最后的部分做淡出的效果，让背景音乐的音量伴随着影片的结束而慢慢地变小至无声，详细制作方法可以参考 4.1.3 小节“在 Premiere 中调节音量”的内容。这样的做法会比直接将音乐切掉的效果要好非常多，但是有时如果音乐节奏和旋律较为欢快或激昂，直接这样调节音量的变化效果也并不是太好。

本书介绍一种其他的思路，即将背景音乐本身的结尾放置在影片的最后，将剪辑的地方放在音频的中间部分。一方面是因为，无论自己再怎么对音频进行编辑都没有歌曲本身的结尾自然，另一方面是因为，影片结尾一般节奏都比较慢，所以背景音乐如果有不流畅的地方，很容易被观众听出来，而影片中间一般为影片的高潮部分，观众可能会更注意影片内容而对背景音乐的关注度力较低，因此不如将背景音乐的结尾直接放在最后，而利用背景音乐中间的部分进行剪切或填补。

制作时可以反复听背景音乐的旋律以及观察背景音乐的波形图，找出背景音乐中间旋律重复的地方，如果是需要将歌曲时间缩短，则可剪去重复的部分，删除缝隙后添加一个音频过渡特效，具体制作方法可以参考 4.1.4 小节“让音频自然过渡”。

如是需要延长歌曲的时间，即可将重复的部分复制后插放在背景音乐中，插放后也需要在前后添加音频过渡特效，让音乐过渡得更加自然。这种调节背景音乐的方法可操作性很强，做起来也很方便，可以利用音乐本身的结尾来收尾，只要认真找准音乐的规律即可制作出非常流畅、自然的效果。

4.2 Audition 音频编辑基础

4.2.1 Audition 的基本介绍

1. 波形编辑器与多轨编辑器

【编辑器】就是我们在 Audition 中对音频进行编辑的地方，【编辑器】面板位于软件正中间的位置，Audition 中的编辑器分为两类，分别为【波形编辑器】和【多轨编辑器】，【波形编辑器】和【多轨编辑器】不会同时在编辑器中出现，用户可根据自身的选择在编辑器面板中进行切换。

【波形编辑器】与【多轨编辑器】最大的区别在于：【波形编辑器】只含有一条音轨，如图 4.19 所示，只能编辑单个音频文件，而【多轨编辑器】则包含多条音轨，可以编辑多个音频文件，如图 4.20 所示。

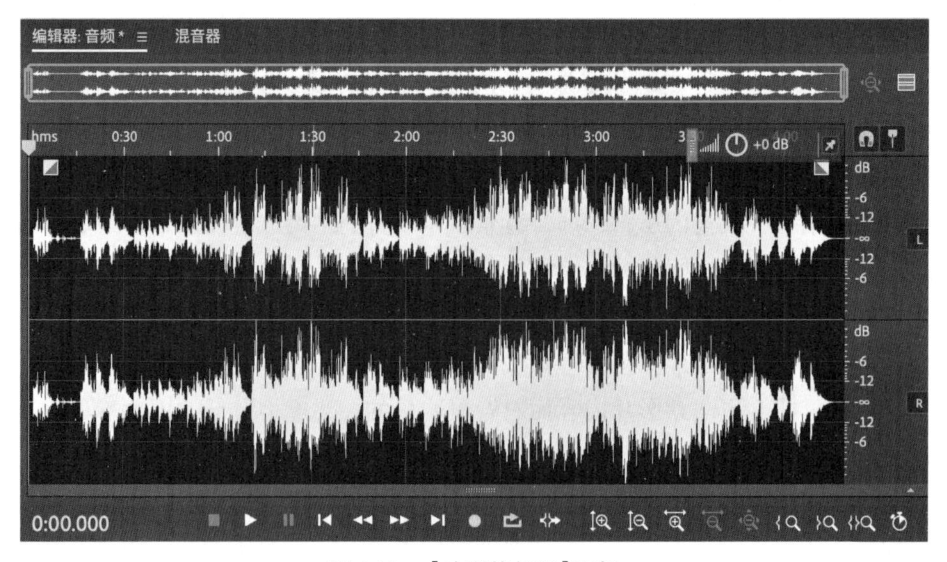

图 4.19 【波形编辑器】面板

图 4.20　【多轨编辑器】内含后多条音轨

在【波形编辑器】中，用户可以录制音频、调节音频的音量、设定音频的淡入淡出、为音频降噪。在【多轨编辑器】中，用户可以对音频进行混音制作，在同一时间录制多个音频播放的声音，例如在制作广播剧的时候，如需要给主持人的声音加入背景音乐和音效，需要两个或多个音轨才能完成，则需要利用【多轨编辑器】进行编辑。

在实际的操作过程中，【波形编辑器】与【多轨编辑器】会反复交替使用。用户在【多轨编辑】面板中选中某个音轨进行双击，即可打开该音轨的【波形编辑器】面板，在对音频的波形图编辑完成后，又可回到【多轨编辑器】中进行整体编辑。

值得注意的是，对【波形编辑器】中的操作进行保存，将直接改变硬盘上的源文件，关闭 Audition 后再打开无法看到之前的操作痕迹。而在【多轨编辑器】中进行的编辑可以保存为 Audition 的工程文件，Audition 的工程文件后缀为 .sesx，如图 4.21 所示，利用 Audition 打开该后缀的工程文件可以看到用户之前所做的操作，方便用户进行再次进行编辑。

混音项目 .sesx

图 4.21　Audition 的工程文件

2. 创建与管理文件

在 Audition 中，所有的编辑和创作中的所有操作都是围绕着多轨文件或音频波形图来进行的，因此创建多轨文件或音频波形图是音频编辑和制作中必不可少的一步，用户可以通过两种方式来创建多轨文件或音频波形图。

（1）第一种方式

通过顶部菜单【文件】—【新建】—【多轨回话】/【音频文件】选项来创建多轨文件或音频波形图，【多轨会话】为多轨文件，【音频文件】为音频波形图。

（2）第二种方式

在【文件】面板的空白处单击鼠标右键，从下拉菜单中可找到多轨混音项目和音频文件，分别为多轨文件或音频波形图。

3. 添加音频特效

在【效果组】中可以为音频添加音频效果，每行编号右侧都会有一个小三角形的图标，如图 4.22 所示，单击小三角形图标就会出来一个菜单列表，列表按效果器的效果进行了分类，每种分类里面有可以使用的各类效果，单机效果名称即可使用。

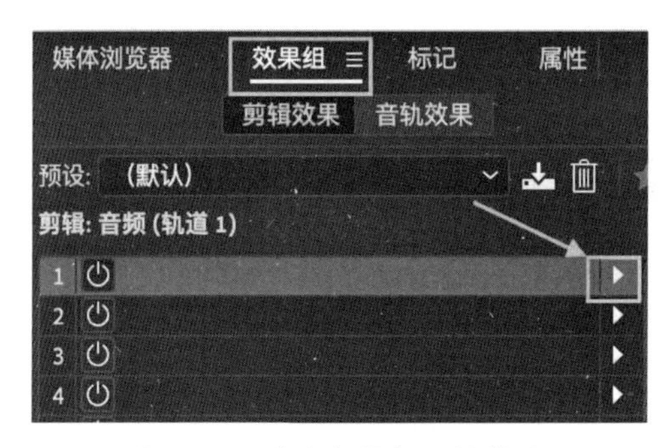

图 4.22　为音频添加预设效果

在确认使用时，部分效果会弹出【预设】的对话框供用户选择 Audition 自带的预设效果，选中某个效果之后可以按键盘上的空格键或【编辑器】下端的【播放】对效果进行试听，如图 4.23 所示。

图 4.23　【播放】工具

为音频添加的效果会在【效果组】面板中显示，可以通过效果名称前面的【切换开关状态】工具来控制该效果当前是否处于激活状态，如图 4.24 所示，按钮为绿色时代表效果被激活，按钮为灰色时代表效果被关闭。当需要移除某个效果时，可以选中该效果并单击鼠标右键，选择【移除所选效果】，或者选中效果名称后，按键盘的 Delete 键删除效果。如需移除所有效果，则可以选择【移除所有效果】。当需要改变该效果的参数时，双击该效果的名字即可打开效果编辑的面板。

图 4.24 【切换开关状态】工具

面板左下角的【开关全部效果的开关状态】键可以让用户在试听的过程中对所有效果进行整体开关，方便用户进行对比。【混合】参数的滑杆两头标注着【干】和【湿】，如图 4.25 所示，【干】【湿】在 Audition 中的区别是指，音频有没有被特效处理过，干声一般指录音以后没有经过任何后期处理和加工的原始声音，湿声指经特殊效果处理过的声音。调节【混合】参数时，越靠近【干】，则添加的效果越不明显，越靠近【湿】，则添加的效果越明显，可以通过该滑块来调节效果。

图 4.25 【效果组】底部参数的调节

在【波形编辑器】中，用户单击【效果组】面板下端的【应用】按钮，可将所添加的效果应用于音频上，通过导出获得添加过效果的音频。值得注意的是，当效果应用于音频之后，便无法再调节音频效果的参数，所以在点击应用按钮之前需再三确认效果是否已调节至满意的状态，确定没有任何问题之后再点击应用按钮。

【多轨编辑器】中的【效果组】面板内多了两个选项，分别是【剪辑效果】与【音轨效果】，如图 4.26 所示。【剪辑效果】指【效果组】面板内的效果只针对单个的音频文件，【音轨效果】指【效果组】面板内的效果对整个音轨上的所有音频都有效。因此在剪辑时需注意自己的需求，如果只是对某一段音频添加效果，可在【剪辑效果】中添加相应的效果；如果该效果需要添加给一整个音轨上的音频，可选择【音轨效果】，这样【效果组】面板内的效果则对整个音轨都有效。

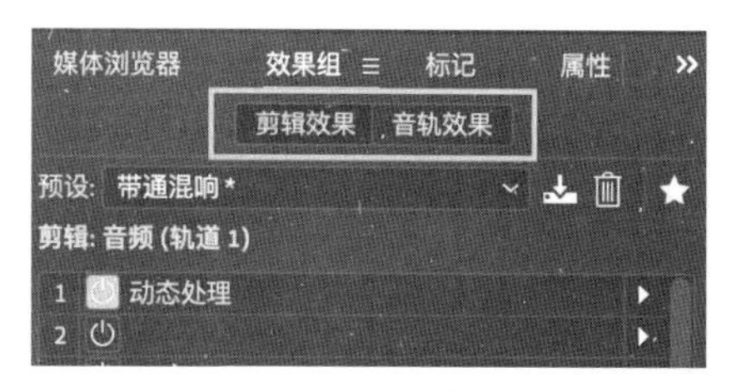

图 4.26 【剪辑效果】与【音轨效果】

4. 导出音频

（1）音频文件

通过【文件】—【导出】—【文件】可以对音频文件进行导出。

（2）多轨会话

通过【文件】—【导出】—【多轨混音】—【整个会话】/【所选剪辑】对轨道上的音频进行导出。若选择【整个会话】则会将整个轨道上的音频混合压制成一个音频导出；若选择【所选剪辑】则会仅导出选择轨道上的音频内容，选中的轨道前的图标为彩色，轨道内的波形图会被点亮，如图 4.27 所示。

图 4.27　轨道 1 没有被选中与轨道 2 被选中的区别

4.2.2 利用 Audition 录制音频

在 Audition 中录制音频分为两个场景，即在波形编辑器中进行录音和在多轨编辑器中进行录音。

1. 在波形编辑器中进行录音

（1）新建音频文件

通过【文件】—【新建】—【音频文件】新建音频文件或导入音频文件素材。

（2）录制音频

如图 4.28 所示，按下红色的【录制】按钮开始录制，录制过程中可以看到【波形编辑器】中出现绿色波形图，【电平】面板中也会有相应的显示，再次单击红色的【录制】按钮，录制结束，录制完的内容会在【波形编辑器】中显示。

图 4.28　【录制】工具

如对录制的内容不满意，可以用鼠标拖动蓝色指针至需要重新录制的地方，再次点击红色的录制按钮重新录制，新录制的内容会将之前的内容所覆盖。

2. 在多轨编辑器中进行录音

（1）新建多轨混音项目

通过【文件】—【新建】—【多轨会话】新建多轨会话。

（2）选择录制轨道

不同于【波形编辑器】，多轨混音项目中有多个轨道。用户需要在开始录制前选择需要录制音频的轨道，然后用鼠标选中该轨道，轨道被选中后会被“点亮”，前面会显示彩色，后面会呈现跟其他轨道不同的浅灰色。

（3）录制音频

选择轨道后，点击【多轨编辑器】面板下端的红色的【录制】按钮后，会发现并不能进行录制。此时需要激活轨道名称右侧的【R 键】（录制准备），该键被激活后呈深红色，当激活【R 键】后，再点击面板下端的红色的【录制】按钮即可开始录制，如图 4.29 所示，录制完成后再次单击红色的【录制】按钮即可结束录制。

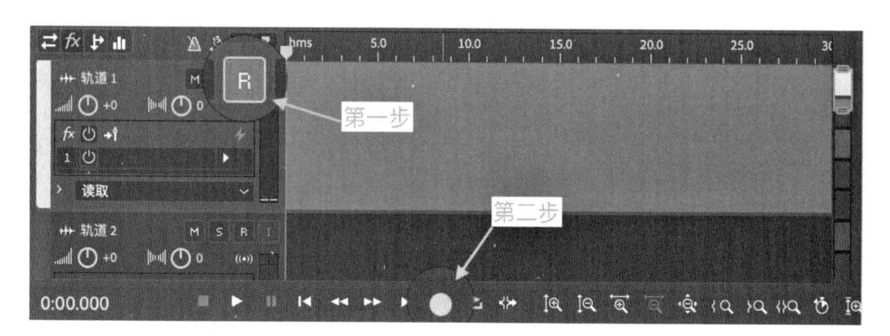

图 4.29　在多轨编辑器中进行录音

4.2.3 利用 Audition 修剪音频

在 Audition 中，录音同样分为两个场景，即在【波形编辑器】中修剪音频和在【多轨编辑器】中修剪音频，两个场景中的操作各有优势，在实际剪辑中会反复切换来进行剪辑。

【在波形编辑器】中修剪音频与在【多轨编辑器】中修剪音频最大的区别为，

在【波形编辑器】中修剪音频是不可逆的操作，即“破坏性操作”，当删除一段音频后，在后续的操作中是无法将其复原的。但是在【多轨编辑器】中修剪音频是可逆的操作，比如用户在【多轨编辑器】中删除了一段音频，在后续的操作中用户还可以通过调整音频波形图的长度找回删除的音频。

1. 在【波形编辑器】中修剪音频

（1）确定大致范围

选择【工具栏】中的【时间选择工具（T）】（快捷键为 T），如图 4.30 所示，然后按下鼠标左键，在波形图上框选需要修剪的部分音频，选中的音频的底色会呈白色，波形图会呈深绿色，如图 4.31 所示。

图 4.30 【时间选择工具】

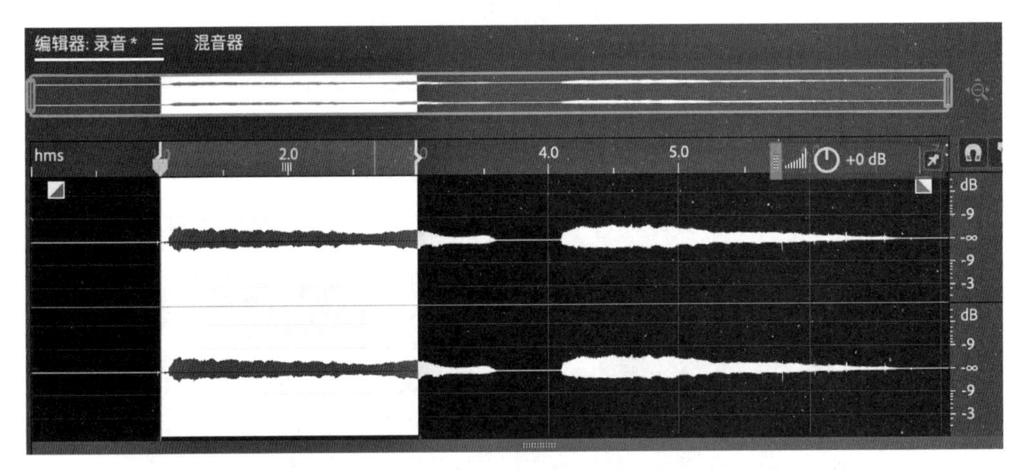

图 4.31 在波形图中框选需要修剪的部分音频

（2）精确调节范围

在大致确定需修剪音频的范围后，可以单击【编辑器】面板下方的【播放键】（快捷键为空格）对所确定的范围进行试听，如对选中范围的边界处不满意，即可将鼠标放置在框选范围边界，当鼠标变成图 4.32 中所示的样子后，可以按下鼠标，左右移动来调整需修剪音频的范围，调整后可再次进行试听，反复操作以便更精确地确定修剪范围。

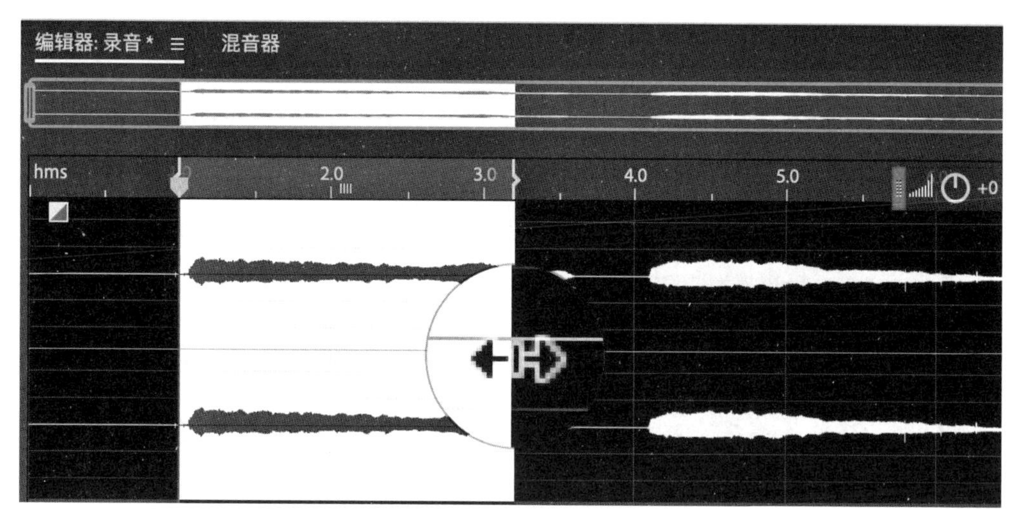

图 4.32　对选择范围进行调整

（3）修剪

在确定需修剪音频的范围后，可按键盘上的 Delete 键对所选范围进行删除，或单击鼠标右键选择【删除】也可达到同样的效果。修剪后，后面的音频会自动吸附到前面来填补时间缝隙。如果不小心误删，可以通过按下快捷键 Ctrl+Z（macOS 系统快捷键为 Command+Z）来进行撤消。

如果想要对所选范围的音频进行保存，可以单击鼠标右键，在弹出的菜单中选择【存储选区为】，在弹出的对话框中为该段音频选择路径进行保存。若需要在 Audition 中对该段音频进行编辑，可以单击鼠标右键，在弹出的菜单中选择【复制到新建】，Audition 会在【文件】面板中帮助用户利用该段音频新建一个波形文件。

2. 在【多轨编辑器】中修剪音频

在【多轨编辑器】中修剪音频需先在【多轨编辑器】中找到想要进行删减片段的起止点，然后选择工具栏中的【切断所选剪辑工具（R）】（快捷键为 R），如图 4.33 所示。这个工具类似于 Premiere 中的剃刀工具，可以对音频进行裁剪。

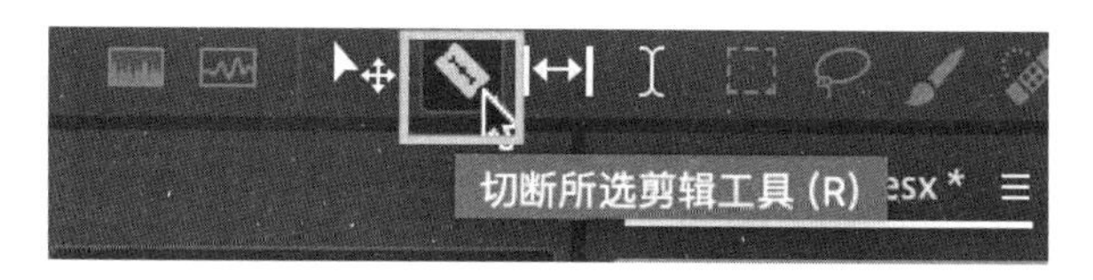

图 4.33　【切断所选剪辑工具】

用鼠标分别单击【波形编辑器】中想要进行删减片段的起止点，一段完整的音频会被裁剪成三段独立的音频波形图，如图 4.34 所示。利用选择工具选择中间的一段音频波形图，按键盘上的 Delete 键即可删除这段音频，单击鼠标右键选择【删除】也可达到同样的效果。

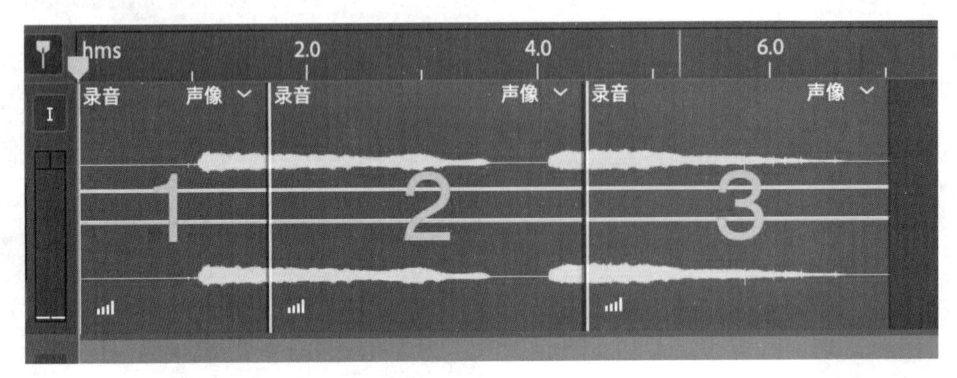

图 4.34　切断波形图

中间的音频被删除后，被删除的音频所占的时间会被空出来，后面的音频并不会自动吸附到前面的音频来填补时间缝隙。如需调节被修剪的音频的范围，可以将鼠标放置在空隙前后的音频结尾处或开始处，当鼠标变成带有两头黑箭头的红色中括号时，如图 4.35 所示，可以利用鼠标左键前后拖动以改变音频的持续时间，从而调节被修剪区域的时间长短。

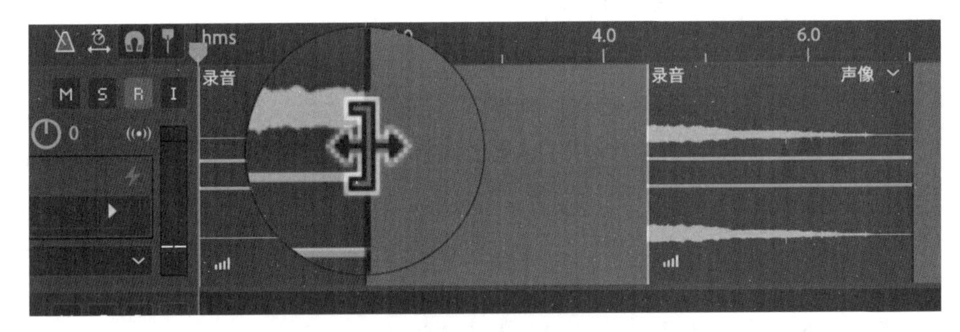

图 4.35　调整时间

如需将前后两段音频拼接在一起，可以利用选择工具选中后面的一段音频，将其拖动到前面音频的尾部即可。注意，拖动前可以将面板上方的【切换对齐（S）】工具激活，如图 4.36 所示，激活后两段音频拼接在一起时会有吸附效果，能够更好地帮助用户对齐音频。

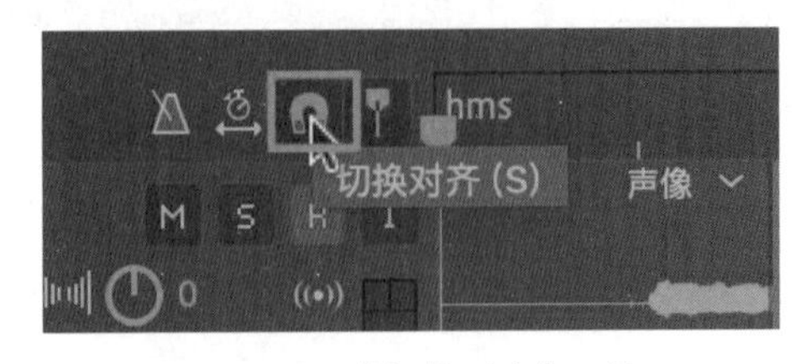

图 4.36　【切换对齐】工具

利用【选择】工具选中中间的缝隙，单击鼠标右键，选择【波纹删除】—【间隙】，也可以达到同样的拼接效果。

4.2.4　在 Audition 中快速调节音量

在 Audition 中，快速调节音频的音量有以下几种比较常用的方法：

1. 利用平视显示器（HUD）调节音量

在【波形编辑器】中可以利用平视显示器（HUD）来快速调节音频音量，如图 4.37 所示。在平视显示器中单击数字“+0”激活输入框后，可直接输入分贝值，输完后用鼠标点击旁边空白处或按回车键即可。比如需要增加 5 分贝（dB）就输入“5”，需要降低 5 分贝（dB）就输入“–5”。也可以将鼠标放置在数字“+0”上，当鼠标变成一个向左向右的箭头时，可以按住鼠标左键，通过左右移动鼠标来调节数值。

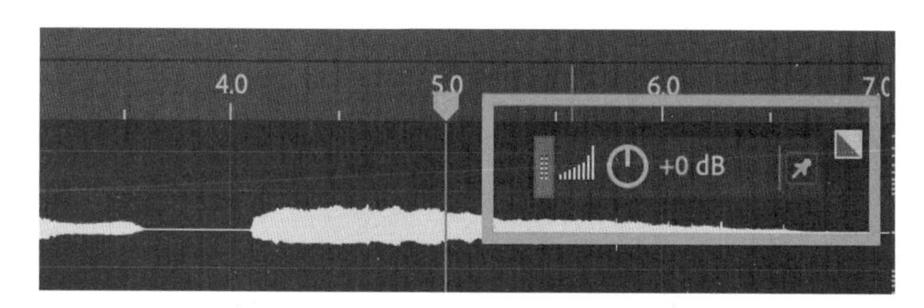

图 4.37　平视显示器（HUD）

2. 利用自动标准化功能调节音量

利用自动标准化功能调节音量可以快速地将音频音量在合理范围内调节至最大。在【文件】面板的右边的【收藏夹】中可以看到【标准化为 –0.1dB】，如图 4.38 所示。在波形图中选中需要调节音量的音频，然后双击【标准化为 –0.1dB】旁边的空白处，可将选中音频文件的最大电平值提升到 –0.1 dB。

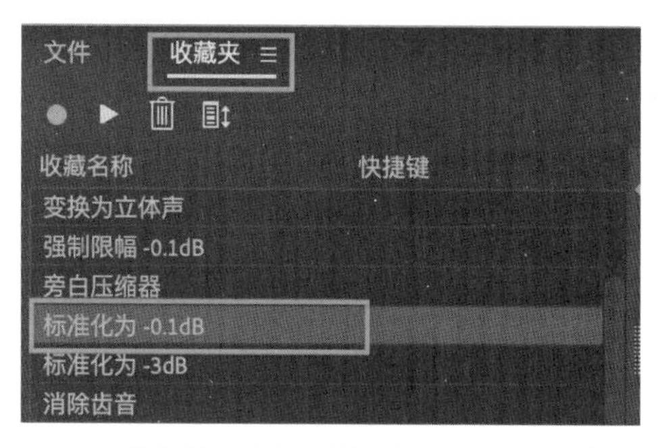

图 4.38　【收藏夹】中的【标准化为 – 0.1dB】效果

在数字音频中，0.0dB 是可以使用的最大电平值，超过这个峰值的音频播放时会失真，【标准化】这个功能就是让音频的最大电平值为【标准化】后面的数字，【标准化为 -0.1dB】也就是让音频的最大电平值提升到 -0.1 dB（为了保险起见，利用略低于 0.0dB 的 -0.1 dB 来代替 0.0dB 作为【标准化】的值）。通过此功能，我们可以快速地将音频音量在合理范围内调节至最大。

3. 利用包络线来调节音量

在 Audition 中利用包络线来调节音量分为两种类型，一种是利用轨道中的音量包络线，一种是利用音频自带的音量包络线。这两种的主要区别在于，轨道中的音量包络线是基于整个轨道的音量，而音频自带的音量包络线只针对单个的音频。用户可以根据使用场景的不同而选择不同的调节方式。

（1）使用轨道中的音量包络线

打开【多轨编辑器】后可以在每个轨道的左下角看到一个向右的小箭头，单击该箭头后可以看到一条黄颜色的线，这条线就是自动化控制曲线，也是音量包络线，如图 4.39 所示。用鼠标左键选中该条线后往上推，音量会变大，往下拉，音量会变小，随着上下推拉，箭头右上角也会出现音频音量变化的数值，例如【+2dB】或【-2dB】等。

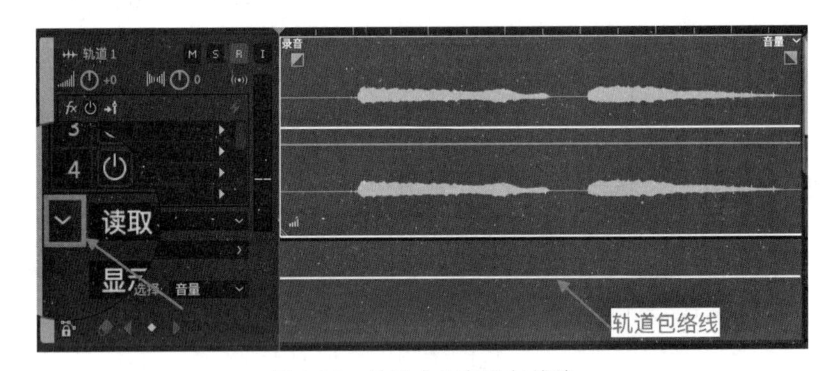

图 4.39　轨道中的音量包络线

除此之外，在这条线上单击鼠标左键，可以为包络线添加关键帧，选中该关键帧，并上下移动可以改变此处音量大小，左右移动可以改变关键帧的位置，音频的音量会随着关键帧的位置的变化而改变。如想删掉某个关键帧，只需选中关键帧后单击鼠标右键，选择删除所选关键帧，如想删除所有关键帧，可以单击左下角的【清除所有关键帧】工具，如图 4.40 所示。

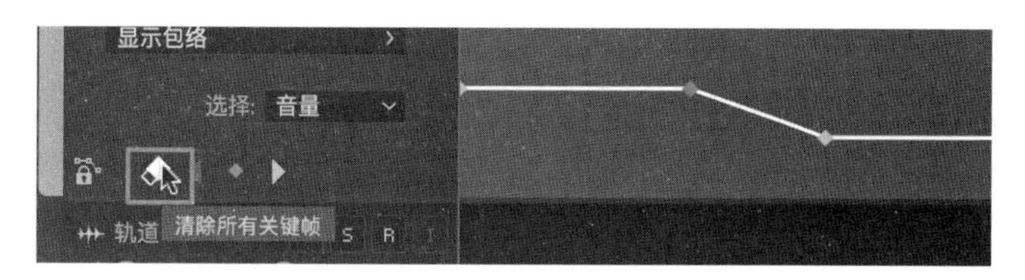

图 4.40　【清除所有关键帧】工具

将关键帧设置好之后，可以单击鼠标右键从菜单中选择【曲线】，选择【曲线】之后，包络线会变成一条平滑的曲线，使音频音量的变化过渡得更加自然。

（2）使用音频自带的音量包络线

在 Audition 中，每个音频都自带一条音量包络线。打开【多轨编辑器】可以看到每个音频中都有一条黄色的线，这条黄色的线就是音量包络线，如图 4.41 所示。上下推拉这条线，以及给线上加关键帧等方法均可调节音频的音量。

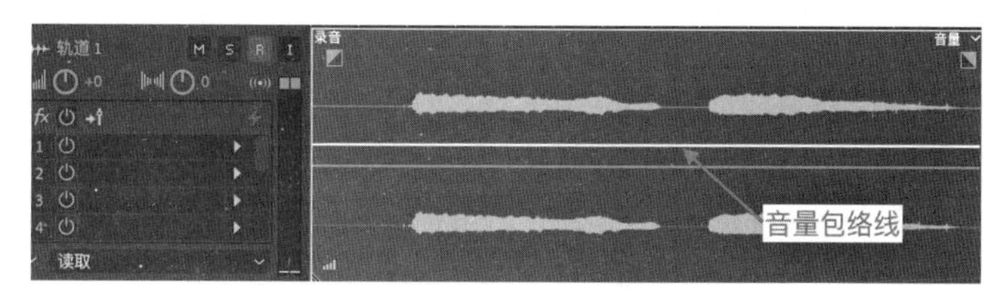

图 4.41　音量包络线

4.2.5　利用 Audition 制作音量淡入淡出效果

为音频制作淡入淡出的效果也是在音频制作中常常会用到的功能，这一小节将分别介绍利用 Audition 的【波形编辑器】和【多轨编辑器】制作音频淡入淡出效果的方法。

（1）在【波形编辑器】中制作淡入淡出效果

在【波形编辑器】的左右可以看到两个方形的按钮，即【波形编辑器】中的【淡入】【淡出】效果，如图 4.42 所示。

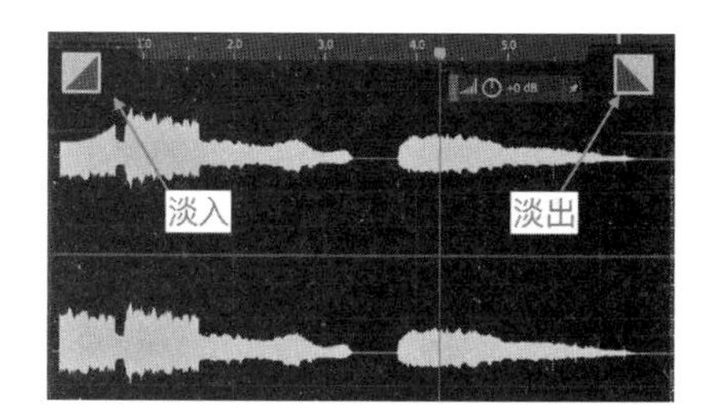

图 4.42　【淡入】【淡出】效果

需要制作淡入效果时，用鼠标选中按钮【淡入】，选中按钮的同时向右移动鼠标可以调节淡入效果的持续时间，上下移动可以调节淡入效果的速度。曲线的弧度越陡代表音量变化越快，弧度越缓代表音量变化越慢，如图4.43与图4.44对比，图4.43表现为淡入速度较快，图4.44表现为淡入速度慢。

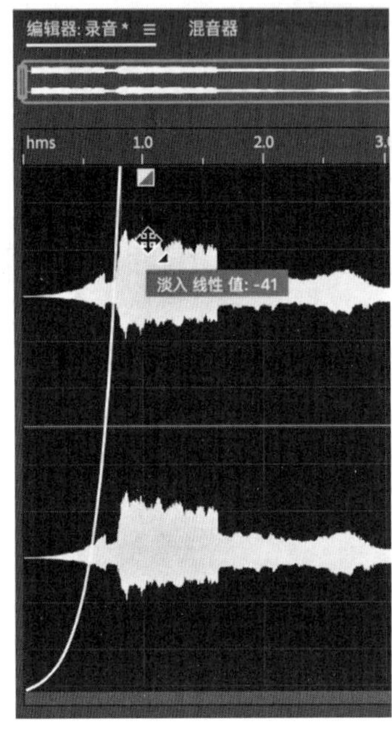

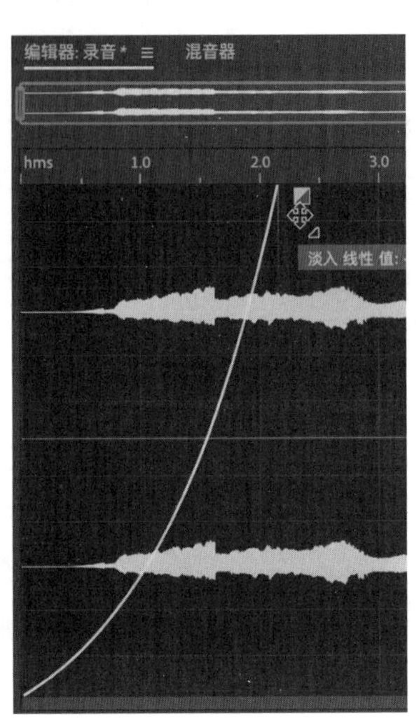

图4.43　淡入速度快　　　图4.44　淡入速度慢

需要制作淡出效果时，选择按钮【淡出】，制作方法与调节【淡入】效果类似。值得注意的是，如前文所述在【波形编辑器】中进行的编辑是具有破坏性的，编辑完的内容会直接作用到波形图中，后续无法撤回。如果对操作不满意时，应该及时使用Ctrl + Z（macOS系统快捷键为Command+Z）键对操作及时撤回。

提　示

在【波形编辑器】中进行直接保存会覆盖硬盘上原文件，所以在进行保存时，最好使用【文件】—【另存为】将编辑过的音频文件另存为一个独立的文件，这样就可以同时得到编辑前的文件和编辑后的文件。

（2）在【多轨编辑器】中制作淡入淡出效果

在【多轨编辑器】中，每段音频的左右两边分别也有【淡入】【淡出】效果的按钮，使用方法与【波形编辑器】类似，只需要用鼠标按住按钮拖动即可快速完成淡入、淡出效果。但是与【波形编辑器】中进行编辑不同的是，在【多轨编辑器】中添加淡入、淡出效果后，黄色的效果线会一直显示，如需修改，可后续再次进行修改，并且保存也不会直接对原文件进行修改。

在【多轨编辑器】中如果要制作两段音频的过渡效果，可以利用鼠标移动两段音频至重叠，软件会自动为其加上“淡入淡出”的衔接效果，包络线呈现交叉的状态，如图 4.45 所示。

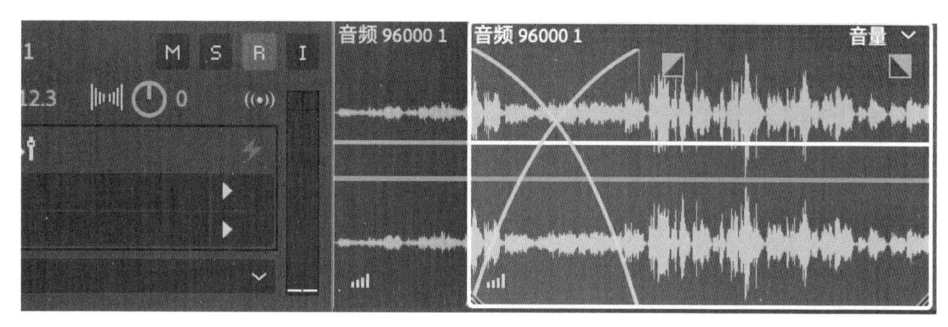

图 4.45　制作两段音频“淡入淡出”的衔接效果时，包络线呈现交叉状态

4.2.6 利用 Audition 对音频进行降噪处理

在录制音频时，免不了会录进一些噪音，对音频进行降噪是 Audition 很常用的一个功能。在 Audition 中进行降噪主要分为两种方法，一种是利用【频谱频率显示器】进行降噪，另一种是利用【捕捉噪音样本】来进行降噪。在遇到不同的场景时，我们会根据需要选择不同的降噪方式。对于在录制的过程中突然出现的短暂的声音，例如口水声、汽车喇叭声、物体跌落声、手指敲击声，等等，可选择利用【频谱频率显示器】进行降噪。对于在录制的过程中产生的持续噪声，例如风声、环境声，等等，可选择利用【捕捉噪音样本】来进行降噪。

1. 对于短暂的噪音，利用【频谱频率显示器】进行降噪

（1）打开【频谱频率显示器】

单击【显示频谱频率显示器】工具后（快捷键为 Shift + D），如图 4.46 所示，在【波形编辑器】中音频波形图的下方会出现【频谱频率显示器】，【频谱频率显示器】能展现当前音频的频谱图，方便用户查看音频在各个频率上的能量分布。如图 4.47 所示，上方为波形图，下方为频谱频率显示。

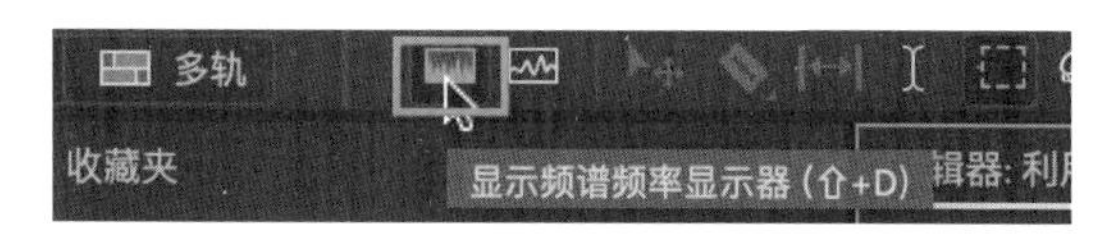

图 4.46　【显示频谱频率显示器】工具

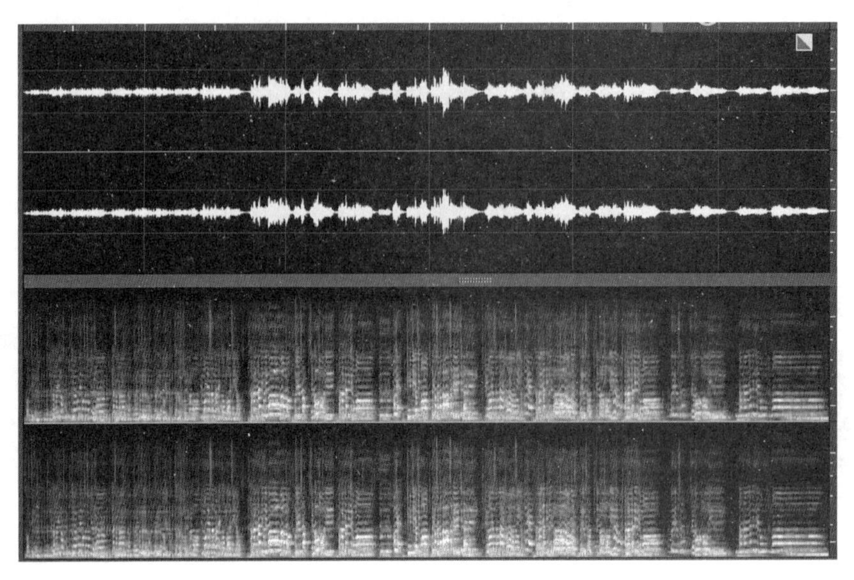

图 4.47　上方为波形图,下方为频谱频率显示

（2）确定噪音色块

拖动时间指针进行试听，在【频谱频率显示器】中找到噪声所在的位置，一般噪音在【频谱频率显示器】中的显示形态是与其他音频有明显区别的一条线或位于高频的小色块，如图 4.48 所示。可以用【时间选择工具】（快捷键为 T）框选该区域进行播放，判断是否为噪音，用鼠标放置在四周可以对框选的范围进行调整，以确定噪音色块。

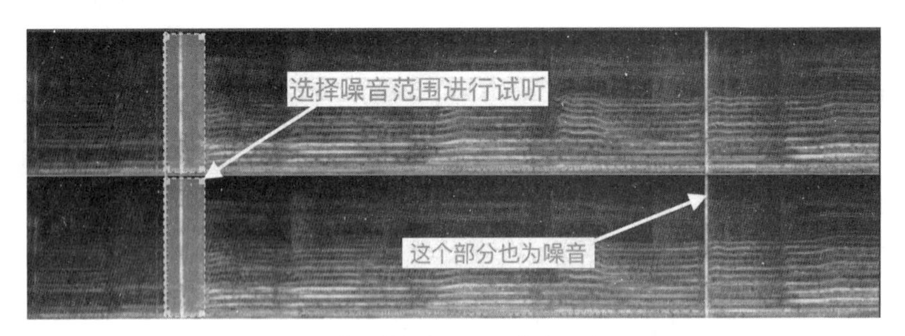

图 4.48　【频谱频率显示器】中噪音的显示

（3）消除噪音

选中工具栏中的【污点修复画笔工具】（快捷键为 B），如图 4.49 所示，将鼠标移动至噪音色块进行涂抹，即可擦除噪音色块，【污点修复画笔工具】左边的大小可以对污点修复画笔的笔触大小进行调节，默认为 30 像素，通过调节笔刷的大小，可以更精确地对噪声进行擦除。

图 4.49　【污点修复画笔工具】

2. 对于持续的噪音，利用捕捉噪音样本进行降噪

在录音过程中很难保证在完全安静的环境下进行录音，所以难免会有一些环境音。这时我们可以选中环境音的音频，标记为噪音样本，再消除音频文件中类似噪音样本的声音，以此达到降噪的效果。

（1）选取噪音样本

因为环境音是从开始录制到结束录制的整个过程都一直存在的，所以我们没有讲话时波形图上出现的波形为环境音，可以用【时间选择工具】（快捷键为 T）框选波形进行播放，确认是否为需要消除的环境音。确认后，保持需要消除的环境音呈被框选的状态，如图 4.50 所示。单击鼠标右键从弹出的菜单中选择【捕捉噪声样本】。

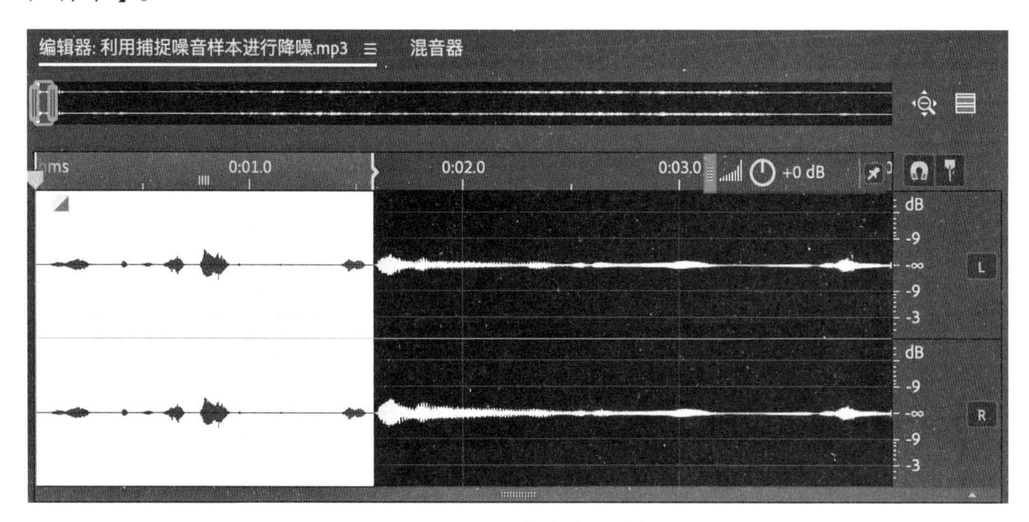

图 4.50　选取噪音作为噪音样本

（2）降噪强度调节

选择【效果】—【降噪 / 恢复】—【降噪（处理）】可以利用噪音样本对音频进行降噪。选择【降噪（处理）】后会出现【效果—降噪】的窗口，如图 4.51 所示，在降噪的调节轨道中可以选择完成强度，强度数值过大的话，音频容易失真，一般情况下建议调节到 85%—95%。

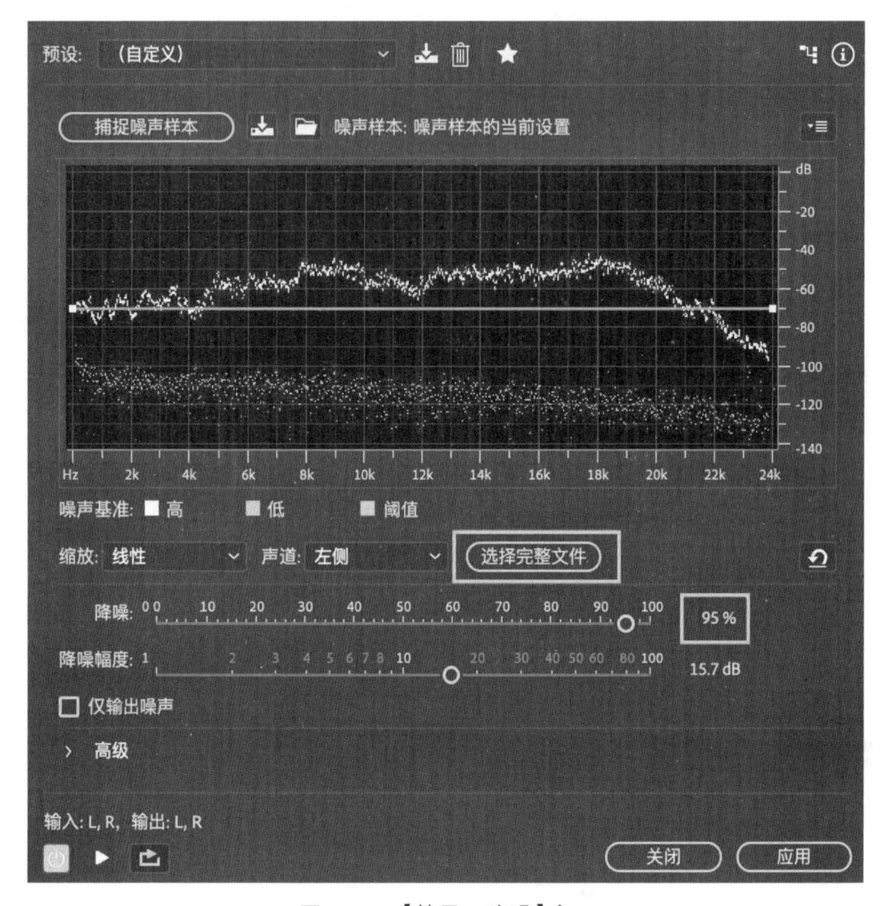

图 4.51 【效果—降噪】窗口

（3）选取降噪音频范围及降噪

如需对整段音频进行降噪处理，即可在【效果—降噪】窗口中点击【选择完整文件】按钮，如仅需对部分音频进行降噪，可用【时间选择工具】在【波形编辑器】中框选需要被降噪的音频，确认需要被降噪的音频范围后，点击【效果—降噪】窗口右下方的【应用】按钮，即可完成降噪处理。

4.3 Audition中常用的音频特效处理

4.3.1 对音频进行倒放处理

我们可以在【波形编辑器】中完成对音频的倒放，也就是声音反向的功能。在【波形编辑器】中选中需要添加倒放效果的音频，选择【效果】—【反向】即可为被选中的音频添加倒放效果。

因为是在【波形编辑器】中进行编辑，所以在存储时建议选择【另存为】来对添加过效果的音频进行存储，以免覆盖原文件。另外，使用【反向】效果时会将音频完全进行倒置，反向后的人声听起来非常特别，并不是人们熟悉的“反过来说话”。

4.3.2 对音频进行伸缩／变调处理

随着短视频的快速发展，越来越多的人开始自己制作视频并发布在互联网上，在制作视频时，可以利用 Audition 对真实的声音进行处理，比较常用的方式为变调、变速处理。

在【波形编辑器】中选中需要进行处理的音频，选择【效果】—【时间与变调】—【伸缩与变调】，如图 4.52 所示。

在【预设】中，可以看到有各种各样的【预设】效果，如果需要加快人声讲话的速度，即可选择【加速】命令。在保证左下角的【切换开关状态】按钮呈绿色被激活时，点击该按钮左边的【预览／播放停止】按钮，可以对该效果进行预览。如果对默认的预设效果不满意，可以利用下面的【伸缩】的滑杆对参数进行手动调节，【伸缩】的值越大，音频播放速度就越慢，【伸缩】的值越小，音频播放速度就越快，调节至合适的参数后，单击【应用】即可。

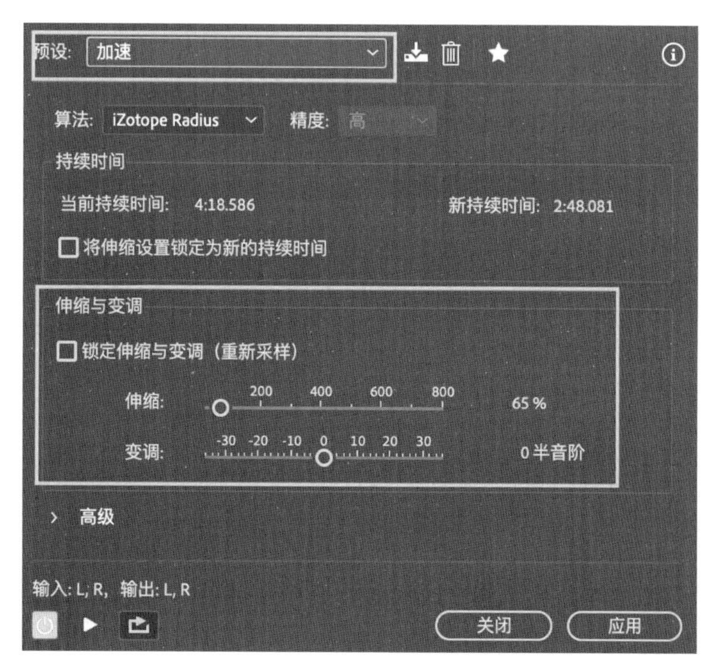

图 4.52　【伸缩与变调】窗口

除了对速度进行调节以外，通过【预设】中的【升调】或【降调】也可对音频的音调进行调节，音调越高，声音越尖锐、卡通，例如网络短视频红人 Papi 酱在早期的作品中就对自己的声音进行了升调处理；音调越低，声音就越低沉，有一些纪录片旁白和电影预告片解说词会使用这一功能，让声音变得更加浑厚。【变调】的滑杆也可对参数进行手动细微调节。

4.3.3 让音频像电话中的声音

在制作影视片时，经常会有打电话的场景，可以利用 Audition 对人声进行处理，让其听起来像是从电话中传出来的一样。

在【波形编辑器】中选中需要添加效果的音频，选择【效果】—【滤波与均衡】—【FFT 滤波器】，滤波器就是可以过滤音频、为音频添加效果的工具，FFT 为一种算法，【FFT 滤波器】中有 21 种不同的场景预设可供用户进行选择使用。因为人的耳朵可以听到的声音频率在 20Hz 到 20kHz 之间，所以在滤波器上的设定操作就只对这个范围内的声音信号进行处理，【FFT 滤波器】图形下面是频率的显示，右边的是量化数字显示，单位是分贝（dB），我们可以对任意一个频率的音频进行增益放大或者衰减削弱，也就是俗话说的放大音量或降低音量，通过调节每个音频不同频率的音量可以让音频产生出其他的效果。

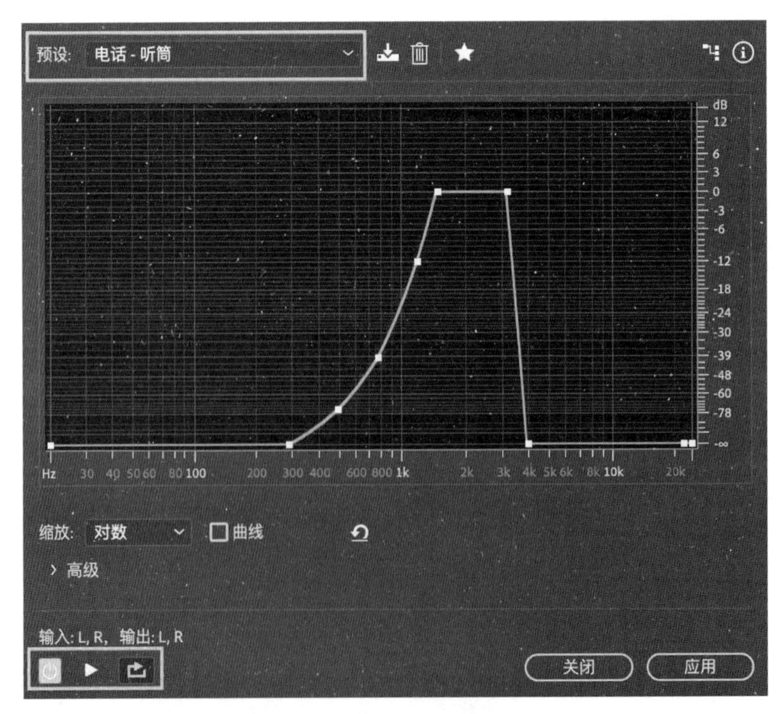

图 4.53 【FFT 滤波器】窗口

如图 4.53 所示，当我们在【预设】中选择【电话—听筒】时，即可让选择的音频变成像电话听筒中的声音一样，与前文所述中一致，在保证左下角的【切换开关状态】按钮呈绿色被激活时，点击该按钮左边的【预览 / 播放停止】按钮，可以对该效果进行预览，单击【应用】即可应用该效果至音频。

在【多轨编辑器】中也可添加该效果，在【多轨编辑器】中选中需要添加效果的音频，通过【效果组】为其添加效果，如图 4.54 所示。通过【编辑器】中的【播放】工具可以对效果可以进行预览。在【多轨编辑器】中添加的效果，可以在【效果】窗口里面看到，单击【切换开关状态】按钮可以随时对所选效果进行开关。（具体制作方法可以参考“添加音频特效”小节）

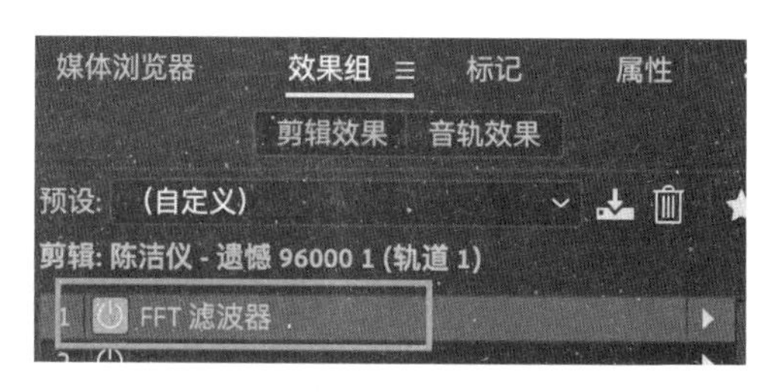

图 4.54　通过【效果组】添加效果

在 Audition 中，很多效果在【波形编辑器】与【多轨编辑器】中都可以添加，添加的效果是一样的，最大的区别在于，在【波形编辑器】中添加效果是“破坏性”的，后续无法进行修改，在【多轨编辑器】中添加的效果是可以随时进行修改的。

4.3.4　批量调整音频声音大小

在进行音频剪辑时，往往需要用到多个素材，素材的音量大小往往都不一样，有的音频素材音量较大，有的音频素材音量较小。如果我们逐个地去调节素材的音量的话，工作量是非常大的，工作效率也很低。在 Audition 中，我们可以利用【匹配响度】工具来统一素材的音量。

选择【窗口】—【匹配响度】，打开【匹配响度】面板，如图 4.55 所示。用鼠标从【项目】面板中将需要调节的音频素材拖入【匹配响度】面板（在选择素材时按住 Shift 键可以对素材进行连选，按住 Ctrl（或 Command）可以对素材进行单选。点击【匹配到】的下拉菜单，选择【峰值幅度】，在【峰值音量】中输入期望的最大电平值，例 –5dB。单击【运行】 按钮，这样【响度】面板内的音频的最大电平值都会被调节到 –5dB。

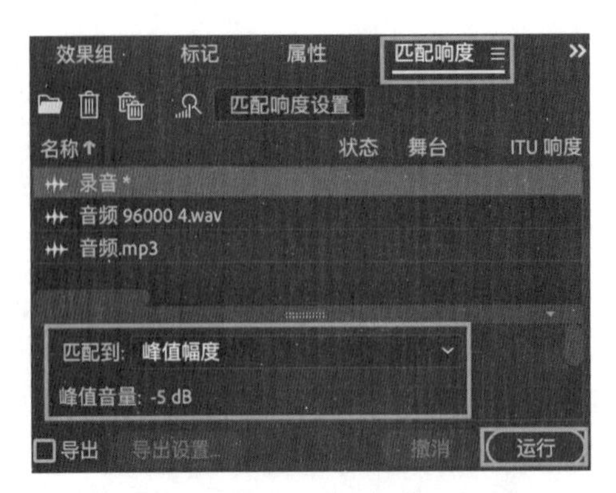

图 4.55 【匹配响度】面板

这样的方法能够快速地将所有音频素材的最大电平值调节至相同的数值，从而来统一音频素材的音量。

4.3.5 去除歌曲中的人声

在录制歌曲时，经常会需要找伴奏，但是有时候可能找不到合适的伴奏。在 Audition 中，我们可以利用【中置声道提取器】来去除歌曲中的人声来提取伴奏。

在【波形编辑器】中选中需要去除伴奏的音频，选择【效果】—【立体声声像】—【中置声道提取器】，如图 4.56 所示，在弹出的【中置声道提取器】对话框中找到【预设】的下拉菜单，选择【卡啦 OK（降低人声 20 dB）】。单击左下角的【预览 / 播放停止】按钮可以对效果进行试听，如果对效果满意，可点击【应用】按钮，为了避免原素材被覆盖，建议利用【另存为】对处理过的音频进行保存。

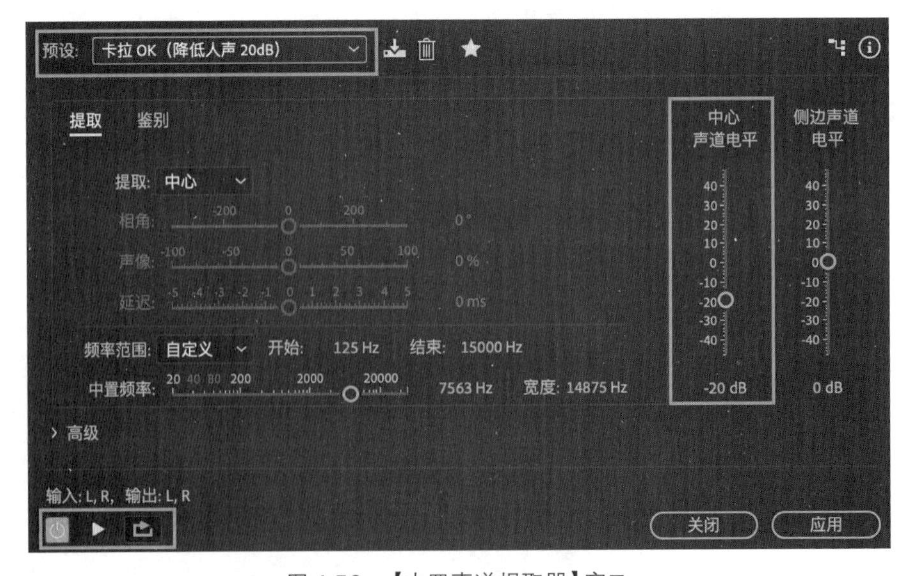

图 4.56 【中置声道提取器】窗口

一般情况下，仅仅使用【卡啦 OK（降低人声 20 dB）】这个效果并不能完美地去除伴奏声而获得令人满意的伴奏，这时我们可以尝试降低右边的【中心声道电平】的参数，如图 4.56 所示。

中心声道也就是中置声道，是指一段音频中左右声道中相同的声音，也是一段音频处于中间位置的声音，而中置声道提取器去除人声的主要原理为降低中置声道的音量。在一段歌曲中，伴奏通过多种乐器共同演奏而成，所以左右两边的声道往往不一样，而人声区别于伴奏，大多数情况下左右两边的声道是相同的，也就是我们说的中置声道，因此降低中置声道的音量即可降低歌曲中的人声。

与中置声道对应的是侧边声道，如想去除歌曲中的伴奏获得纯人声效果，即可在【预设】的下拉菜单中选择【无伴奏合唱】，当选择【无伴奏合唱】后可发现侧边声道电平值的数值很低，因此我们不难发现【中心声道电平】滑块可控制人声音量，【侧边声道电平】滑块可控制伴奏音量。在使用 Audition 时可以根据自己的需求进行调节。

4.3.6 为音频添加回音

通过【波形编辑器】或【多轨编辑器】选中一段音频，选择【效果】—【延迟与回声】—【延迟】，如图 4.57 所示，弹出的对话框中有【预设】效果，下拉该菜单可以选择不同的预设效果，除了预设效果外，还可以对效果进行手动调节。

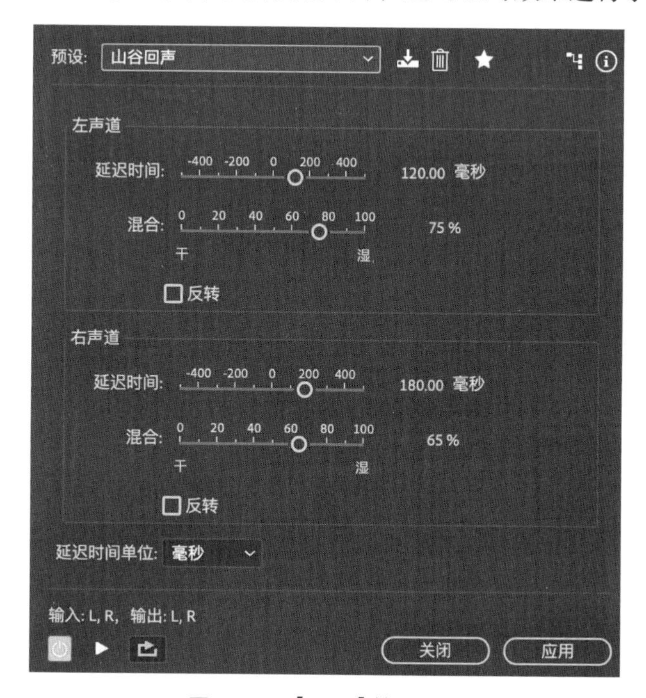

图 4.57 【延迟】效果窗口

在设置中可以单独对左右声道的参数进行调节，【延迟时间】是指该声道延迟的时间，在调节时可以适当地让【左声道】和【右声道】的延迟时间有一点区别，这样回声的效果会更明显。还可以在【混合】参数中通过【干】【湿】的调节来调节【延迟时间】的效果强度。

三 本章小结

通过本章的学习可以了解在 Premiere 与 Audition 中编辑音频的一些方法。在本章介绍的内容中比较常用的为如何在 Premiere 中进行音频的剪辑与拼接、如何让多个音频之间自然过渡，以及如何利用 Audition 对音频进行降噪等。较难的部分为，需要同学们理解 Audition 中【波形编辑器】或【多轨编辑器】之间的关系与添加特效时的区别，另外，除了上文中提到的 Audition 特效以外，Audition 还有许多其他的预设特效，建议可以自己进行实践以便能更加熟练地操作此软件。

与 After Effects 相同，Audition 作为一款 Adobe 的软件也能与 Premiere 实现动态链接，方便我们在视频剪辑时对音频进行编辑。通过本章的学习，同学们应该能够使用 Premiere 和 Audition 对音频进行编辑与处理，帮助我们在制作视频作品时更进一步。

第 5 章　片头的制作

学习目标

1. 了解几种不同风格片头的制作方法
2. 将前面学习过的内容融会贯通使用到不同的地方
3. 学习一些新的特效功能

在很多时候我们需要为影片制作一个精彩的片头来为视频锦上添花。片头有各种不同的风格，片头的风格应该与正片的内容及风格相匹配，以帮助观众提前进入观影状态。同时，一个有自己风格的片头能为视频作品带来一定的辨识度，增加观众对影片的印象，这在流媒体时代也是非常重要的。在本章节中，将介绍几种常用的片头类型以及相关的制作方法。

5.1　电影“拉幕”效果片头

很多影视作品在开头由“一条缝”慢慢地延展至整个画面，模拟一种“拉幕”的效果。通过 Premiere 中的【裁剪】可以轻松制作这种效果。

1. 为视频添加【裁剪】效果

选中视频后为视频添加【裁剪】效果，该效果位于【效果】—【视频效果】—【变换】—【裁剪】，如图 5.1 所示。

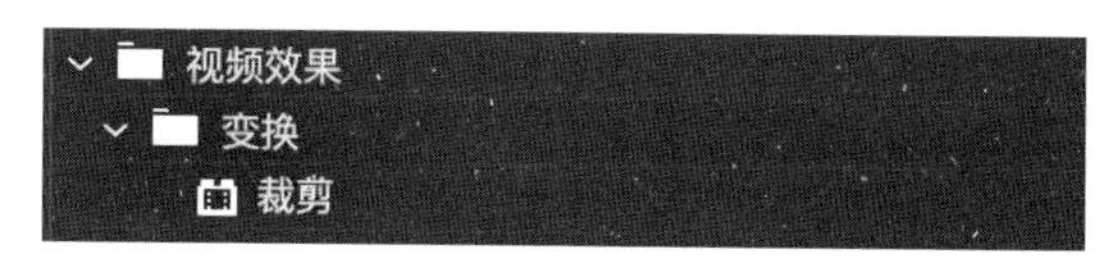

图 5.1　【裁剪】效果的位置

添加该效果后，可以在【效果控件】面板中看到【裁剪】的相关参数，如图 5.2 所示。通过【左侧】【顶部】【右侧】【底部】可以对画面进行裁剪，每个参数右边的蓝色数字可以调节裁剪的百分比，通过给这些参数打关键帧便能制作出不同的裁剪效果。在该案例中，我们希望画面从没有到分别从上、下慢慢出现，所以只需要为【顶部】【底部】的参数加上关键帧即可完成该效果。

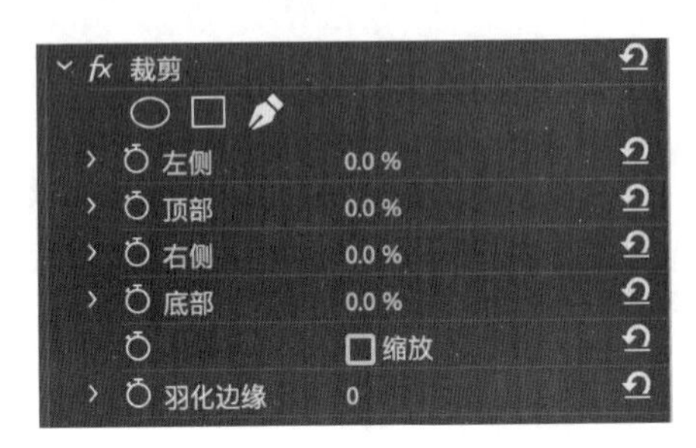

图 5.2 【裁剪】效果参数

2. 为【裁剪】效果添加关键帧

因为我们希望视频从中间向上下延展，所以在 0 秒时激活【顶部】【底部】的关键帧，并将【顶部】【底部】的值调为 50%，这样画面便上下分别裁剪 50%，画面消失变成黑屏。将时间指针调到 5 秒钟时，将【顶部】【底部】的值调为 0%，这样画面便又出现了，软件会自动添加第二组关键帧。两组关键帧的添加如图 5.3 所示，在预览时可以看到画面由中间向两边展开，形成一种“拉幕”的效果。

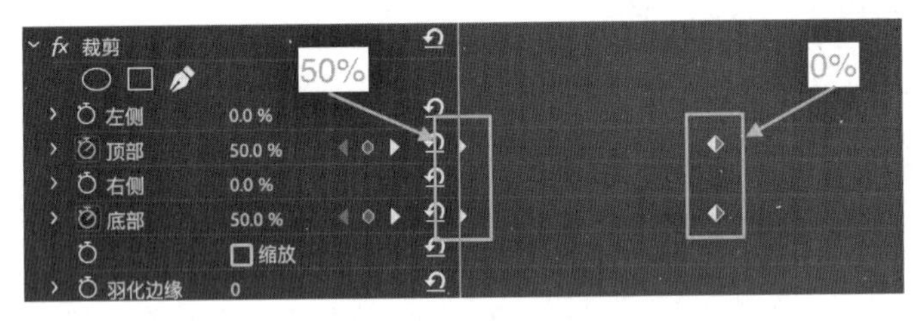

图 5.3 在【裁剪】效果中添加的两组关键帧

◎ 知识扩展：蒙版的动画

除了利用 Premiere 中的【裁剪】效果制作该片头效果以外，利用 Premiere 中的蒙版也能方便制作该效果，接下来介绍详细的制作步骤。因为在前面章节介绍过该功能，所以大家可以自己先尝试制作，如遇问题再来看制作方法，这样能更好地对知识进行巩固。

1. 绘制蒙版

选中视频后单击【不透明度】中的【创建 4 点多边形蒙版】，为视频添加一个矩形蒙版，如图 5.4 所示。

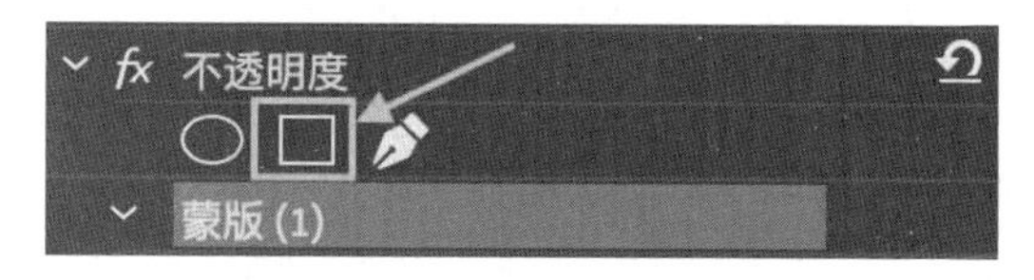

图 5.4　添加矩形蒙版

如图 5.5 所示，框选矩形蒙版左边的两个锚点向左移动，框选矩形蒙版右边的两个锚点向右移动，在移动的过程中按住 Shift 键可以保持水平方向移动，将矩形蒙版调节成较宽的长方形，这个长方形可尽量宽一些，以免在后期添加动画时穿帮，如图 5.6 所示。

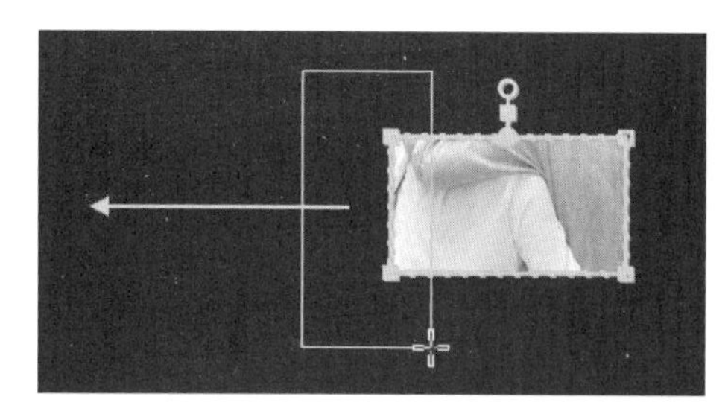

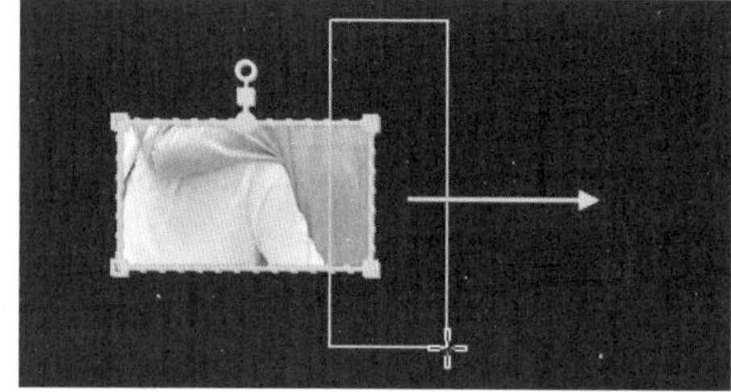

图 5.5　调节蒙版形状

图 5.6　将矩形蒙版调节成较宽的长方形

2. 为蒙版添加动画

将蒙版绘制好后，为【蒙版（1）】的【蒙版扩展】属性添加关键帧，【蒙版扩展】属性可以调节蒙版的大小。通过调节蒙版的大小可以改变【节目】面板中的画面显示的大小。在 0 秒时为【蒙版扩展】属性添加第一个关键帧，添加时将【蒙版扩展】属性的值调小，使蒙版变小至【节目】中的画面缩小至消失变成黑屏。过 5 秒钟后，将【蒙版扩展】属性的值调大至【节目】中的画面完全显示。这样便可通过在【蒙版扩展】属性上的关键帧制作出电影“拉幕”效果，【蒙版扩展】属性上的两个关键帧所对应的画面如图 5.7 所示。

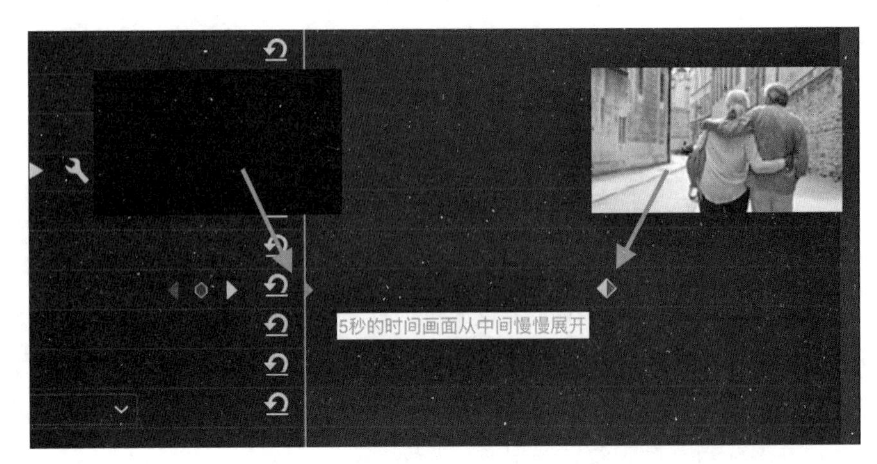

图 5.7 【蒙版扩展】属性上的关键帧

5.2 水墨画风格片头

很多节目或电影的片头会利用水墨效果来做装饰，一个画面由墨滴的形状开始慢慢地延伸开来，如图 5.8、图 5.9 所示。

图 5.8 墨滴风格片头

图 5.9 电视剧《斗破苍穹》片头

利用 Premiere 中的【轨道遮罩键】可以完成这种由墨水滴入画面再慢慢展开出新画面的效果。

1. 制作墨滴动画

完成该效果需要的素材为一个墨滴的动画和一段需要展现的视频，将墨滴的视频放置在 Premiere 时间轴的 V2 轨道上，将需要展示的“视频 1”放置在 V1 轨道上。为 V1 轨道上的“视频 1”添加【轨道遮罩键】效果，如图 5.10 所示，效果位于【效果面板】—【视频效果】—【键控】—【轨道遮罩键】。

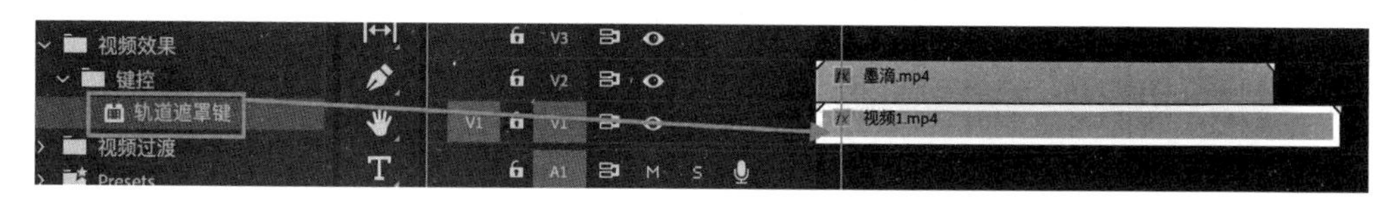

图 5.10　为“视频 1”添加【轨道遮罩键】效果

添加完效果后，可以在【效果控件】面板中看到【轨道遮罩键】的参数，如图 5.11 所示，第一个选项为【遮罩】，在【遮罩】右边的下拉菜单中选择墨滴视频所在的视频轨道即可，本案例中墨滴的视频在 V2 轨道上，所以选择“视频 2”。

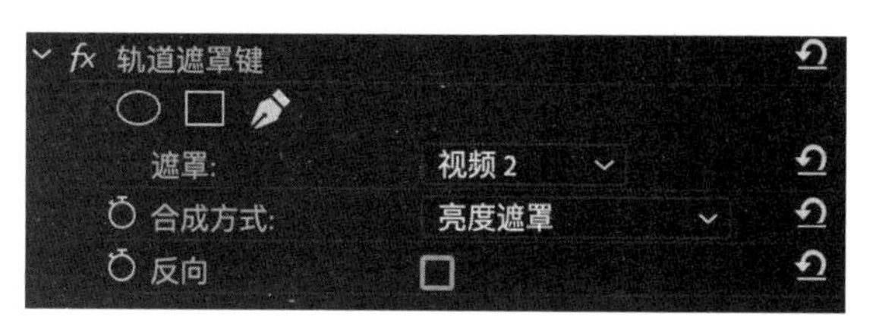

图 5.11　【轨道遮罩键】的参数

第二个选项为【合成方式】,【合成方式】右边的下拉菜单中有两个选项为“Alpha 遮罩”“亮度遮罩”。“Alpha 遮罩”是以 Alpha 通道（透明通道）来生成蒙版的，“亮度遮罩”是以明暗对比度来生成蒙版的，选择“Alpha 遮罩”还是“亮度遮罩”取决于水墨视频中有无透明通道，如果有透明通道就选择“Alpha 遮罩”，如无透明通道就选择“亮度遮罩”。在该案例中，墨滴的视频不含透明通道，所以选择“亮度遮罩”。

第三个选项为【反向】，若要将显示图案的地方与透明的地方进行交换，即可勾选【反向】后面的小勾。在该案例中不需要该效果，所以不用勾选。

将【遮罩】的参数设置为“视频 2”，【合成方式】设置为“亮度遮罩”后，可以看到效果如图 5.12 所示，画面中黑色的部分为透明的部分。

图 5.12 视频 1 添加【轨道遮罩键】后的效果，黑色部分为透明

注 意

需要展示的视频和墨滴视频需要放置在相邻的两个视频轨道上，例如：V1 与 V2、V2 与 V3，中间不能隔开。

◎ 知识扩展：轨道遮罩的选择

在制作遮罩时，选择“Alpha 遮罩”还是“亮度遮罩”取决于作为遮罩的视频（例如：水墨视频）中有无透明通道，如果有透明通道就选择“Alpha 遮罩”，如无透明通道就选择“亮度遮罩”。检查视频有无透明通道十分简单，可以将需要检查的视频放置在 V2 视频轨道上，将其他任意内容放置在 V1 轨道上，如 V2 轨道上需要检查的视频能对 V1 轨道上的内容完全遮挡，则可判断该视频有透明通道；如出现部分遮挡，那没有遮挡的地方便是带透明通道的地方。

作为遮罩的视频如果没有透明通道，则选择“亮度遮罩”。在制作“亮度遮罩”时，作为遮罩轨道上的内容，如果是黑色代表着完全透明，如果是白色则代表完全不透明，如果是灰色则为半透明，如果是彩色，软件会将此颜色转换为黑白通过明度来判断它的灰度值。例如上述的案例中，因为墨滴是黑白组成的，那么在形成轨道遮罩后，原本黑色的地方会变成透明的，原本白色的地方会变成下方 V1 轨道上的图案。如在制作时发现在【节目】面板中原本黑色的地方还是黑色的，只是因为【节目】面板的底色为黑色，将其他素材垫放在下方的轨道上即可发现为透明。另外，制作了轨道遮罩的视频在更改轨道后，遮罩效果会失效，所以在更改前需要先将其进行嵌套处理，具体操作方法可见下文。

2. 制作墨滴动画嵌套序列

在制作轨道蒙版动画时需注意，制作好后不能更改视频轨道，否则效果会失效，但是在制作较为复杂的效果时会难免需要调节视频的轨道，利用嵌套序列功能可以避免出现移动轨道后效果失效的问题。选中 V1、V2 视频轨道上的内容，单击鼠标右键选择【嵌套】，可以将嵌套序列命名为“水墨效果”。嵌套完成后，V1、V2 视频轨道上的视频会合并成一个嵌套序列，在视频轨道上显示为绿色，这时再更改它的视频轨道，【轨道遮罩键】的效果便不会受到影响，如需更改之前视频的内容，可以双击嵌套序列进入嵌套序列内进行修改。

制作为嵌套序列后，可以将嵌套序列移动至 V2 轨道，在 V1 上放置一张纸的图片，如图 5.13 所示，这样动画效果呈现为一张纸上的墨渍慢慢延展为一个视频，如图 5.14 所示。

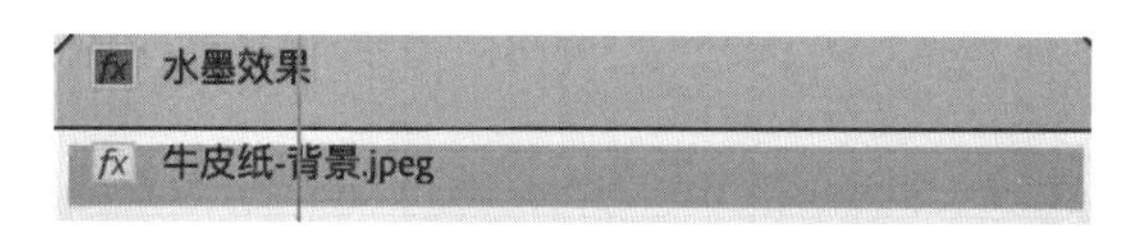

图 5.13　为水墨效果加一个背景

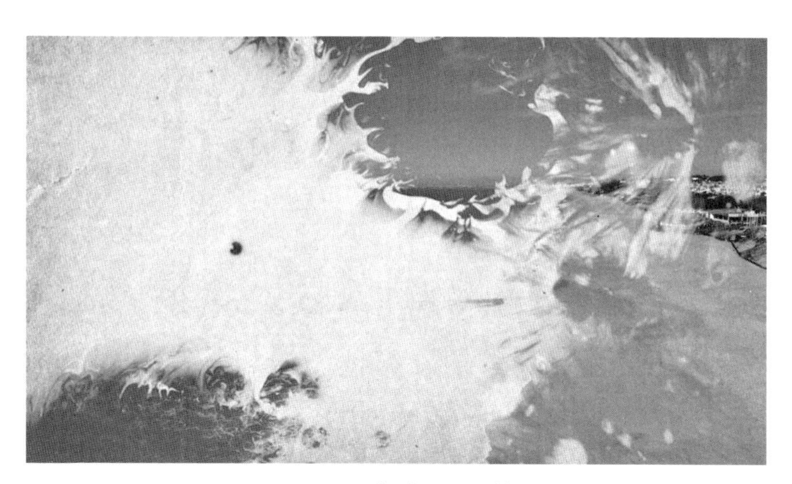

图 5.14　添加背景后的效果

除了添加“纸”的背景以外，还可以叠加其他视频在下面，如图 5.15 所示，制作成场景之间的转场特效，如图 5.16 所示。

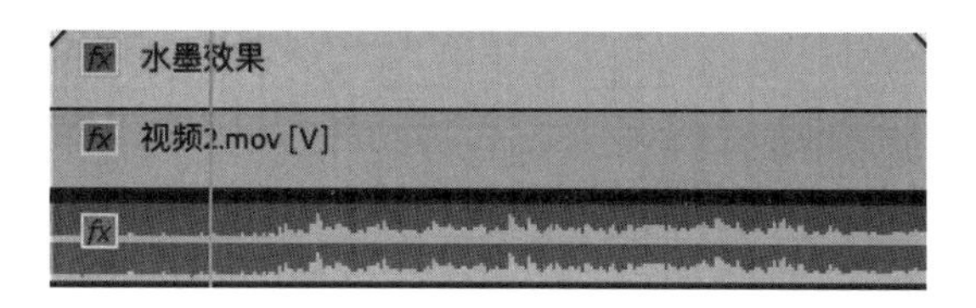

图 5.15　在水墨效果的嵌套序列下叠加其他视频

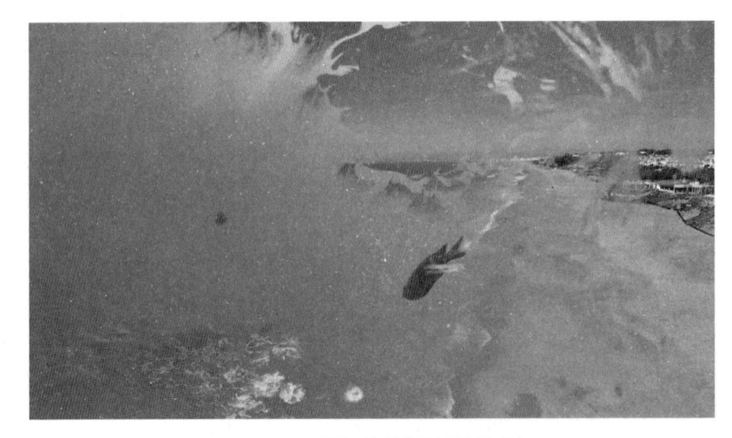

图 5.16　叠加其他视频的效果

墨滴动画制作好后，可以在旁边配一些相关的文案，通过【文件】—【新建】—【旧版标题】制作相关文案，如图 5.17 所示，添加文案后，还可以为其添加【交叉叠化】效果，制作淡出的效果。

图 5.17　添加相应的文案

5.3　文字书写效果片头

文字书写动画模拟人写字时的效果，以写字笔画的顺序在屏幕上慢慢“写出”标题。该效果制作出的动画画面较为干净、整洁，常用于偏文艺风格影视作品的开头。这个效果可以利用 Premiere 中的【书写】特效完成。

1. 新建文字素材

通过【文件】—【新建】—【旧版标题】新建一个文字图层，在弹出的【新建字幕】对话框中可以为其命名为【文字书写】。在旧版标题中可以输入需要的文本内容，输入文本内容后在右侧的【旧版标题属性】中可以对该文本的样式进行调节，比如调节字体、字号、颜色、描边，等等。在界面的下方【旧版标题样式】中有很多预设好的字体样式可以进行试用，选择的字体样式也可以通过【旧版标题属性】再对其继续进行细节修改。文字调节完后可以将文字放置在合适的地方，如需放置在画面中间的话，可以借用界面左边的【中心】工具中的【垂直对齐】【水平对齐】来调节文字的位置。调节完成的文本如图 5.18 所示。

图 5.18　建立文本

注　意

如果 Premiere 无法满足对字体的设计要求，可以在 Photoshop 中制作后导出带有透明通道的图片作为素材导入 Premiere。因为是手写效果，所以制作的文字建议不要过于复杂，一般情况下可以直接选择白色文字。另外，还要注意字的可辨识度，如果因为颜色与视频背景颜色相似度较高而导致辨识度变低，可以为字添加投影或更改字的颜色。在这类风格的片头中，最重要的是字体的选择，可以根据视频的内容风格选择不同风格的字体，字体的风格与视频风格是否搭配会直接影响整体效果。

2. 书写效果中的相关参数

在建立好文字素材后，将其拖动至 V2 轨道上，将视频放置在 V1 轨道上。为文字素材添加【书写】效果，效果位于【效果】—【视频效果】—【生成】—【书写】。添加效果后，可以在【节目】面板中看到一个白色的小圆，如图 5.19 所示，这个白色的小圆即书写的画笔，在【效果控件】里找到书写的属性，单击【书写】这两个字后，文字中间会出现一个【瞄准器】，这时便可以利用鼠标移动这个小圆点的位置。

图 5.19　书写功能的“画笔”

在【效果控件】面板中可以看到【书写】的相关参数，如图 5.20 所示。通过书写效果中的【画笔大小】可以调节画笔的大小，也就是小圆图标的大小，若需要将它的尺寸调节至比文字素材的文字笔画稍粗一点，可以将画笔移动到文字笔画的附近对比一下。【画笔硬度】是指画笔边缘的羽化程度，用默认值即可。【描边长度（秒）】是指每笔持续的时间长度，也就是画笔在屏幕上的停留时间，可以输入整个书写过程所需的时间，例如书写动画的过程是 8 秒，那么便可以输入 8 秒，以免后面的书写动画还没有完成时前面的笔画已经过了停留时间而消失。【画笔间隔（秒）】是指每隔多少秒每两个画笔之间就会有一个间隔，数值偏大的时候可以看到笔画与笔画之间有明显的距离，如图 5.21 可以看到因为“s”与“t”之间间隔的笔画较长，如果【画笔间隔（秒）】设置的时间偏大，绘制出来的线便显示用点连接而成，数值偏小时便会连成一条线，在图 5.21 中，【画笔间隔（秒）】左边值为“0.01”，右边值为“0.001”。在不同案例的实际操作中可以根据案例需求调节为“0.01”或“0.001”。

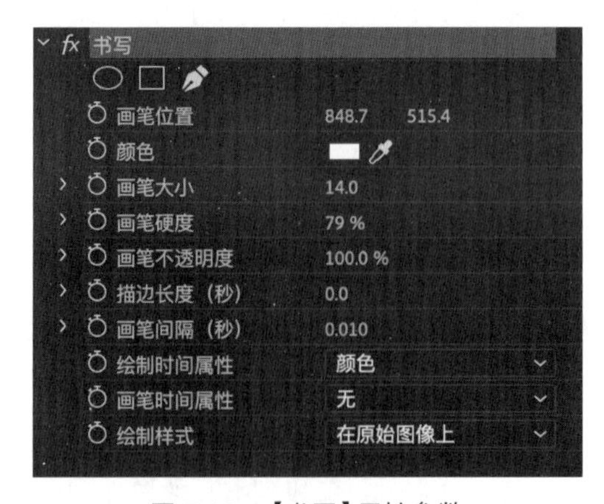

图 5.20　【书写】属性参数

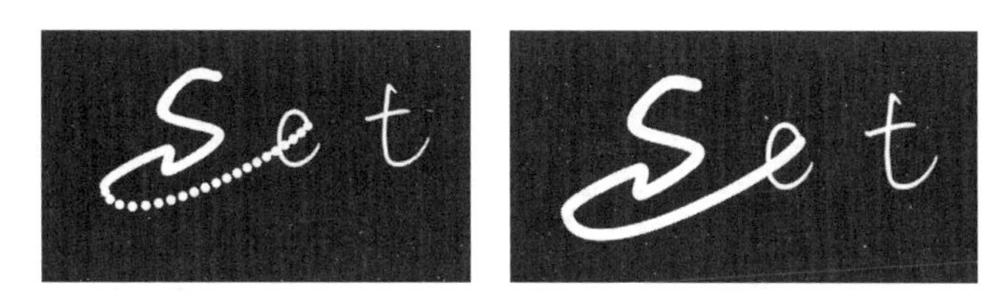

图 5.21　【画笔间隔（秒）】左边值为 “0.01” 右边值为 “0.001”

3. 为文字添加【书写】动画

通过给【画笔位置】添加关键帧可以将整个【书写】过程记录下来，每两个关键帧之间的时间在十帧左右，如果想 “写” 得快一点可以让关键帧的距离更近一些。具体操作如下：如图 5.22 所示，先将画笔的小圆点放在文字书写起笔附近的地方，激活【画笔位置】前面的时间秒表标志，在【画笔位置】属性上会建立第一个关键帧。

图 5.22　在文字书写起笔附近的地方建立第一个关键帧

将时间指针向后移动八帧左右（短的笔画可以间隔的帧数少一些），再移动【节目】面板中的小圆点会出现一条线，让这条线与文字的第一笔画重合，如图 5.23 所示，这条线就是 “写” 的 “第一笔”，同时也建立了第二个关键帧。

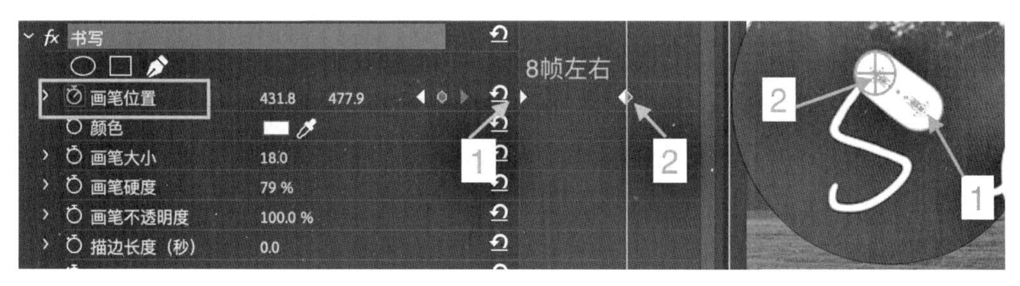

图 5.23　在【画笔位置】属性中添加的两个关键帧

再将时间指针向后移动，写 “第二笔” 即可，反复操作即可将整个字的笔画描完，中间不需要将笔画断开。在描的过程中，每个字符描写的开始的地方都应该是真正写字时 “起笔” 的地方，如图 5.24 所示。如果在绘制的过程中，小圆内的【瞄准器】不见了可以点击一下【书写】—【画笔位置】，即可重新显示【瞄准器】。

图 5.24 用“画笔”将文本描绘一遍

提 示

如果在绘制的过程中电脑变得非常卡顿，可以尝试对文本图层单独进行嵌套，制作为一个嵌套图层，然后为嵌套图层添加【书写】效果，并且将【时间轴】上的视频先删除，这样能有效改善卡顿的现象。

在【书写】属性中找到【绘制样式】，将右边的下拉菜单选择为“显示原始图像”，如图 5.25 所示。这样画笔写过的地方会以文字素材的样子显示，如图 5.26 所示，如在预览效果时发现有问题可以重新回到“在原始图像上”进行调节。

绘制样式　显示原始图像

图 5.25 在【绘制样式】中选择“显示原始图像”

图 5.26 选择“显示原始图像”后的书写效果

4. 调节细节

制作完后可以对效果进行预览，根据音乐或影片风格通过【比率拉伸工具】对速度进行调节。如果前期因为电脑较卡顿将视频从【时间轴】上删掉，这时可以重新将视频移至 V1 轨道，即完成了最后效果。最终文字会以“画笔”书写的方式慢慢显示出来，如图 5.27、图 5.28 所示。

图 5.27 书写过程

图 5.28 书写完成

注 意

在制作文字素材的时候尽量让字大一些，这样每个笔画之间的距离比较远，在制作动画时笔画与笔画之间不会相互影响。

另外，因为上述特效会按照笔画移动的路径显示文字素材上本有的内容，所以在利用【书写】特效进行书写时不能完全按照用笔书写的习惯来移动画笔，如果会影响到其他笔画可以将笔画绕开，例如写【牛】字中的两条横线，一般来讲习惯写完上面的横线之后直接向左下方移动笔然后开始写下面的横线，因为画笔移动过的地方的内容就会出现，这样会影响到中间的竖线的书写，所以正确的做法应该是，写完上面一横后，将线条从整个字的上方绕过竖线再写第二笔，这样就不会对竖线有影响。

5.4 镂空的文本图案片头

在电影《无名之辈》的片头中，画面先慢慢展开，然后画面顶部出现了填充了画面内容的“无名之辈”四个大字，如图 5.29 所示。制作该效果会运用到 Premiere 中的裁剪、轨道遮罩键、蒙版路径动画、交叉溶解转场等效果。

图 5.29 《无名之辈》片头

在开始正式制作动画前，先将素材导入 V1 轨道，然后将 V1 轨道上的视频复制一个至 V2 轨道，可以按住 Alt 键将 V1 轨道上的视频向上推至 V2 轨道完成复制。这样 V1 轨道、V2 轨道上就有了相同的素材，V1 轨道上的素材是为了制作画面下半部分留下的长条画面，V2 轨道上的素材是为了制作画面上半部分中填充的文字。

1. 利用 V1 轨道上的素材制作裁剪动画

在为 V1 轨道上的素材制作动画之前，可以先将 V2 轨道前的“小眼睛”关掉，这样能让我们更方便地观察 V1 轨道上的动画制作，如图 5.30 所示。

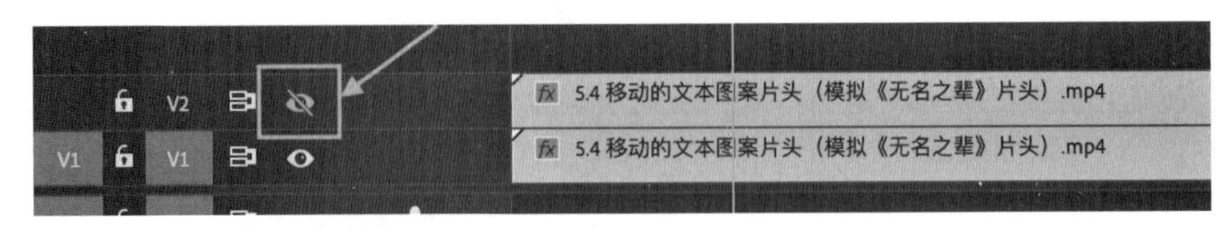

图 5.30 关闭 V2 轨道前的“小眼睛”

准备就绪后，为 V1 轨道上的素材添加【裁剪】效果，【裁剪】效果位【效果】—【变换】—【裁剪】，在【效果】面板的【裁剪】参数中，为【顶部】与【底部】的参数添加关键帧，在 0 秒时为【顶部】与【底部】添加关键帧，参数均为“0”，如图 5.31 所示。隔 5 秒后添加第 2 组关键帧，将【顶部】调节至 60% 左右，将【底部】调节至 25% 左右。裁剪动画制作完成后，影片画面会慢慢地变窄，最后留下一个长条状的画面，如图 5.32 所示。

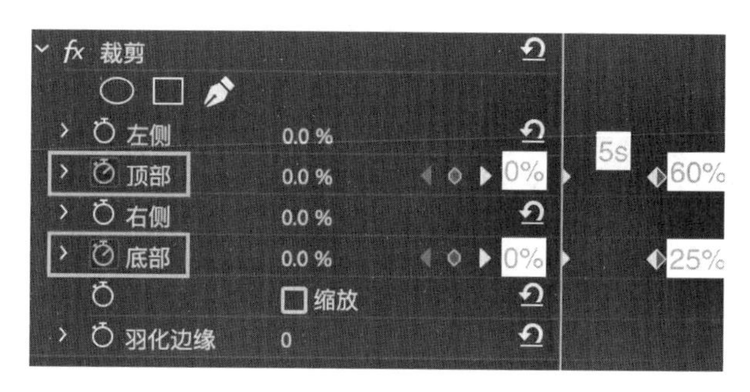

图 5.31　调节【裁剪】动画

图 5.32　裁剪过后的镜头画面

2. 利用 V2 轨道上的素材制作填充为镜头画面的文字

通过【文件】—【旧版标题】新建字幕，在输入文本的时候可以让每个字作为单独的文本，这样方便调节每个字符的大小，让每个字符的尺寸有所区别，会更生动好看一些，再将其摆放至合适的位置，如图 5.33 所示。

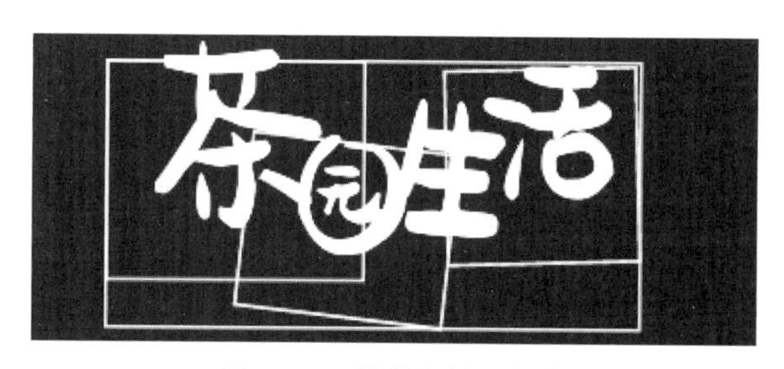

图 5.33　调节字符的样式

将文字图层调节好后放置在 V3 轨道，将文本与 V2 轨道上的视频出现的时间调节为 6 秒左右，也就是【裁剪】动画完成后的一秒左右后文字出现，同时打开 V2 轨道前的“小眼睛”，三个轨道上的视频状态如图 5.34 所示。

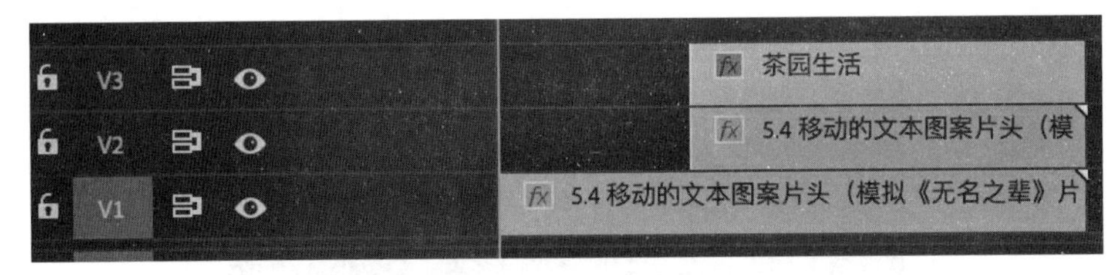

图 5.34　轨道上的视频

为 V2 轨道上的视频添加【轨道遮罩键】效果，效果位于【效果面板】—【视频效果】—【键控】—【轨道遮罩键】，在【效果控件】中将【遮罩】参数调节为“视频 3”，【合成方式】调节为“Alpha 遮罩”，如图 5.35 所示。这里之所以选择“Alpha 遮罩”是因为 V3 轨道上的文字图层带有透明通道。有关【轨道遮罩键】的详细讲解可以参考第五章第二节的“水墨画风格片头”。

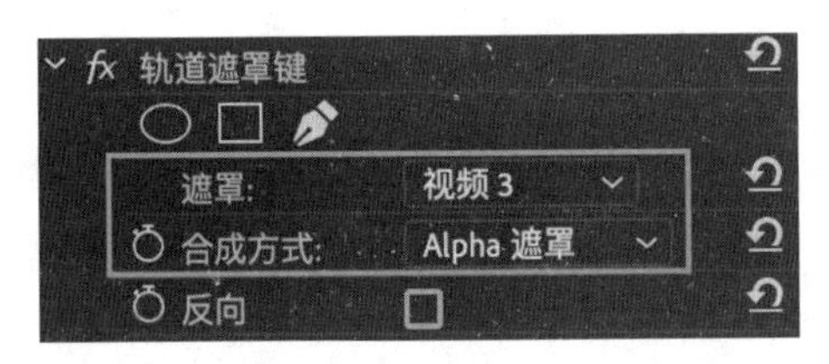

图 5.35　调节【轨道遮罩键】的参数

调节过后，V2 轨道上的视频会以 V3 轨道上文本的形状显示，如图 5.36 所示。选中 V2 轨道上的视频与 V3 轨道上的文本图层后，单击鼠标右键建立嵌套序列，将嵌套序列命名为“茶园生活嵌套文字”，如图 5.37 所示，将这两个视频进行嵌套后便可以方便地移动和为其添加动画效果了。

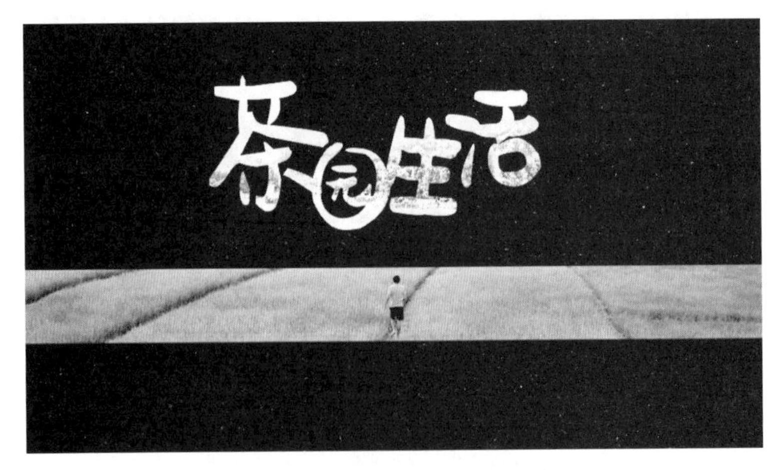

图 5.36　填充为镜头画面的文字

图 5.37　将 V2 轨道、V3 轨道上的内容进行嵌套

3. 为文字制作动画

仔细观察《无名之辈》的片头可以发现，文字不是突然出现的，而是从右下角开始慢慢出现的，所以我们为嵌套序列“茶园生活嵌套文字”在【不透明度】属性上添加一个蒙版，将蒙版移动至右下角，如图 5.38 所示，并将【蒙版羽化】调节至 1000 左右。

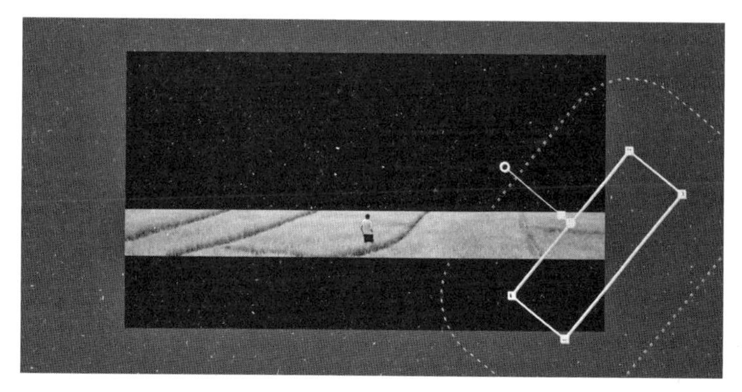

图 5.38　为文本添加蒙版

在【蒙版路径】上为其添加关键帧，添加第一个关键帧时蒙版离文字有一堵距离，文字没有出现，添加第二个关键帧时调节蒙版的路径，使蒙版的范围覆盖整个文本内容，让文本完全显示，如图 5.39 所示。两个关键帧之间间隔 20 帧至 1 秒左右。

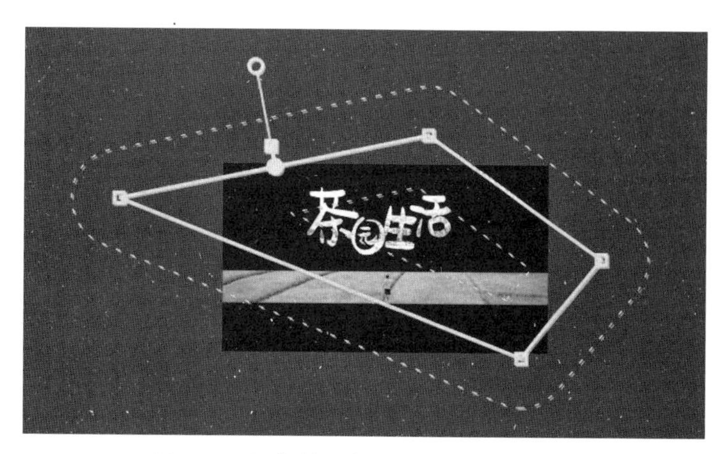

图 5.39　添加第二个关键帧后蒙版的路径

添加完两个关键帧后进行预览会发现字由右下角开始慢慢出现。

4. 整个画面慢慢变为黑色

做完以上的效果后，这个片头基本上已经完成了，接下来还需要让整个画面慢慢淡出为黑色，选中 V1 轨道上的视频与 V2 轨道上的嵌套序列“茶园生活嵌套文字”后，单击鼠标右键，再次建立嵌套序列，并将其命名为“片头”，为“片头”嵌套序列的末端添加【交叉溶解】转场效果，如图 5.40 所示，【交叉溶解】位于【效果】—【视频过渡】—【溶解】—【交叉溶解】，将该效果添加至嵌套序列的末端后，整个画面会慢慢地消失变为黑色。

图 5.40　为嵌套序列的末端添加【交叉溶解】效果

提　示

在制作文本时需要选择较粗的字体，这样能更好地看到文本内填充的画面。为了标题能够更好看且更有设计感，我们还可以利用 Photoshop 对文本进行调节，例如调节单个字符的笔触等，调节好后将文本导出为带透明通道的 PNG 格式的图片，再导入 Premiere 中进行使用，后续步骤与在 Premiere 中建立的文本图层一致。

◎ 知识扩展：预渲染

如在预览素材时遇到画面卡顿的情况，可以为需要预览的区间标记入点和出点，通过顶部菜单中的【序列】—【渲染入点到出点】将视频效果进行预渲染，如图 5.41 所示。预渲染后，【时间轴】上的色条显示为绿色，再对视频进行预览便不会卡顿了，如图 5.42 所示。

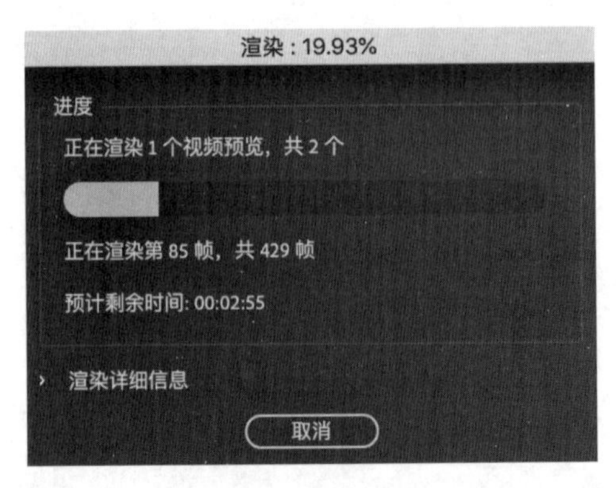

图 5.41　预渲染窗口

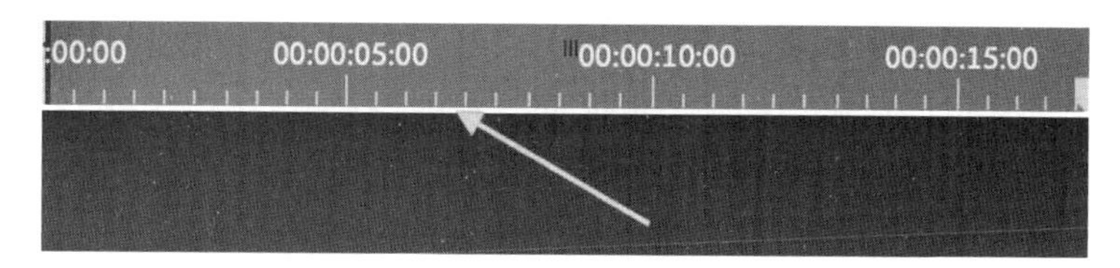

图 5.42　预渲染前此处的色条为黄色或红色，预渲染后为绿色

5.5　快速切换图片风格片头

漫威系列的电影片头都制作得十分酷炫，如图 5.43 所示。接下来本节将讲解如何模拟漫威系列影片的片头效果。

图 5.43　漫威系列的电影片头

1. 加入图片并调节每张图片的持续时间

第一步先调节每张图的持续时间，在 Premiere 中将每张图片导入【时间轴】后的持续时间是 5 秒，但是 5 秒时间太长，所以需要将其缩短一些。将所有的图片素材全部拖动至【时间轴】并选中，单击鼠标右键选择【持续时间】，将持续时间调节为 4 帧，并勾选【波纹编辑，移动尾部剪辑】，如图 5.44 所示。尽量多找一些图片，图片的尺寸在导入 Premiere 前需要利用 Photoshop 将所有图片调节至与序列相同大小。

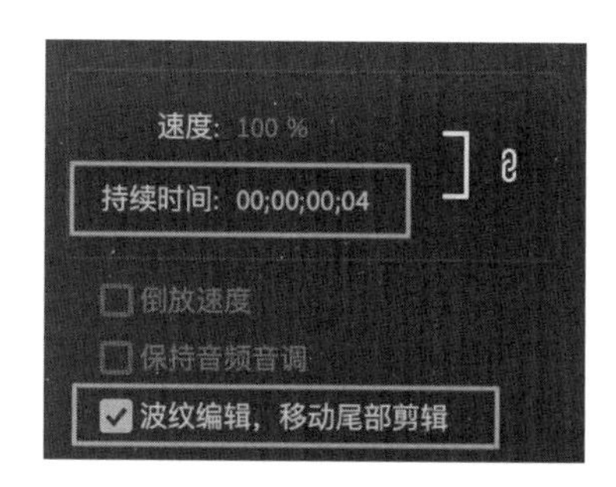

图 5.44　通过【持续时间】调节时间

调节好后选中所有的素材，按住 Alt 键后向 V2 轨道上推，使其复制一组，然后将 V2 轨道上的素材向后移动一张图的时间，也就是 4 帧，调节后的状态如图 5.45 所示。这样调节是为了在制作模糊动画时不会产生黑屏，一张图片运动完后，下一张图片在运动时下面轨道内有前一张图片的内容垫在下面。

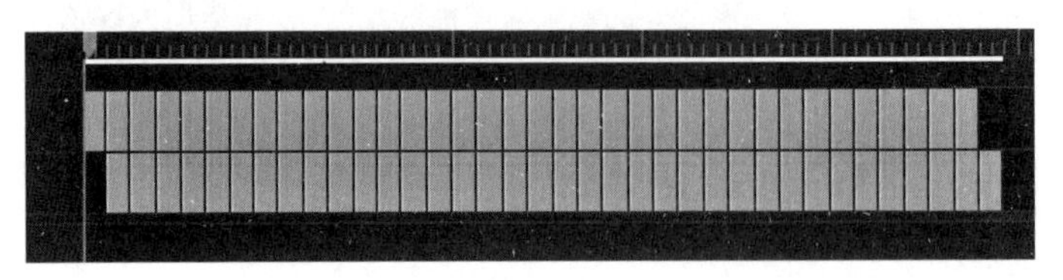

图 5.45　将素材复制后，调节位置

2. 为一张图片添加【高斯模糊】效果

选中 V2 轨道上的第一张图片，为其添加【高斯模糊】效果，【高斯模糊】效果位于【效果】—【视频效果】—【模糊与锐化】—【高斯模糊】，在【效果控件】面板中调节【高斯模糊】的效果参数，将【模糊度】调节为 300，【模糊尺寸】调节为【垂直】，如图 5.46 所示。

图 5.46　【高斯模糊】参数

3. 为图片添加运动动画

（1）为添加【高斯模糊】效果的图片添加动画效果

添加完【高斯模糊】效果后，观察该图片在【运动】—【位置】的坐标，例如【640 360】，前面的数字“640”为 X 轴坐标，后面的数字“360”为 Y 轴坐标。为该图片在【位置】属性上添加关键帧，让图片在 4 帧处，从画面外垂直移动至画面内，因为是垂直方向的移动，所以在标记关键帧时不用更改 X 轴的数值，只需要更改 Y 轴坐标的数值即可。

在 0 帧处将图片垂直移动（可以在移动过程中按住 Shift 键，保证是垂直方向的移动）至整个【节目】的上方后为该图片的【位置】属性添加第一个关键帧，在 4 帧处将图片还原至原本的坐标位置，令其出现在【节目】面板中，例如之前的坐标是【640 360】那就调节成【640 360】，千万不要有区别以免画面不在【节目】面板中间。添加这两个关键帧，使添加了【高斯模糊】效果的图片从画面外运动至画面内。从图 5.47 中可以看到在【位置】属性上添加的两个关键帧以及每个关键帧在【节目】

面板所对应的画面。

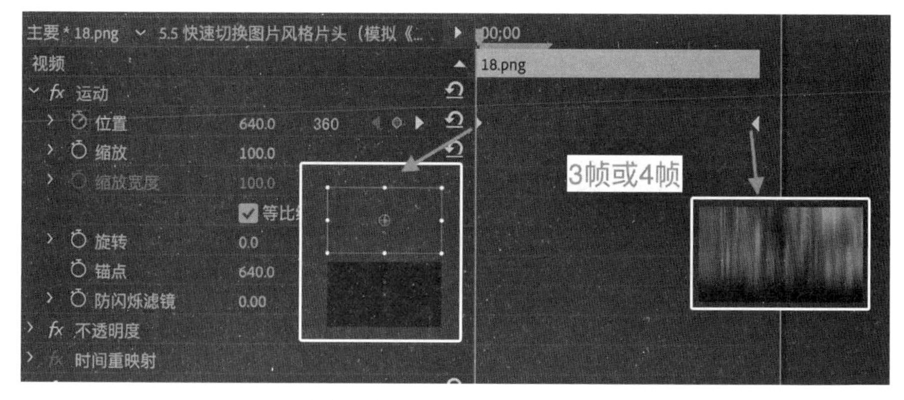

图 5.47　【位置】属性上对应的两个关键帧及画面

提　示

添加关键帧不一定要按照动画开始、结束的顺序来加，也可以先加后面的关键帧再调节前面的关键帧。在这个案例中，可以尝试先在第 4 帧添加一个关键帧，保证动画结束时图片在画面内，然后再添加 0 帧时的关键帧，将图片移动至画面外。在这个案例中，这样添加关键帧会更方便，因此添加关键帧不必按照动画顺序添加，可以根据需要自由选择添加关键帧的先后顺序。

（2）将运动关键帧和【高斯模糊】效果复制给其他图片

在【时间轴】中选中添加过运动关键帧和【高斯模糊】效果的 V2 轨道上的第一张图片，按 Ctrl+C（macOS 系统快捷键为 Command+C）进行复制，利用【选择工具】或【向前选择轨道工具】选中 V2 轨道上其他的所有图片素材，单击鼠标右键选择【粘贴属性】，将运动属性与【高斯模糊】效果复制给其他图片，如图 5.48 所示。调节完后可以对视频进行预览，可见图片有模糊和运动的效果，如果图片不够多可以将 V1 轨道、V2 轨道上的素材全部选中并向后复制几组。

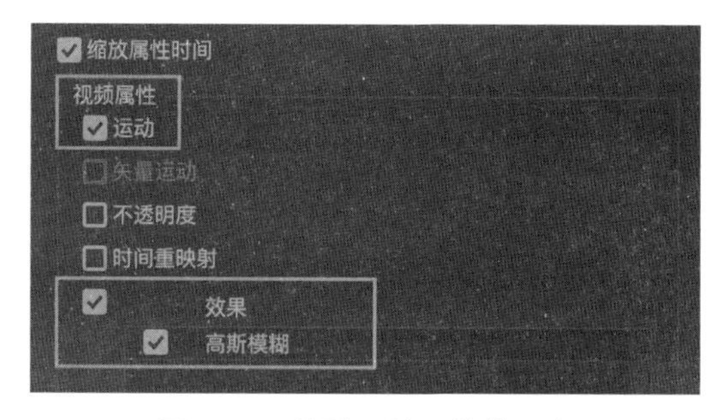

图 5.48　粘贴属性至其他图片

4. 调节颜色倾向

漫威系列作品的片头整体偏橘红色，我们可以利用【调整图层】来调节画面的整体颜色倾向。在【项目】面板中的空白处单击鼠标右键选择【新建项目】—【调整图层】，将新建好的【调整图层】移动至 V3 轨道上。接下来为【调整图层】添加颜色倾向，将界面布局调节为【颜色】，如图 5.49 所示。

图 5.49　将界面布局调节为【颜色】

将界面布局调节为【颜色】后，可以在 Premiere 的界面右边看到【Lumetri 颜色】面板，选中【调整图层】后，调节【Lumetri 颜色】面板中的【色轮与匹配】的参数，如图 5.50 所示，将【中间调】【阴影】【高光】色轮中的“白色瞄准器”都推向偏橘红色的方向，这样可以使整体画面的颜色偏橘红色。

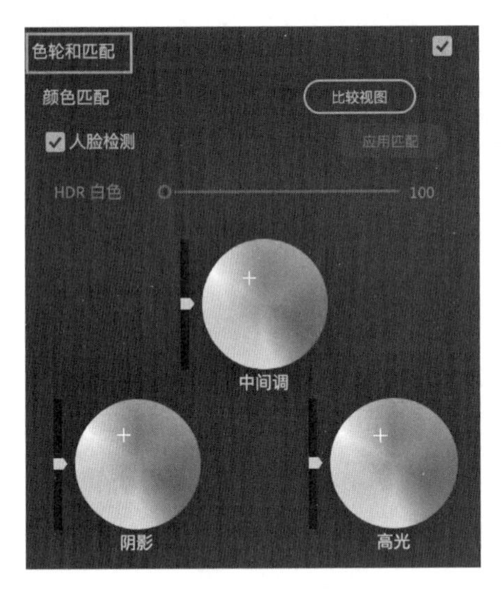

图 5.50　【色轮与匹配】中的参数

5. 制作最后画面中出现的红色渐变背景

（1）制作红色渐变背景

在【项目】面板中的空白处单击鼠标右键选择【新建项目】—【黑场视频】，将【黑场视频】移动至 V4 轨道上，为【黑场视频】添加【渐变】效果，【渐变】效果位于【视频效果】—【生成】—【渐变】。将【起始颜色】的色号调节为一个稍浅的红色，参考色号为“#C10000”，将【结束颜色】的色号调节为一个稍深的红色，参考色号为“#590000”，如图 5.51 所示。

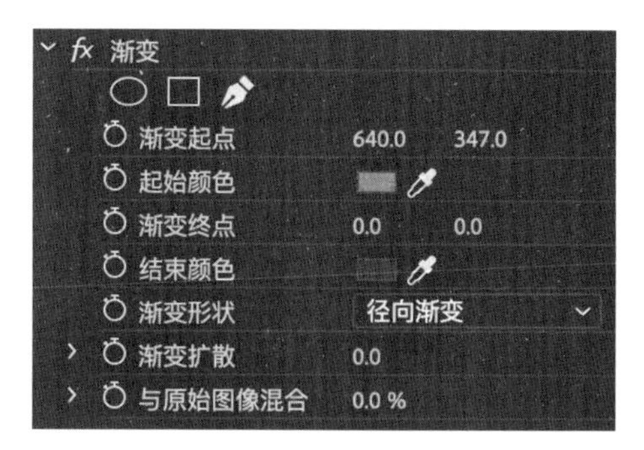

图 5.51　【渐变】参数

调节完后，改变【渐变起点】与【渐变终点】的位置，调节【渐变起点】的 Y 轴坐标（右边的数值），让红色最浅色的位置位于画面的中间，再将【渐变起点】的坐标调节为【0 0】，这样周围的颜色比较深，有一种"胶片暗角"的效果，如图 5.52 所示。

图 5.52　红色渐变背景

（2）为红色渐变背景添加关键帧

为红色渐变背景在【不透明度】属性上添加关键帧，在 0 帧时添加第一个关键帧，并设置数值为"0"，让其一开始的时候完全透明。在整段动画快结束时（例如整段动画时间为 10 秒，则第二个关键帧可以添加在 7 秒的位置），添加第二个关键帧，并设置数值为"100"，让其完全显示出来。可以选中第二个关键帧，单击鼠标右键添加【缓入】效果，使其变化更加生动。

6. 新建文字并制作文本动画

通过【文件】—【新建】—【旧版标题】新建字幕，输入"MARVEL"或其他文本，将字体更改为"Impact"。将字幕拖动至 V5 轨道上，调节字幕出现的位置，如 1 秒，为字幕在【缩放】属性和【不透明度】属性上添加关键帧，让字幕由大变小，由不透明变透明。如图 5.53 可以看到，各个图层之间的关系以及文字上所添加的关键帧。

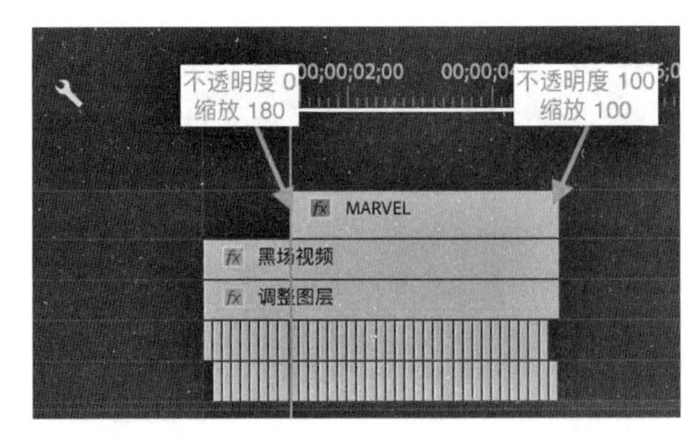

图 5.53　各个图层之间的关系以及文字上所添加的关键帧

7. 为文字内填充画面

选中 V1 轨道与 V2 轨道上的图片素材，单击鼠标右键选择【嵌套】，并命名为“图片动画”，将素材进行嵌套后，V1 轨道与 V2 轨道上的内容会被整合至 V1 轨道上，将原处于 V3 轨道与 V4 轨道上的内容移动至 V2 轨道与 V3 轨道上，将“图片动画”嵌套序列复制一份至 V4 轨道上，并将长度调节至与文本内容相同，具体摆放方式如图 5.54 所示。

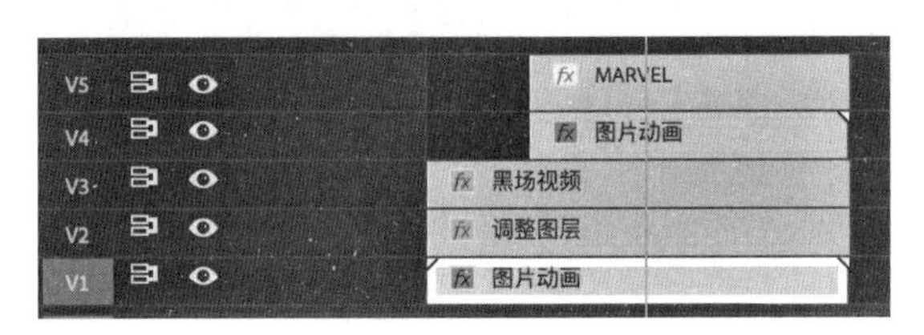

图 5.54　调节后的各个轨道内容的摆放顺序

让 V4 轨道上的“图片动画”嵌套序列与 V5 轨道上的文本内容建立“轨道蒙版”关系，使“图片动画”的内容填充进文本内，如图 5.55 所示。为“图片动画”嵌套序列添加【轨道遮罩键】效果，该效果位于【效果面板】—【视频效果】—【键控】—【轨道遮罩键】，在【效果控件】中将【遮罩】参数调节为【视频 5】，【合成方式】调节为【Alpha 遮罩】。调节后，可以看到画面中的文本内填充了动画内容。

图 5.55　填充了动画画面的文本

8. 细节调整

预览视频可以发现，直到动画结束，文本内都一直在显示动画画面，但是最终需要的效果应该是文字变成白色，因而需要选中 V5 轨道上的文本，按住 Alt 键将其向上复制一层至 V6 轨道上，观察效果会发现文本逐渐地会变成为白色，整个片头的动画制作基本完成。如文本没有变成白色，则可以进入 MARVEL 的文本图层，在【旧版标题】中将其修改为白色。

在制作完后，可能会发现加不加建立了【轨道遮罩键】的两个图层（“图片动画”序列与 MARVEL 的文本图层）的效果区别并不明显，仔细观察可以发现，是因为这两个图层在【黑场视频】与【调整图层】上方，所以可以看到文本中的填充画面是没有红色的颜色倾向的，与旁边的非文字画面形成了明显的区别。通过 MARVEL 的文本图层的关键帧和出现位置可以对效果进行更细微的调节。通过图 5.56 可以看到，最终完成动画时所有图层在轨道上的摆放顺序。

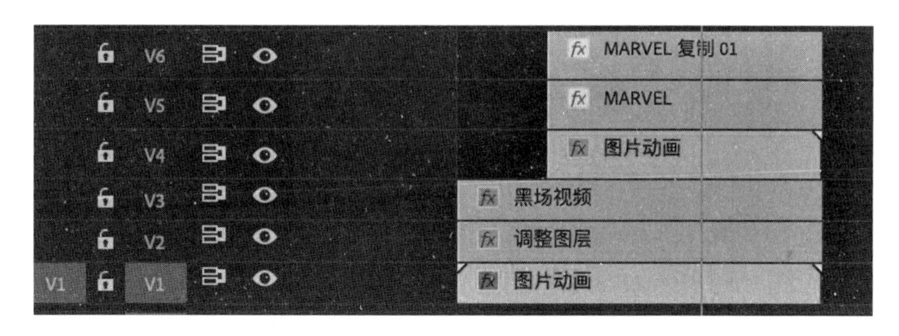

图 5.56　完成最终效果后的所有图层在轨道上的摆放顺序

本章小结

这一章节为大家介绍了一些不同风格的片头以及相关的制作方法，这些片头的制作方法有些运用了前面章节所学的内容，有些使用了新的功能。希望大家能举一反三地根据前面所学习的内容制作出更多有想法、有创意的片头。

第6章　处理图片素材

学习目标

1. 了解利用 Photoshop 软件对图片进行批量处理
2. 了解利用 Photoshop 软件进行抠图

在剪辑视频时常会用到一些图片素材，而 Photoshop 为一款专业的图片处理软件又能与 Premiere 进行动态链接，因此利用 Photoshop 处理图片素材是非常好的选择。本章节会讲解两种常见的 Photoshop 处理图片素材的案例，分别为利用 Photoshop 对图片进行批量处理、利用 Photoshop 软件进行抠图。

6.1　批量处理图片素材尺寸

我们在制作视频时会需要一些图片素材，但是在网络上下载的素材或者自己拍摄的素材可能会尺寸不一，如果将尺寸不一的图片素材直接导入 Premiere 进行剪辑会带来一些不必要的麻烦，这时可以将这些图片放入 Photoshop 进行批量处理，统一图片的尺寸。

Photoshop 批量处理图片的思路为，将“更改一张图片尺寸的过程”记为一个动作，然后让软件自动地反复完成这个动作来处理其他的图片。

1. 记录动作前的准备工作

点击顶部菜单【窗口】—【动作】，打开【动作】面板，单击【创建新动作】，如图 6.1 所示。

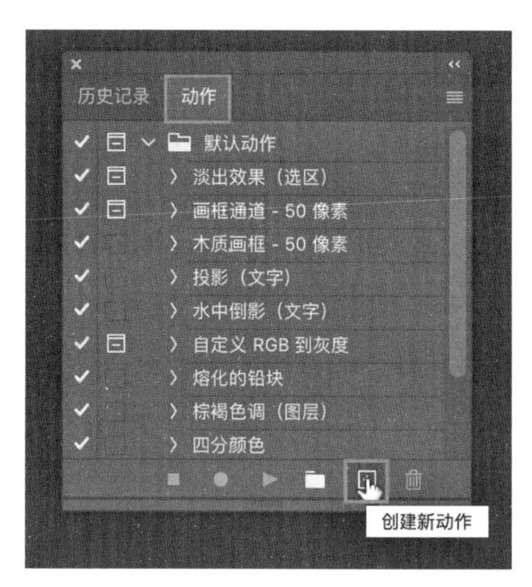

图 6.1　在【动作】面板点击【创建新动作】

在【新建动作】的面板中为该动作取一个名字，并开始记录。在【名称】中输入一个名字，比如“更改尺寸”，点击【记录】，如图 6.2 所示。

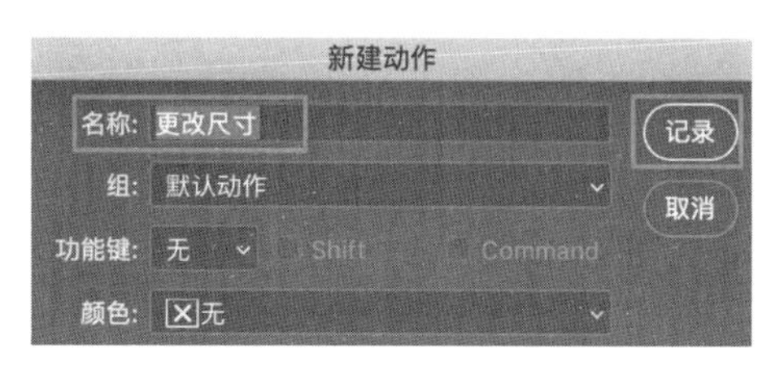

图 6.2　【新建动作】面板

这时【动作】面板下方会出现一个动作的名称叫作“更改尺寸”，并且【动作】面板下方的圆点会变成红色，如图 6.3 所示，这个圆点变成红色代表已经开始录制了。接下来便开始处理图片的尺寸，将其操作步骤记录下来。

图 6.3　录制“更改尺寸”的过程

2. 开始记录处理图片尺寸的操作步骤

点击顶部菜单【图像】—【图像大小】，输入需要的宽度和高度的尺寸后，单击确定，如图 6.4 所示。

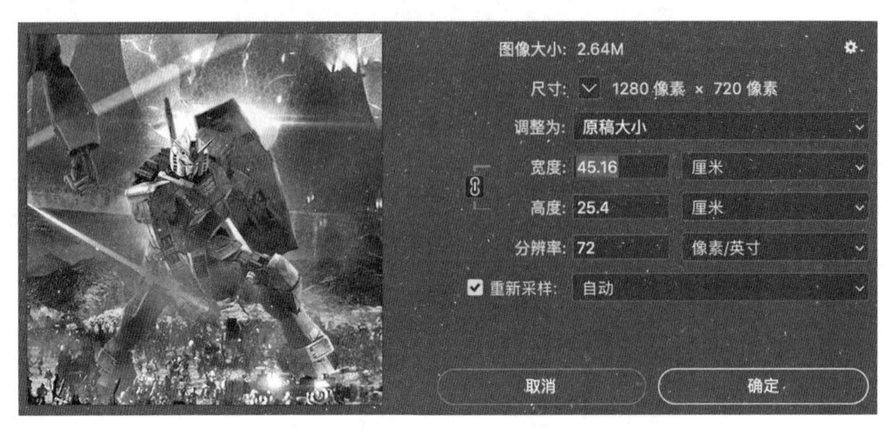

图 6.4　调节需要的图形尺寸

点击【停止播放 / 记录】按钮结束录制，如图 6.5 所示，这样动作便记录好了。

图 6.5　通过【停止播放 / 记录】结束录制

3. **批量处理**

将需要处理的图片全部放置在一个文件夹中，点击顶部菜单【文件】—【脚本】—【图像处理器】会弹出来【图像处理器】窗口，如图 6.6 所示。

在【选择要处理的图像】中通过【选择文件夹】选择需要处理的图片的文件夹。在【选择位置以存储处理的图像】中点击【选择文件夹】，为输出的图片指定路径，之后这个路径会自动生成一个文件夹来放置输出的图片，如图 6.6 所示。

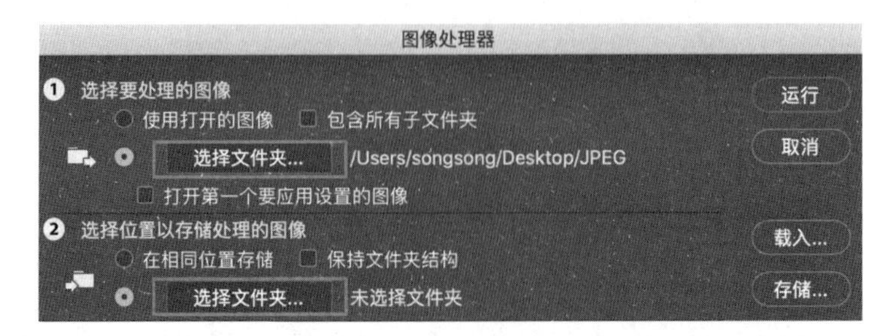

图 6.6　在【图像处理器】窗口选择需要处理的图像和导出的路径

在【首选项】中【运行动作】的第二个选项中选择“更改尺寸”（“更改尺寸”为之前动作的命名），如图 6.7 所示。调整完这些参数后，单击右边的【运行】即可，Photoshop 会自动让指定文件夹中的所有图片都完成这个动作，在输出指定的路径中即可以看到处理完尺寸的图片。

图 6.7　选择动作

提　示

处理前的图片与处理后图片的尺寸比例尽量一致，如果不一致会造成图像一定程度上的变形。

6.2　制作透明背景的图片素材

当剪辑视频时如果需要的图片素材没有透明通道，则需要利用 Photoshop 对图片进行抠像来去除多余的背景内容，导出背景透明的素材放置进视频中使用。在 Photoshop 中有多种抠像工具和方法，例如魔棒工具、快速选择工具、套索工具、钢笔工具、蒙版抠像，等等。以下介绍两种最常用的抠像工具：魔棒工具、钢笔工具，这两种抠图工具的制作思路都是将需要删除的内容归入选择区域后进行删除。

6.2.1　魔棒工具

【魔棒工具】是 Photoshop 中提供的一种比较快捷的抠图工具，【魔棒工具】的图标如图 6.8 所示。魔棒的使用方法为，通过鼠标点击需要删除地方的颜色，软件会自动获取该点附近区域的颜色，如是相同的颜色即会同时归为选择区域。魔棒使用起来非常简单方便，但是使用场景比较有限，只能适用于一些明暗分界线比较明显、颜色比较单一的图像，而在处理内容较为复杂的图形时则很难达到预期的效果。

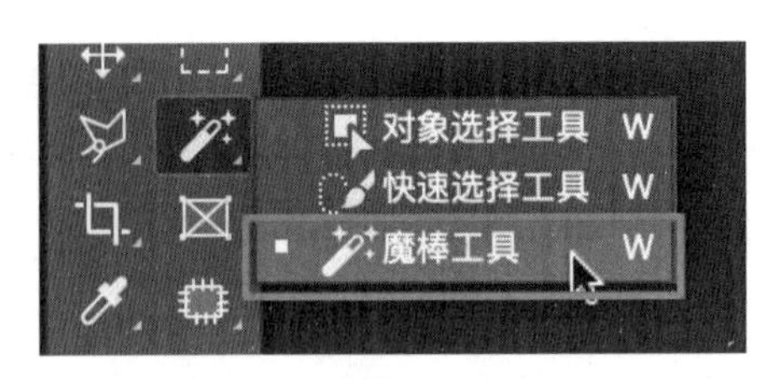

图 6.8 【魔棒工具】的图标

用【魔棒工具】点击白色背景，如图 6.9 所示。点击后会产生一个选区，选区周围围绕着虚线，如图 6.10 所示。

图 6.9 用魔棒点击白色背景

图 6.10 点击后产生的选区

在利用【魔棒工具】进行选区确定时，难免会选到不需要的区域或是漏选部分区域，按住键盘上的 Shift 键后，魔棒旁边会出现一个“+”号，此时可以增加选区，如图 6.11 所示。按住键盘上的 Alt 键后，魔棒旁边会出现一个“-”号，此时可以减少选区，如图 6.12 所示。通过 Shift 键、Alt 键配合【魔棒工具】可以将选区调节至需要范围。

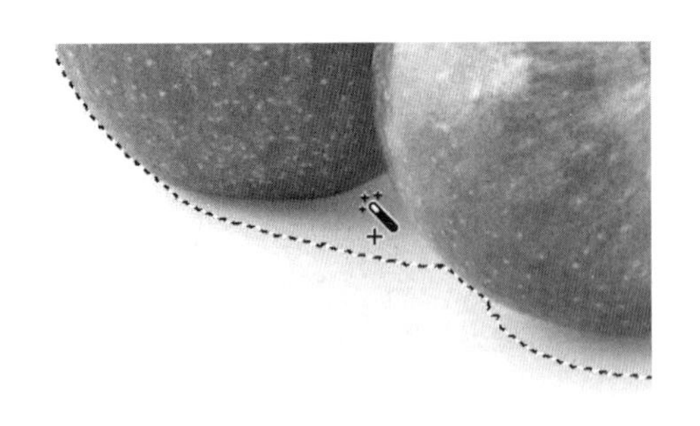

图 6.11 利用 Shift 键增加选区

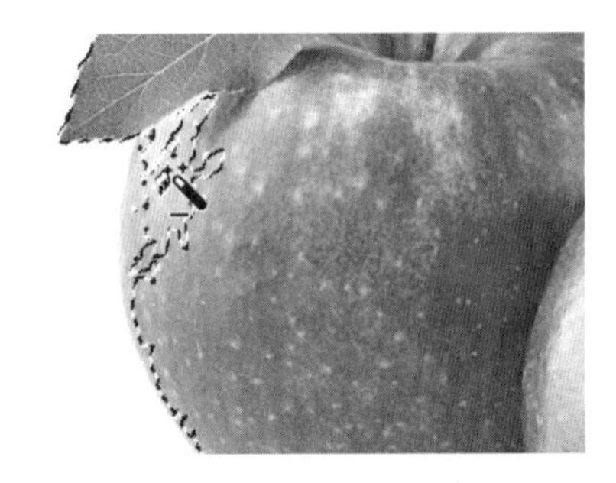

图 6.12 利用 Alt 键减少选区

在上方的菜单栏中，有【魔棒工具】的相关参数，如图 6.13 所示。【容差】为可选区域的颜色范围，【容差】越大，则能被归位选区的像素颜色会更多，例如【魔棒工具】点击图像的颜色如果为浅灰色，那么在容差较大的情况下，不同明度的灰色可能都会被选中；在容差较小的情况下，只有与【魔棒工具】点击图像的灰色明度相同的灰色才会被选中，所选的区域会相对小很多。【连续】是指选择图像颜色的时候只能选择一个区域中的颜色，不能跨区域选择，比如图像中有几个区域的颜色相同却并不相连，如果选择了连续后在一个区域选择颜色，只能选择这一个区域的该颜色；如果没选中连续，那么整张图片中所有相同颜色的地方都能被选中。

取样大小：取样点　容差：32　消除锯齿　连续

图 6.13　【魔棒工具】的相关参数

将不需要的内容放置在选区中，按键盘上的 Delete 即可删除，如选区内是需要的内容则可以按 Ctrl+Shift+I（macOS 系统快捷键为 Command+Shift+I）对选区进行反向后再删除，删掉背景后会显示灰白色格子为“透明”，如图 6.14 所示。删除后，通过顶部菜单【文件】—【导出】—【快速导出为 PNG】，指定导出路径后即可导出带有透明通道的图片。

图 6.14　删掉背景后显示灰白色格子为“透明”

提　示

取消选区的快捷键为 Ctrl+D（macOS 系统快捷键为 Command+D）。

如果需要撤回到上一步可以在【窗口】中找到【历史记录】面板进行操作，也可以直接使用快捷键进行操作，快捷键为 Ctrl+Z、Ctrl+Alt+Z（macOS 系统快捷键为 Command+Z、Command+Alt+Z）。

6.2.2　钢笔工具

【钢笔工具】是一种常用且强大的抠图工具，除了细微毛发以外，它几乎适用于所有的抠图场景，并且抠完的图边缘不会出现锯齿，效果较好。【钢笔工具】位于工具栏中，在抠图前，调节绘制内容为【路径】，如图 6.15 所示，利用路径将需要抠出来的物体勾勒出来转换为选区，再将选区反向后删掉即可。

图 6.15　调节绘制内容为【路径】

1. 绘制直线路径

绘制直线路径只需要选中【钢笔工具】后在画面上单击一下，即可绘制出第一个锚点，松开鼠标且移动鼠标位置后单击绘制第二个锚点，这两个锚点之间便会连成一条直线，再单击第三个锚点，会再出现一条线，利用多个锚点即可描绘出需要的形状。最后的锚点需要点在第一个锚点上，当钢笔最后放在第一个锚点上时，钢笔图标旁边会出现一个“小句号”，如图 6.16 所示，这时单击鼠标，便可以绘制出一个直线边的闭合路径，如图 6.17 所示，按 Ctrl+Enter 键可以将闭合路径变为选区（macOS 系统快捷键为 Command+Enter），如图 6.18 所示。

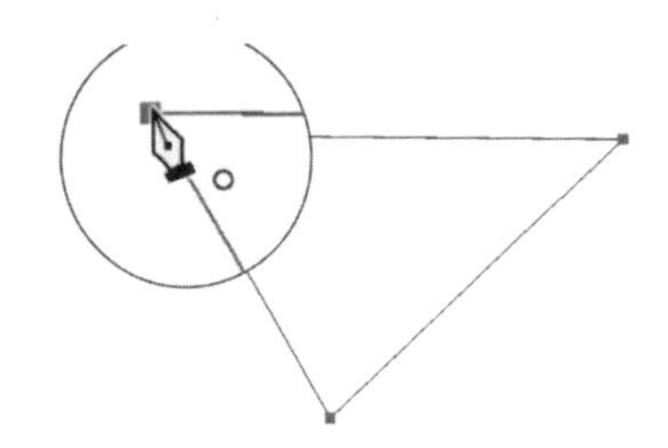

图 6.16　收尾闭合时钢笔旁会出现一个“小句号”

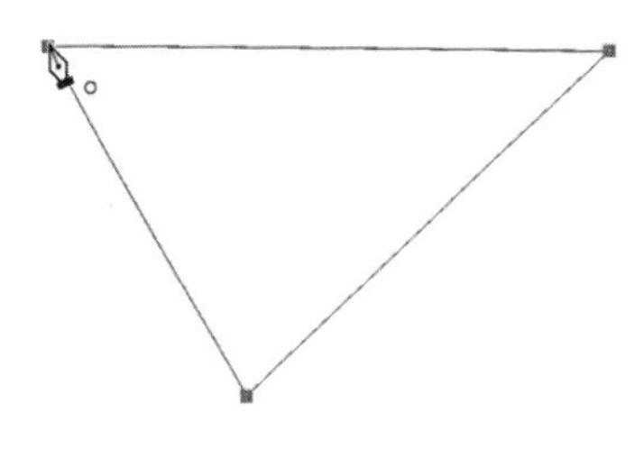

图 6.17　绘制直线的闭合路径

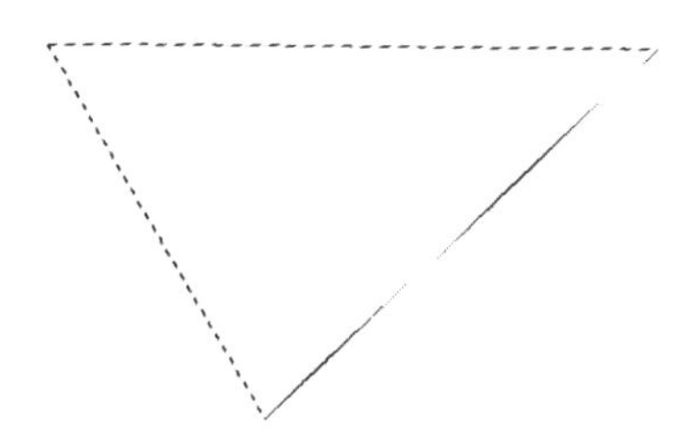

图 6.18　将闭合路径变为选区

提　示

如前文所述，在绘制闭合路径的最后“封口”时，将鼠标放置在第一个锚点上便会出现一个小圆，这时再点击鼠标即可形成闭合路径。如果没有出现这个小圆，可能是路径在绘制过程中中断了，不小心绘制出了两条或多条路径，可以排查错误后，用钢笔将两条或多条路径连成一条完整路径或删除多余的路径。

2. 绘制曲线与直线路径

选中【钢笔工具】后单击第一个锚点，单击后松开鼠标，这与再次单击绘制直线不同，在单击第二个锚点的时候不要松开鼠标，左右移动一下，两个锚点连接起来的线条便是曲线，如图 6.19 所示，移动鼠标使绘制出来的路径与需要抠像的图形边缘重合后，再松开鼠标，这样便绘制好了一条曲线。

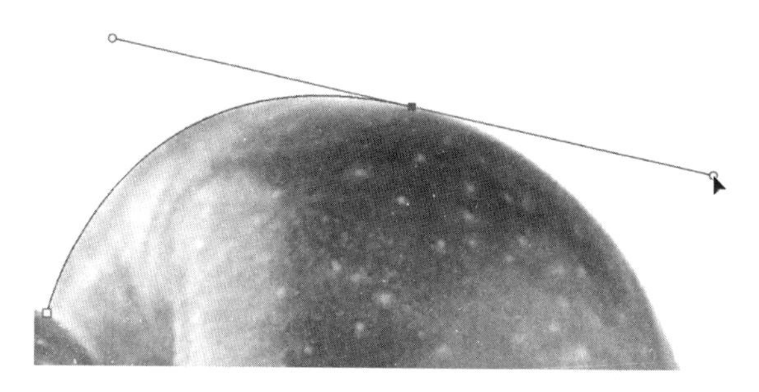

图 6.19　用钢笔绘制曲线路径

在单击绘制第三个锚点之前，需要按住 Alt 键（将【钢笔工具】变为【转换点工具】），将鼠标放置在第二个锚点上，鼠标会变成一个钢笔旁边有一个小折线，如图 6.20 所示，单击一下第二个点，这一步操作的目的是将第二个锚点后半段的控制手柄删掉，如图 6.21 所示。

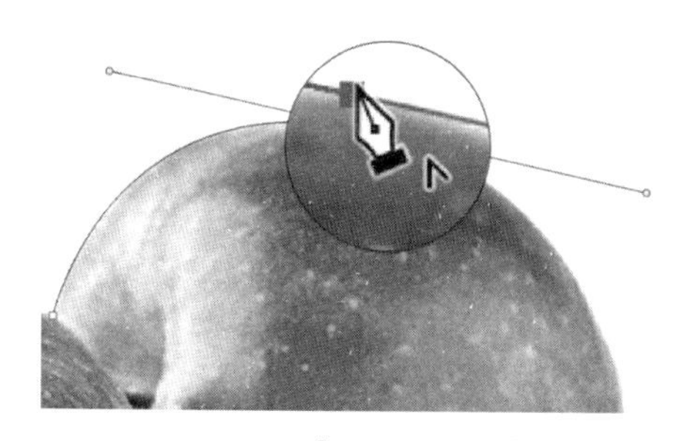

图 6.20　【转换点工具】

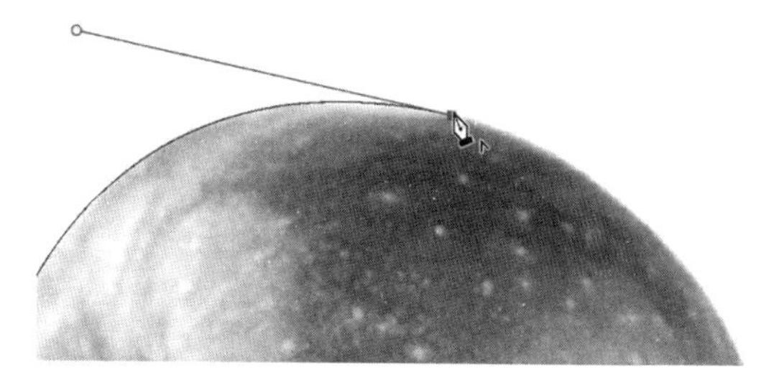

图 6.21　删除后半段的控制手柄

然后再绘制第三个锚点，如果接下来需要绘制曲线，那么该操作与绘制第二个锚点是同样的步骤，如果接下来是绘制直线则单击即可，通过绘制多个锚点即可描绘出需要的路径形状。如还需要进行调整，可以通过【直接选择工具】框选需要调节的锚点，当锚点变成实心的方块时，可以移动其位置，通过调节手柄可以调整曲线的弧度，如图 6.22 所示。

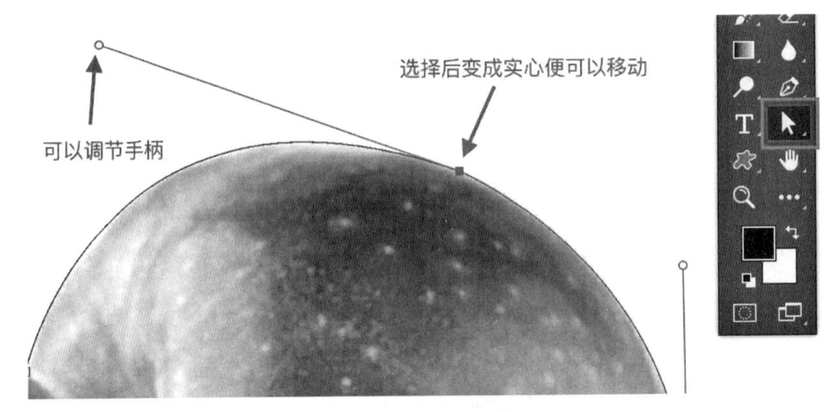

图 6.22　对所绘制的路径进行调整

选择【直接选择工具】有两种方法，第一种是在工具栏中选择【直接选择工具】，如图 6.23 所示。

图 6.23　【直接选择工具】

第二种方法是在使用【钢笔工具】时，按住键盘上的 Ctrl 键（macOS 系统快捷键为 Command），按住 Ctrl 键不要松开即可将【钢笔工具】切换为【直接选择工具】。

◎ 知识扩展：钢笔的控制手柄

为什么要删除锚点的半段的控制手柄？

锚点分两种，一种是平滑点连接曲线，另一种是角点连接直线。平滑点有两个控制曲线弧度的控制手柄。如果一条曲线前后都是平滑点，那么这条曲线则由两个手柄控制曲线的弧度，如图 6.24 所示，这种情况下很难精确地把控曲线弧度。因此在绘制过程中常用的方法是通过【转换点工具】将前一个平滑点的后面一条控制手柄删除，再绘制接下来的路径，这样前一个锚点的控制手柄则不会影响接下来绘制的曲线，能让接下来绘制的路径可以更好地贴合需要描绘的形状。当然这种做法并不是绝对的，在不同的情况有不同的处理方式，第一次使用钢笔可能很难得心应手，需要多试几次才能熟练使用。

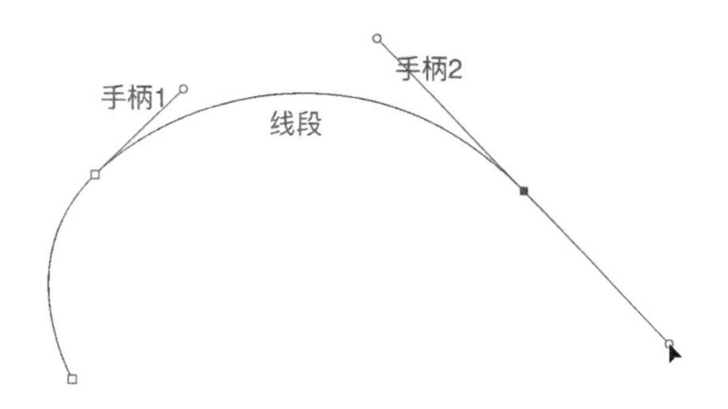

图 6.24　线段的弧度由手柄 1 与手柄 2 同时控制

提　示

将路径绘制完成后按 Ctrl+Enter 键（macOS 系统快捷键为 Command+Enter）可以将路径变为选区，按 Ctrl+Shift+I（macOS 系统快捷键为 Command+Shift+I）对选区进行反向，让不需要的内容出现在选区内后删除。删除后，通过顶部菜单【文件】—【导出】—【快速导出为 PNG】，指定导出路径后即可导出。

在实际的操作中，如果遇到较复杂的图形，可以将视图放大一些，视图放大的快捷键为 Ctrl+ 加号、视图缩小的快捷键为 Ctrl+ 减号（macOS 系统快捷键为 Command+ 加号 /Command+ 减号），一部分一部分地进行抠像，以免在绘制路径的过程中出现意外。在绘制完一部分路径后，可以将附近的内容先删除，最后再删除所有的背景内容即可。

本章小结

通过本章节的学习可以了解如何利用 Photoshop 进行图片素材处理。通过学习本章节的内容可以让你在制作视频的过程中利用 Photoshop 制作一些图片素材，从而提高视频剪辑的效率以及实现更多视频创意。

第7章　辅助性工具

学习目标

1. 了解一些在制作视频时的辅助性工具
2. 了解如何安装字体

在制作视频时，除了利用专业的视频剪辑软件、后期特效制作软件对视频进行编辑与后期处理以外，还可以利用一些辅助性的工具来帮助我们。本章会介绍一些常用的辅助性工具，包括利用 Adobe Media Encoder 进行视频渲染输出、利用 Adobe Bridge 管理与预览预设动画效果、利用 QuickTime Player 录制视频、利用格式工厂转换视频格式、安装字体等相关内容。

7.1　Adobe Media Encoder

Adobe Media Encoder 能提供稳定的视频渲染体验，收录、转码、创建代理和输出您可以想象的几乎任何格式。使用预设、Watch Folders 和 Destination Publishing 可自动执行工作流程。使用 Time Tuner 无痕调整持续时间，应用 LUT 和 Loudness 校正而无需重新打开项目。它与 Adobe Premiere Pro、After Effects 和其他应用程序的紧密集成提供了无缝的工作流程。通过图 7.1、图 7.2 可以看到，利用 Adobe Media Encoder 导出影片的界面以及导出的过程。

图 7.1　利用 Adobe Media Encoder 导出影片

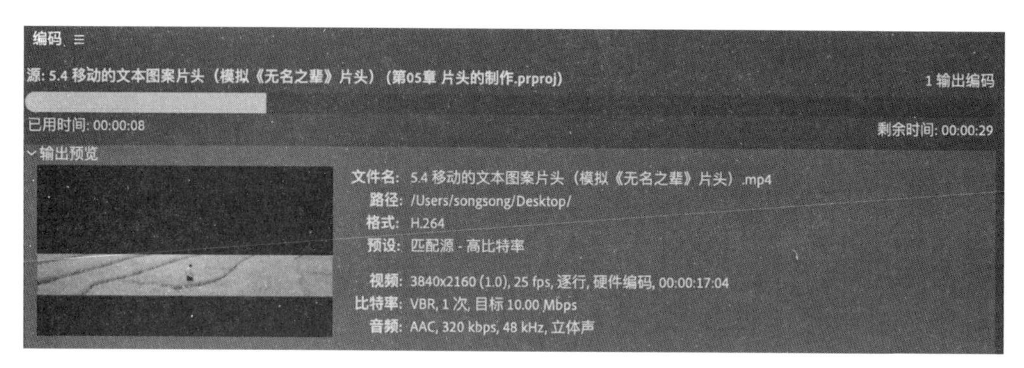

图 7.2　导出过程显示

7.2　Adobe Bridge

Adobe Bridge 是一款功能强大的创意资源管理器，可以快速轻松地预览、整理、编辑和发布多个创意资源，也能为资源添加关键字、标签和评级，还可以使用系列来整理资源，以及使用强大的滤镜和元数据高级搜索功能来查找资源。

在影视制作的过程中，Adobe Bridge 利用缩略图和丰富的预览能直观地了解所有创意资源和相关的预设动画效果（包括 Adobe Photoshop、InDesign、Illustrator、After Effects 和 Dimension 文件），如图 7.3 所示。

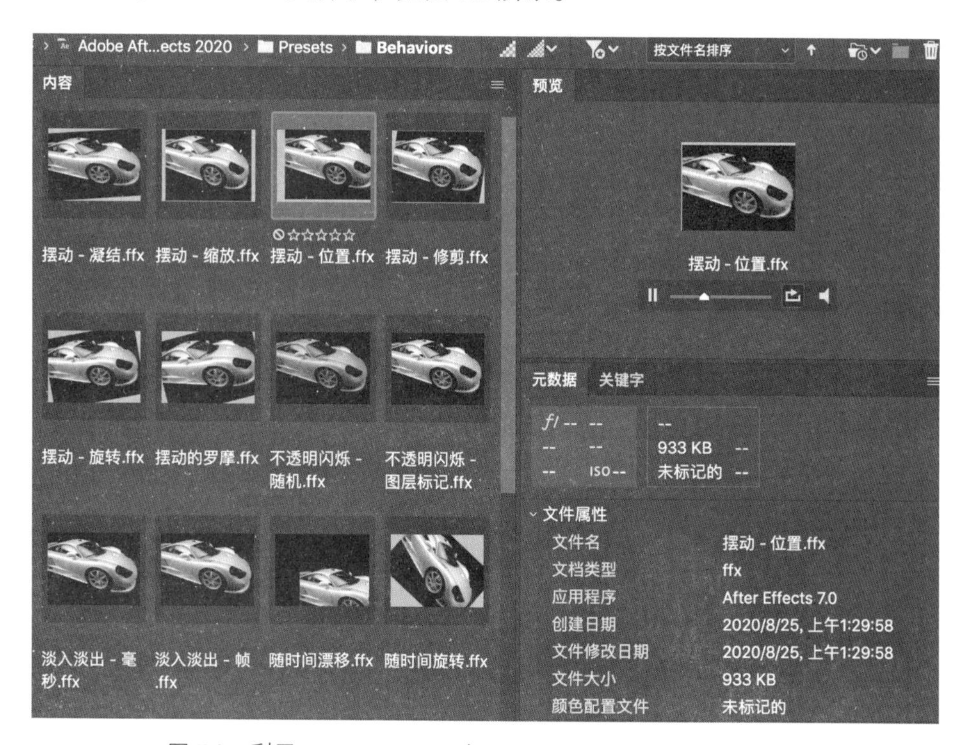

图 7.3　利用 Adobe Bridge 对 After Effects 中的预设进行预览

7.3 QuickTime Player

QuickTime Player 是苹果公司开发的一种视频文件播放程序，可以播放各式各样的文件格式的互联网视频、高清电影预告片和个人媒体作品，QuickTime 影片的格式为 mov。在使用 Premiere、After Effects 时，如果需要导入或导出 mov 格式的视频时需要在电脑上安装 QuickTime Player。

如图 7.4 所示，QuickTime Player 允许进行常见的影片编辑，如修剪、重新排列和旋转，也可以将影片分离成多个剪辑，然后单独处理每个剪辑。

图 7.4　利用 QuickTime Player 剪辑视频

QuickTime Player 还可以对电脑屏幕进行录制，在 Mac 上的 QuickTime Player 中，选取【文件】—【新建屏幕录制】以打开【屏幕录制】工具，如图 7.5 所示，即可对屏幕进行录制。单击【屏幕录制】窗口中的“小红点”即可开始录制，如图 7.6 所示。点击“小红点”，开始录制后屏幕会出现如图 7.7 所示的提示语，通过这个提示语可以确定录制的屏幕范围，确定之后，即可开始录制。

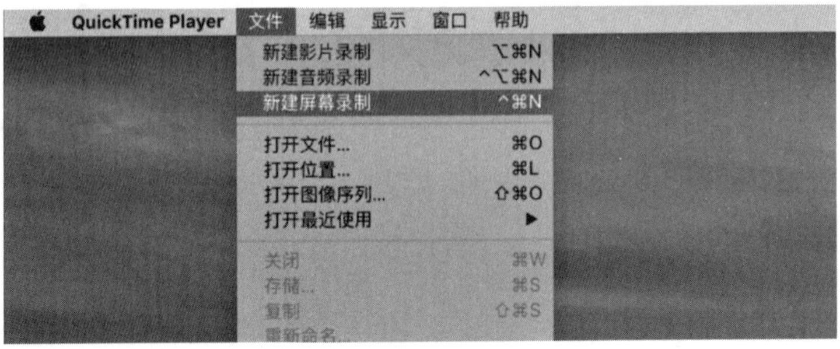

图 7.5　利用 QuickTime Player 录制屏幕

屏幕录制
--:--
0 KB

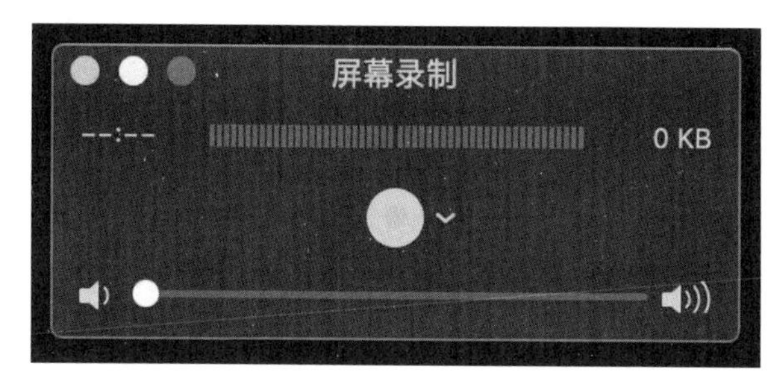

图 7.6　【屏幕录制】窗口

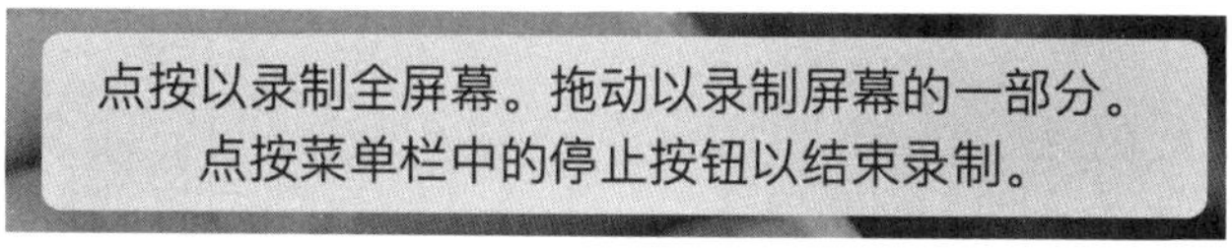

点按以录制全屏幕。拖动以录制屏幕的一部分。
点按菜单栏中的停止按钮以结束录制。

图 7.7　录制前的提示语

也可以通过按下快捷键 Command+Shift+5，激活录屏功能，对电脑屏幕进行录制。确定录制范围后，点击【录制】即可开始录制，如图 7.8 所示。

选项
录制

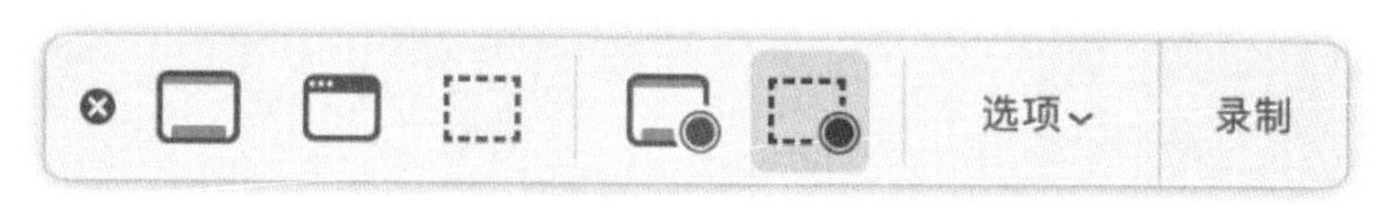

图 7.8　录屏功能

7.4　格式工厂

格式工厂（英文名为 Format Factory）主要用于视频、音频、图片格式的转换，支持几乎所有类型的多媒体格式，能够轻松转换到需要的格式。还可以压缩视频的尺寸，对多媒体文件进行“减肥”，使它们变得“瘦小、苗条”。既节省硬盘空间，同时也方便保存和备份。此软件只有 Windows 系统版本。

如图 7.9 所示，为格式工厂的界面。我们在使用时，只需要将需要处理的多媒体文件拖入右边的空白处即可，导入视频后，在图 7.10 的窗口中选择需要转换的文件格式和输出路径，设置完后点击【确定】，即可进入视频文件转换界面，如图 7.11 所示。

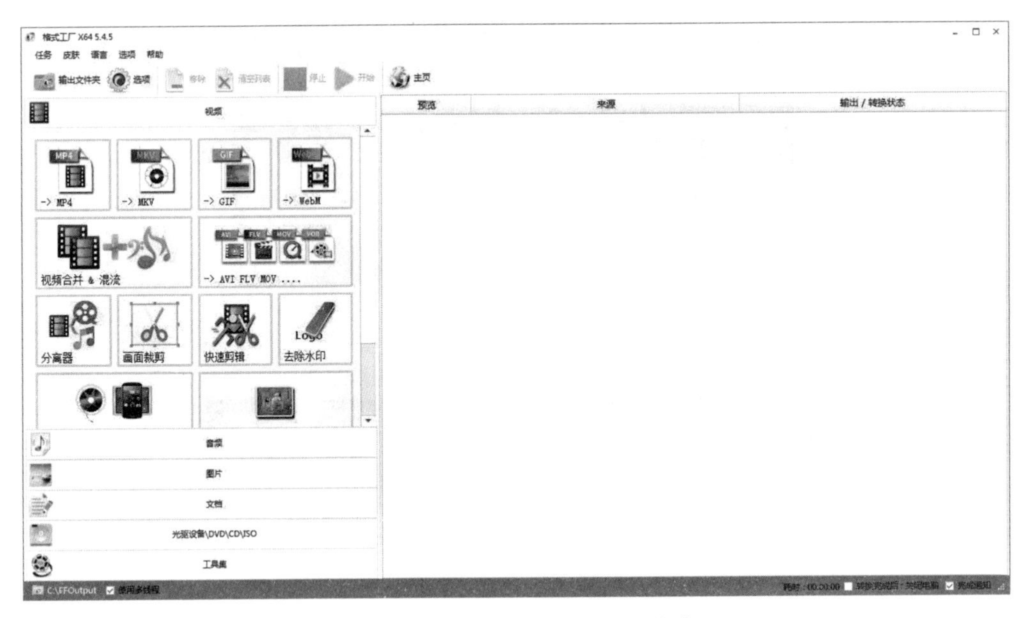

图 7.9　将需要转换格式的文件拖入格式工厂

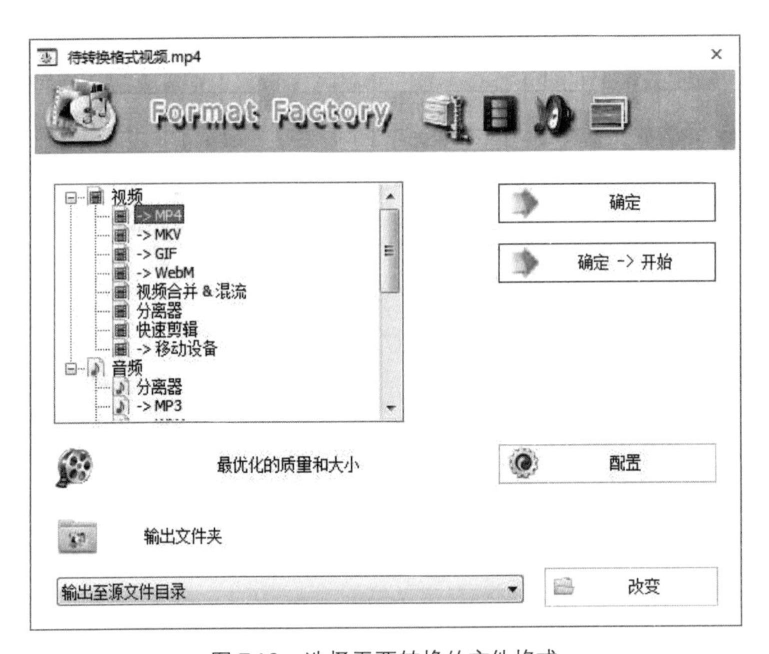

图 7.10　选择需要转换的文件格式

图 7.11　视频文件转换界面

除了对视频进行转码以外，格式工厂还有录像功能，能够对电脑屏幕或摄像头内容进行录制。

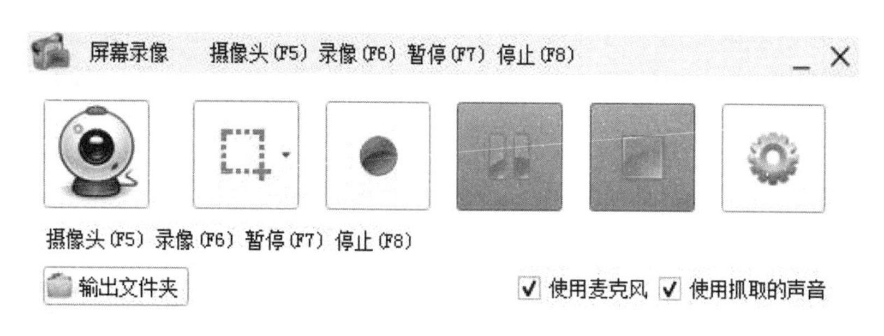

图 7.12 屏幕录制功能界面

7.5 字体的安装

在为视频添加标题或制作一些文字动画时需要输入文本，那么这些文本选用什么字体是非常关键的。不同的字体能够烘托不同的气氛，增加影片的表现力，一个好的字体能够为影片增色不少。电脑里默认的字体较少，因此可以在网络平台下载一些字体进行安装使用，但是在使用时要注意版权的问题。

1. 在 Windows 系统中安装字体

（1）单独安装一种字体

在 Windows 系统中安装单独的字体只需双击字体，在弹出来的窗口中点击【安装】即可，如图 7.13 所示。

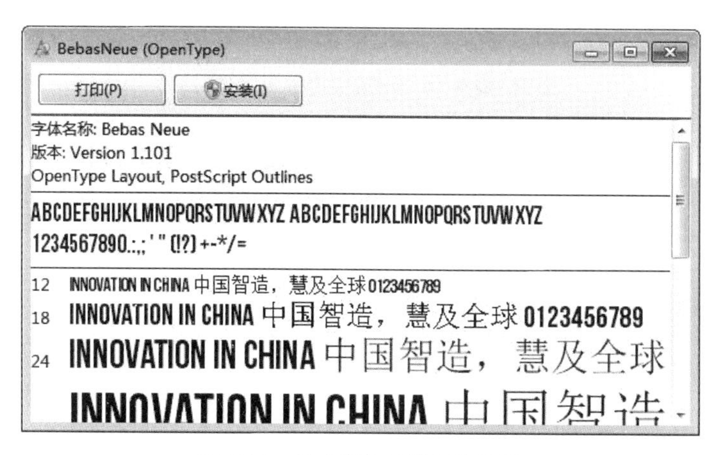

图 7.13 双击字体后弹出的面板

（2）批量安装多个字体

如图 7.14 所示，找到计算机中的【控制面板】，选择【控制面板】—【字体】，将需要安装的字体全部选中后拖拽至【字体】窗口即可，如图 7.15 所示。

图 7.14 【控制面板】界面

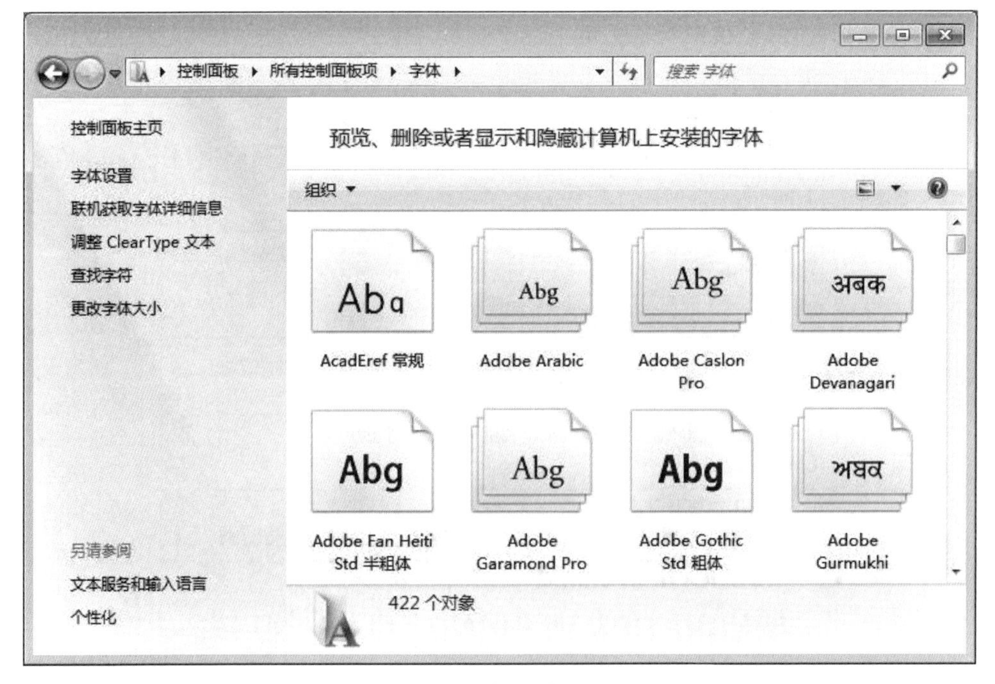

图 7.15 【字体】面板

2. 在 macOS 系统中安装字体

在 macOS 系统中安装字体仅需双击要安装的字体后，单击右下角的【安装字体】即可，如图 7.16 所示。

图 7.16　macOS 系统中安装字体的界面

本章小结

在这一章节中，我们学习了一些辅助性工具的操作方法，通过这些辅助性工具能更方便地导出视频、预览特效、录制视频、转换视频格式，等等，了解这些辅助性工具能有效地提高工作效率。

图书在版编目(CIP)数据

影视制作教程 / 宋博雅著. -- 北京：中国传媒大学出版社,2022.12
十四五视听传播实验教材
ISBN 978-7-5657-3308-6

Ⅰ. ①影… Ⅱ. ①宋… Ⅲ. ①视频编辑软件—教材 Ⅳ. ①TP317.53

中国版本图书馆 CIP 数据核字(2022)第 191663 号

影视制作教程
YINGSHI ZHIZUO JIAOCHENG

著　　者	宋博雅
责任编辑	黄松毅
特约编辑	李　婷
责任印制	阳金洲
封面设计	风得信设计 · 阿东

出版发行	中国传媒大学出版社		
社　　址	北京市朝阳区定福庄东街 1 号	**邮　　编**	100024
电　　话	86 - 10 - 65450528　65450532	**传　　真**	65779405
网　　址	http://cucp.cuc.edu.cn		
经　　销	全国新华书店		

印　　刷	北京中科印刷有限公司
开　　本	787mm × 1092mm　1/16
印　　张	19
字　　数	330 千字
版　　次	2022 年 12 月第 1 版
印　　次	2022 年 12 月第 1 次印刷

书　　号	ISBN 978-7-5657-3308-6/TP · 3308	**定　　价**	69.80 元

本社法律顾问：北京嘉润律师事务所　郭建平